それはあくまで偶然です

KNOCK ON WOOD
Luck, Chance, and the Meaning of Everything
Jeffrey S. Rosenthal

運と迷信の統計学

ジェフリー・S・ローゼンタール

早川書房

石田基広＝監修　柴田裕之＝訳

それはあくまで偶然です

——運と迷信の統計学

KNOCK ON WOOD

Luck, Chance, and the Meaning of Everything

by

Jeffrey S. Rosenthal

Japanese edition supervised by
Motohiro Ishida
Translated by
Yasushi Shibata
First published 2021 in Japan by
Hayakawa Publishing, Inc.
This book is published in Japan by
arrangement with
HarperCollins Publishers Ltd., Toronto, Canada
through The English Agency (Japan) Ltd.

装幀：早川書房デザイン室

亡き母、ヘレン・S・ローゼンタールを偲んで

目次

※本文訳注はすこし小さな文字で示した。

第一章　あなたは運を信じていますか？

私は確率と統計を専門とする、数学の大学教授だから、無作為性（ランダム）と不確実性についての知識と知恵を広めることに打ち込んでいる。これまで、宝くじ、飛行機の安全性、選挙前の世論調査、犯罪率、ギャンブルの勝ち目、スポーツの統計、医療検査など、確率に関連したありとあらゆる種類のテーマについての質問に、自信を持って答えてきた。ところが、その一方で、ときどき訊（き）かれることがある。あなたは運を信じていますか、と。気まずい沈黙の後、私はなんとか答えをひねり出す。

運を信じているか、ですか？　いや、それはもちろん、信じています。物事は、うまくいくこともあれば、いかないこともあります。外部の力が働いて、なかなか大変な目に遭うときもあれば、逆にこれ以上ないほどうまくいくときもあります。自分自身について言えば、教育を重視する中間層の家庭に生まれたのは運が良かった。おかげで、成功への道を歩み始めることができましたから。平和で安全で繁栄している国で育ったのは、とてもラッキーでした。一流の大学に入学できたのも、ついていた。それを足掛かりに、学者として申し分のない地位に就き、終身在職権も得て、身分が保証されましたから。もちろん、運を信じています！

運を信じているか、ですか？　いや、それはもちろん、信じていません。不吉な数や星占い、幸運のお守りの類を信じている人もいますけれど、そういうものはみんなナンセンスに思えます。お守りのような変わったアイテムと現実の生活での結果とのあいだに因果関係を生み出す物理法則は、一つとして知られていませんし、念入りな実験を行なって、両者のあいだに何かしら一貫した関係を示せたためしもありません。ですから、不吉な数などのどれであろうと本気で信じるのは、少しばかり馬鹿げているように思えます。それに、これまで誰かに良いことがいくつも起こったからといって、そのパターンが続くとはかぎりません。過去は未来を予言しているわけではないですし、パターンが決まっているわけでもなく、幸運が保証されている人など一人もいません。もちろん私は、運を信じていません！

私は運を信じているか？　けっきょくそれは、運とは何か次第だ。運とは、じつにさまざまな解釈が可能な言葉だからだ。あるラジオのインタビューのときに、まず、運を単純明快に定義してください、と言われた。[注1]ほどなく私は、それができないことを思い知らされ、インタビューは、これはいったい何についての話なのかをめぐる議論の泥沼にはまり込んでしまった。

何かが「運良く」あるいは「運悪く」起こったと言うときには、立証済みの科学的因果関係（たとえば、ボールが引力のせいで地面に落ちる）や、努力（たとえば、一生懸命勉強して期末試験に合格する）、特定の意図（たとえば、悪戯好きの友人がドアの上にバケツを置いておいたために、そうとは知らずにドアを開けたあなたがびしょ濡れになる）で起こったのではないというつもりなのは明らかだ。けれど、それが運のせいではないのなら、運とはいったい何なのか？

人はときどき、たんに自分にはコントロールできない出来事や予備知識のない出来事を指して「運」という言葉を使う。「まぐれ」や「ランダムな運」の類だ。そうした運は予測することができず、後から振り返って初めて気づく。たとえば、店にスニーカーを買いに行くと、その週はたまたまセールをやっていたときがそうだ。出かける前には知らなかったし、思いもしなかった。あるいは、外国の都市でホテルに滞在中にテロ攻撃があったものの、爆弾が炸裂（さくれつ）したのは町の反対側だったと聞いてほっとするときがそうだ。こういうものは、たしかに運が良かった例だけれど、それは、自分ではどうしようもない状況やまったく予測できない状況の恩恵に浴したという意味で、運が良かったにすぎない。そして、もしそれだけのことなら、それはただの偶然でランダムな運以外の何物でもない。

その一方で、人は魔法のように未来に影響を与える何かしら特別な力を暗に指して、「運」という言葉を使うこともある。ウサギの足や四つ葉のクローバーのような幸運のお守りから、ホロスコープ（占星術の天宮図）による超自然的な「予言」、占いの入ったフォーチュンクッキー、お茶の葉、どうしても起こらざるをえなかったことにまつわる「運命」、胸のすくような復讐劇を起こす「カルマ」、いつも良いことばかり決まって起こる、魔法がかかったようについている人まで、さまざまな例が挙げられる。そのどれもが、必然の運、つまり、前もって予測でき、未来の出来事の確率に影響を与える特別な種類の運で、科学の法則や努力、その他の、事実を基にする説明などではなく、何か超自然的な原因に基づいている。

それでは、どちらが正しいのか？　「運」は何か偶然で意味のないものを指すのか、それとも、必然的で魔法のようなものを指すのか[注2]？

じつに多くの人が、何かしらの形の特別な運の力を信じている。彼らは私がいつもとる、ランダム性と運への「科学的」アプローチをあざ笑い、確率と科学的原因がすべてだなどと、どうして私が思えるのか、信じられないとさえ言う。彼らが正しく、私が間違っていることなど、ありうるのだろうか？　どうすれば、運をほんとうに測定したり評価したりできるのか？　どの予測が正確で、どの予測がでたらめか、どうやって判断できるのか？　何が何を引き起こしているのかを、どう突き止めればいいのか？　私たちの周りじゅうに見られるランダム性を、実際には何が支配しているのか、どんなふうにして特定できるのか？

そして、これらいっさいを、いったいどうまとめたらいいのか？　まあ、本を一冊書けばいいかもしれない。

この後に続くページでは、運が働いているさまざまな例を考察し、運の意味（あるいは、意味の欠如）を整理してみたい。これから検討する疑問には、次のようなものがある。

・なぜ私はほかの大勢の人同様、運や運命や宿命といった発想を軸に筋が展開する『マクベス』や『シューレス・ジョー』のようなフィクションに惹かれるのか？　なぜ私たちは、不思議な力が働く話が大好きなのか？　そうした話を読むときはいつも、私たちは科学的な物の見方を退けてしまうのか？　それならば、人生もこうした作品に倣って、宿命と魔法のような意味から成る独自のルールに従うものだと見込むべきなのか？

・木漏れ日は自分に慰めをもたらしてくれる「しるし」だったと友人に言われたら、彼女の見方は当たっているのだろうか？　その日光は、その友人を元気づけるべく、特別に意図されたものだったのか、それとも、ただのランダムなものだったのか？　そして、ランダムなものだったとしたら、その友人が感じる慰めの現実味が薄れるのだろうか？

・スポーツファンは、応援しているチームが負けてがっかりしたときには、なぜたちまち根も葉もない呪いのせいにするのか？　そう信じれば、何かの欲求が満たされるのか？　このファン心理には、何かロジックがあるのだろうか？

・核爆発やハリケーンや津波のような恐ろしい悲劇で何千何万もの人が亡くなるときには、何か「理由」があるのか？　それが犠牲者の「宿命」なのか？　それとも、ただのひどいランダムな運で、それが何の理由もなしに苦しみを引き起こしているだけなのか？

・私は自分が一三日の金曜日に生まれたと知って、どう反応するべきなのか？　この事実のせいで、私は失敗と不運の人生を運命づけられるのか？　私はそこそこの成功を収めてきたのだから、その呪いを「解いた」のか？　それとも、呪いなど初めからなかったのか？

・私は学問の世界で収めた成功を評価するときに、自分の業績を誇りに思うべきなのか？　それとも、すべて無意味で分不相応な幸運にすぎないとして、あっさり忘れるべきなのか？

・教えている学生がブラインドデートに行って、相手もまったく同じ型の車に乗っているのがわかったら、それは二人が結ばれるべくして出会ったしるしだったのか？　それは、愛と無上の幸福を保証してくれたのか？　それに基づいてあれこれ判断するべきなのか？

・予想外の成り行きで訪れたあるハワイの浜辺で、それまで存在すら知らなかった異母兄にたまたま出会い、それがきっかけで人生が変わり、苦境を脱せたといった類の驚くべき話から、私たちは何を学べるのか？　これは宿命だったのか？　神のなせる業だったのか？　それとも、ただのランダムで幸運な巡り合わせで、起こっていなくても少しも不思議ではなかったのか？

・なぜこれほど大勢の人が、ホロスコープや霊能者の予言、占い師、数秘術、その他の超自然的現象を信じているのか？　このすべてに、何か根拠があるのか？　その根拠を評価する科学研究があるのか？

・宝くじ券を買ったり、カジノでギャンブルをしたり、盤上ゲームでサイコロを振ったりするときには、ランダム性は動かし難いのか、それとも、私たちの影響を受けるのか？　私たちには、自分の運を上向かせるためにできることがあるのか？　ほかの人よりも生まれつき幸運な人がいるのか？

・最新の医学研究や新しい世論調査、驚異的な一致についてのニュース記事を目にしたら、それを信じるべきなのか？　そういう一致などには意味があるのか？　ほんとうに重要なものと、運だけによって起こることとを、どうやって区別できるのか？

・そして、これが何より大切なのだけれど、以上の疑問にはどうすれば答えられるのか？　ランダムで無意味な運と、ほんとうに意味や意義、影響、宿命を伴う事例とを見分けるのに、どんな原理が役立つのか？　私たちは、間違った結論を引き出すのを避けるために、どんな「運の罠（わな）」に気をつけなくてはいけないのか？　原因があるときには、どうすればそれを見分けられるのか？　そして、原因などないときには、どうすれば勝手な想像をしないで済むのか？

こうした疑問には、簡単な答えはない。私は長年、それについて考え続け、ときには心を掻（か）き乱されてきた。私の観点は、周りの人々の観点とは一致しないことがよくある――うまく口に出して言い表せたときにも。だから、本という形でこういう問題に取り組むことには、多少の不安があったけれど、けっきょく思い切ってやることにした。それでは、さっそく冒険の旅を始めよう。

第二章　ラッキーな話

人生は、自分ではどうしようもない予想外の紆余曲折にたえずつきまとわれている。びっくりするようなことが起こって、私たちは助けられたり、傷つけられたり、混乱したりする。いくらでも好きなだけ計画を立て、備えを固める努力をすることはできるけれど、世の中はなかなか思いどおりにはならないものだ。スコットランドの大詩人のロバート・バーンズは、次のように書いている。

ネズミと人間が練りに練った計画も
頓挫することが多い
そして、私たちを嘆かせ、苦しませるばかりだ
約束された喜びが無に帰して！[注1]

こうした紆余曲折は、ただのランダムな運として片づけてしまえるのか？　単純な科学の作用の結

果なのか？　確率と可能性と結果という枠組みに根差しているのか？　そうは考えていない人が多い。これらの出来事は、迷信やＥＳＰ（超感覚的知覚）、神の介入、宿命といった強烈な超自然的力によって、何かしらの形でコントロールされている、と彼らは言い張る。

私にとっては幸運にも、超自然的な見方の例は、たいした苦労もしないで見つけることができた。相手が赤の他人だろうが、知人や友人だろうが関係なく、日常の会話の中に出てくるからだ。

「あのスコットランドの劇」

あるとき友人がパーティを開いた。参加者の一人ひとりが詩などを朗読することになっていた。私はびくびくしながら、お気に入りのシェイクスピア劇『マクベス』から独白を一つ選んだ。「これは短剣か、私が目の前にしているのは？」で始まる有名な一節で、はるか昔の高校時代に暗記させられたものだ。私は図太くも、精一杯のスコットランド訛り（なま）りでその一節を読み上げ、一同からそれなりの喝采（かっさい）を浴びた。本職を辞めるほどの演技ではなかったけれど、上出来だった。

ところがのちに、その友人がある女性に、私が見事に『マクベス』を朗読したなどと大げさなことを言ったのが悪かった。その女性はたちまち心配そうな表情を浮かべ、「『マクベス』を声に出して読んだんですか？」と喘（あえ）ぐように言った。「それで、その後、何も悪いことは起こりませんでしたか？」。『マクベス』を引用すると（いや、この作品の名前を出しただけでも）、どういうわけか不運に見舞われるという迷信のことを言っているのだった（だからこの戯曲には、「あのスコットランドの劇」「あの詩人の劇」「マッカーズ」といった別名がある）。この迷信は、『マクベス』のさまざまな公演の最中に起こったとされる一連の事故にもとをたどれる。たとえば、一七九四年には上演中に主役が刺されている。[注2] これらの不運な事件の多くは記録が乏しく、事実であることを証明するのが難しいけれど、心から信じている人はそんなことは気にも留めない。

驚いた私は、いいえ、その後、不運な目には一つも遭っていません、と答えた。そして、できるだけやんわりと、じつはそのような迷信は信じていないことを伝えた。ところが、彼女は黙るどころか、さらに言葉を重ねた。「あら、私の娘も信じていなかったんです。だから、やはり『マクベス』を引用して。そうしたら、一週間後に旅行の準備をしているときに、パスポートの有効期限が切れているのがわかって、更新しなければならなくなったんですから！」

だんだんわかってきた。この女性は本気で言っているのだ。それどころか、娘がパスポートで厄介な目に遭ったのは、たんなるランダムな不運ではなく、何かほかの摩訶不思議な力のせいだと確信していた。そして、誰に何と言われようと、考えを変える気はないらしい。彼女はなんでまた、これほど頑なに信じ込んでいるのか？　私も彼女に倣うべきなのか？

詳しく訊いてみると、娘さんのパスポートはずっと以前に発行されたもので、その一件の二年前に失効していたことがわかった。だから私は、その女性に丁重に尋ねてみた。失効という、はるか以前の出来事が、つい一週間ほど前の出来事が原因で起こるなどということが、どうしてありうるでしょうか、と。すると彼女は、「原因の問題ではないんです」と腹立たし気に答え、歩み去った。

確率論外交も形無しだ。この女性と私が、まったく異なる視点に立っていたことは明白そのものだった。けれど、どちらが正しくて、どちらが間違っていたのか？　そもそも、その答えの出しようがあるのか？

消えたダイヤモンド

かつて、友人がこんな話をしてくれた。ある日、車で長距離を移動しているとき、結婚指輪のダイヤモンドがなくなっているのに気づいた。当然ながらうろたえて、車内をくまなく探したけれど、見つからない。信心深い人なので、どうか、ダイヤモンドが戻ってきますように、と神に祈った。しばらくして、パーキングエリアで車から降りたときに、ダイヤモンドが無事出てきた。シャツのひだに挟まっていたのだ。

これは神の介入があった証拠です、とその友人は私に請け合った。ダイヤモンドが戻ってくるように祈ったら、その後見つかったのだから、祈りが通じて、神が介入し、ダイヤモンドが返ってきたに違いないというわけだ。彼女は、この話を聞いても神の介入を信じない人がいることが、どうしても理解できなかった。

私は少し考えてから、そもそもなぜ神はダイヤモンドがなくなることを許したのですか、と尋ねた。もし彼女がダイヤモンドを見つけるのを神がほんとうに助けたのなら、なくなるのを防いでおくほうが、話がずっと簡単だったのではないですか、と。ところが、彼女はそれにも即答した。ダイヤモンドがなくなったのは、神の御業ではなく、悪魔の仕業なのですと、間髪を入れず説明した。

というわけで、この話から彼女が引き出した結論は、明快そのものだった。私の結論はどうだろう？

クラップスのカルマ

ある日、驚いたことに私は、科学に関心があるとは思われていないラジオの昼間の人気トーク番組に招かれた。[注3] 喜んで引き受けたものの、なぜ招かれたのか、考えてみると不思議だった。

インタビューが始まると、呼ばれた理由がはっきりした。番組の司会者は、クラップスに夢中だったのだ。クラップスというのは、サイコロを二つ、繰り返し投げて行なうギャンブルで、複雑なルールがあり、プレイヤーが勝つ確率は四九・二九パーセントになっている。では、なぜ彼女はこのゲームにそれほど興味があったのか？　私と同じで、確率的な側面に魅せられていたのか？　違った。そうではなくて、クラップスにはカルマがたっぷり絡んでいます、と彼女は説明した。その瞬間、これは確率についての典型的なインタビューにはならないだろうことを、私は悟った。

私は、もう少し詳しく話してくれるように、恐る恐る頼んだ。すると、次のような説明が返ってきた。ジョージア州で一週間のクラップス「スクール」に参加し、ありとあらゆる種類の面白い「クラップス・カルマ」のジンクスを学びました。[注4] たとえば、クラップスをしているときにサイコロが偶然床に落ちたら、それはシューター（サイコロを振る人）が次のロール（サイコロを振ること）でおそらく負けるという前兆です。だからその時点で、シューターが負けるほうにたっぷり賭ける（そう、そういう賭けが許される。この賭け方を「ドントパス」という）べきで、そうすればおそらく大金を稼げるのだそうだ。

私はできるだけ言葉を濁した。当時はまだ、マスメディアのインタビューはあまりたくさん受けていなかったし、司会者の言うことをきっぱり否定するのは気が引けたからだ。そこで、「面白い」見方だと思いますというようなことを言った。ただし、彼女が説明していたカルマ説に関しては「完全には同意できないかもしれない」けれど、と言い添えた。

とはいえ、私はほんとうはどう考えていたのか？

ブレスレットのＥＳＰ

私はかつて、「なぜ統計学者はＥＳＰ（超感覚的知覚）を信じないか」という思い切った演題で一般向けの講演をした。このプレゼンテーションはうまくいっているように見えた。講演中には、聴衆も参加するカード当てゲームも行ない、どれがどんなカードかを、一貫して当てられるような特殊なＥＳＰの能力など、聴衆の誰一人として持っていないことを実証した。こうして、一〇〇人ほどの聴衆に、言いたかったことを明確に、説得力のある形で伝えることができたと、満足していた。

ところが、講演が終わると、聴衆の一人が近づいてきて、「ESPがないとは絶対に言いきれません」と断言した。私はなるべく穏やかに、いや、じつはESPはほんとうにないのです、と答えた。すると、彼女はすぐに続けた。「ええ、でも、このあいだ、こんなことがありました。ブレスレットをなくして、どこにも見当たりません。ところがその晩、はっきりした夢を見ました。自分のアパートの裏手に置かれた大型の回収用ゴミ容器の中に入っている夢です。翌朝そのゴミ容器を調べると、ブレスレットが見つかったんです。無傷で」。彼女はこれが自分の霊能力の絶対的な証拠だと信じて疑わなかった。

ある意味で、彼女の話にはとても説得力がある。深遠に思える夢を見て、目覚めると、その夢が予想外の素晴らしい見識や情報を与えてくれていたことに気づくという経験を、一度ぐらいはしたことのない人がいるだろうか？　よくすると、夢は謎めいていたり神秘的だったりするように思えることもあるから、必然の運を生み出すと想像するのはたやすい。

私は彼女にやんわりと言ってみた。これまで、それほどうまくはいかなかった夢もほかにあるのではないですか？　あるとすれば、自分は霊能力を持っていると考えるのは、いかがなものでしょうか、と。ところが、驚いたことに、私の友人がすかさず彼女の肩を持った。「ESPが存在するためには、必ずしも毎回うまくいく必要はないでしょう」と、彼は私に迫った。

聴衆の女性は自信満々だったし、友人も彼女の側についたので、私はお手上げだった。講演をやり終えた後だったから、なおさらだ。幸運にも、すぐに話題が変わり、会話は続いた。けれど、私の頭の中には疑問が残っていた。この女性は、ほんとうにＥＳＰを信じているのか？　私の友人は、本気で彼女に賛成しているのか？　誰かがときたま夢から何か知ったとしたら、それはその人がＥＳＰの能力を持っているという確かな証拠なのか？　こうした疑問に、私はどう応じるべきだったのか？

友人のガールフレンドの宝くじ券

　この本を書くことに同意したすぐ後、地元の劇場の催し物に行ったときに、古い友人に出くわし、彼のガールフレンドに紹介された。良い印象を与えようと思った私は、統計学の教授だと自己紹介した。すると意外にも、喜ばれたので嬉しかった。「ああ、私は統計の授業が大嫌いでした」といった反応が返ってくることが多いのだけれど、それとは大違いだった。こうして、会話は素晴らしい滑り出しを見せた。

　それからその友人のガールフレンドは、訊きたいことがあります、と言うので、ぜひ、どうぞ、と私は答えた。

「私、ときどき宝くじ券を買うんです」と彼女は始めた。いや、これは雲行きが怪しくなってきた。私はおおむね、宝くじは馬鹿らしいと思っている。当たる確率が恐ろしく低いからだ。それでも、彼女は何か面白い質問に向かっているのかもしれないと、私はまだ楽観していた。

「それで」と彼女は続けた。「前は自分が実際に選ぶ数をどう決めるか、というふうに考えていました」。まあ、いいだろう、と私は思った。それには文句のつけようがない。では、今は何を基準に数を選んでいるのか？

「このあいだ券を買ったときには、自分が選ぶ数の間隔に、もっと注意しました」。どうやら、宝くじ券で自分が選んで丸で囲むものではない数のことを言っているらしい。たとえば、14と18を選んだら、15と16と17が「間隔」なのだろう。

「それで、それがとても役に立ったと思うんです。六つのうち四つ、的中させせましたから！」

私はどう応じていいかわからなかったので、賢明にも、口をつぐんでいた。

「もちろん」と彼女は続けた。「これはただの直感で、直感は証明のしようがありません。でも、これって、良いアイデアだと思いますか？　それとも、四つ当たったのは、ただの偶然の一致だったと思います？」

うーん、私はそう思っていただろうか？

ブラインドデート

何年か前、授業でランダム性について議論したとき、学生の一人が面白い話をしてくれた。彼はあるとき、ブラインドデートをすることになった。約束の日、指定されたレストランに車で行き、駐車し、未知の相手がやって来るのを待った。

次々とほかの車が入ってくるなかで、一台が目に留まった。自分のものと同じメーカーのまったく同じモデルだった。しかも、色まで同じだ。さらによく見てみると、製造年までもが同じであることがわかった。興味をそそられた彼は、もしかするとこれが、まもなく会うことになっている女性の車だなどということがあるだろうか、と思った。

やがて一人の女性がその車から出てきた。そして、そう、その女性こそデートの相手だったのだ！　彼とブラインドデートの相手は、出会いの場所に、図らずもまったく同じ車で到着したのだった。これは運命に違いない！　宿命！　カルマ！　アッラーの意志（キズメット）！　これは、このデートが行なわれるべくして行なわれ、二人はこれからずっと幸せに暮らすだろうことを示しているに違いない。そうだろう？

はたして、そうなのか？

運をコントロールする？

これまで挙げてきた話にはみな、一つの共通点がある。それはどれもが、自分の人生における運をコントロールしたり説明したりするための取り組みである点だ。私たちは、失効したパスポート、なくなったダイヤモンド、ギャンブルでの負け、ゴミ容器の夢、宝くじ、不思議なデートのどれを取ろうと、それがただのランダムな運だったとは思いたくない。何かの秩序や理由、あるいはパターンがそこにはあると信じたい。自分の運命を理解し、主導権を握りたい。そう望むのも当然ではないか。日々自分の身にたえず起こるランダムな出来事のいっさいを把握したい、思いのままにしたい、と願わない人などいるだろうか？

実際、外部のアイテムや出来事が自分の運を左右すると信じている人は多い。ウサギの足は幸運を運んできてくれるとされている。もともとは、ウサギはどんどん増えるので、多産の運をもたらすと考えられていた。[注5] 四つ葉のクローバーはあまりにも稀（まれ）だからかもしれないけれど（およそ一万に一つの割合）、これまたとても幸運だと考えられている。[注6] エヴァは楽園から追放されたときに、四つ葉のクローバーを持っていたと言う人さえいる。家に蹄鉄（ていてつ）を下げておくと、幸運をもたらし、魔除（まよ）けになると言われている。鍛冶屋が蹄鉄を使って悪魔を寄せつけなかったという伝説のせいかもしれない。[注7] 梯子（はしご）の下を通るのは、一般に不吉だと考えられている。梯子は絞首台を連想させるからかもしれない（もっとも、少なくともこの迷信には実際的な側面がある。梯子の下を通ったら、上にいる人が何かを落とすかもしれないからだ）。[注8] ノック・オン・ウッド、つまり木製のものを叩く（あるいは、それに触れる）と不運を避けられると信じられている。これは、木に棲（す）む神々についての多神教信仰に由来するかもしれない。[注9] 人差し指と中指を交差させて幸運を祈るのは、良い精霊たちが集まる場所を示す大昔の習慣に由来するようだ。[注10] そして、塩をこぼすのは縁起が悪い（イエス・キリストを裏切ったユダが、最後の晩餐（ばんさん）のときに塩をこぼしたとされるからかもしれない）[注11] けれど、塩をひとつまみ、左肩越しに撒（ま）けば帳消しにできる。

一方、鳥ははるか昔から、特別な占いの力を持っているとされてきた。[注12] 今日（こんにち）、七面鳥の叉骨（さこつ）を二人で割る習慣に、それが反映されている。大きいほうの破片が手元に残った人に幸運がもたらされるという（ここから幸運を意味する「ラッキー・ブレイク（幸運な破断）」という英語の表現が生まれた）。とくにアホウドリは、後についてきたら吉兆だけれど、殺したら不運を招くと考えられている（サミュエル・テイラー・コールリッジの有名な詩「老水夫行」[注13]で、劇的に表現されているとおりだ）。翡翠の宝石類は富と友をもたらすと信じられている。逆に、黒猫は暗い色と謎めいた夜行性のせいで、アメリカでは不吉だと見なされているけれど、イギリスと日本では縁起が良いと思われているのだから面白い。[注14]そんなわけで、運の良し悪しというのはややこしい。確かなのは、幸運と不運の両方をじつにさまざまな不思議な方法や魔法のような方法で招き寄せられると、多くの人が信じていることぐらいだろう。

とはいえ、ほんとうに招き寄せられるのか？

私はこれまでずっと、いわゆる「静穏の祈り」[注15]に深い感銘を受けてきた。それは、「自分に変えられないことを静穏に受け入れる力と、変えられることを変える勇気と、両者の違いを知る知恵をお与えください」と神に願う祈りだ。いつもこの言葉どおりに生きられるわけではないけれど、本調子のときにはそうしようと努めてはいる。やはり、人生の多くの側面は変えられるし、変えるべきではあるものの、自分にはどうしようもないことに不満をぶつけるのは、手間と暇と精神的なエネルギーの無駄だから。

この祈りと同じようなものが運にも当てはまってしかるべきだと思う。「自分にはコントロールできないランダムな運を静穏に受け入れる力と、修正できる運を変える知識と、両者の違いを知る知恵をお与えください」といった願いが。私たちは、どの幸運な出来事がただのまぐれで、どれが現実の科学的影響によって引き起こされたか、そして、どういう出来事には影響を与えられ、どういう出来事には影響を与えられないかを突き止められれば、もっと望ましい決定を下し、もっと理にかなった行動をとり、身の周りの世界をもっとよく理解できるだろう。

　この本を読み終える頃には、運に関する静穏な力と、知識と、知恵をみなさんが手にしていることを願う。

第三章　運の力

パスポートの呪いやなくした宝石、ギャンブルの勝ち目、デートの期待などについての話があれこれあることには、何の問題もない。けれど、そのどれもが、少しばかり軽くて浮ついた感じがする。運とは、たったそれだけのものなのか？　運は日々の暮らしの些細（ささい）な事柄にしか影響を及ぼさないのか？　重要な結果や深刻な結果、長期的な結果はみな、慎重な管理や科学的な力、必然的な原因、道徳的な義務のせいであり、ランダムな運とはほとんど、あるいはまったく無関係の、根本的な意味を持っているのか？

およそ、そうとは言えない。

運とはいったい何を意味するのか、運をいったいどうやって解釈、説明、正当化するのかは定かではなく、ややこしいかぎりだけれど、運はありとあらゆる形で私たちの人生に途方もない影響を及ぼす。運は、長いあいだ音信不通だった身内を再会させたり、人生を変えたりしうる。隠された宝の在りかを明らかにし、質素な農民を百万長者に変えることもある。逆に、悲惨な話だけれど、厖大（ぼうだい）な数の善良な人々の死を招くことさえありうる。

ハワイのサプライズ

ハワイのワイキキのビーチで、ジョー・パーカーはある男性の家族写真を撮ってあげることにしたときに、望んでもいなかったほどの見返りを得ることになった。[注1] その一家のマサチューセッツ訛りに気づいたパーカーは、自分もマサチューセッツ州中央部で育ったので、出身地や知人について尋ねた。そして、ディッキー・ハリガンという人を知らないかと訊くと、ハリガンは私の父親だ、と男性は答えた。パーカーは仰天して言った。私の父もハリガンなんですよ、と。

しばらく言葉を交わして、事情が明らかになった。[注2] ビーチに来ていた男性は、リック・ヒルという名前だった。そして、ヒルはパーカーとは初対面だったものの、二人はともに、すでに亡くなったディッキー・ハリガンの息子であり、年の離れた異母兄弟で、マサチューセッツ州の隣接する別の町（ルーネンバーグとレミンスター）で育った。要するに、二人は腹違いの兄弟で、すっかり大人になってから、ハワイのビーチで初めて出会ったのだった。

この二人の男性は意気投合し、長い時間をいっしょに過ごした。これは、パーカーにとってはとりわけ重要だった。里親のもとでほとんど何の支援もなく育った彼が、突然、安定した家庭環境の中へと招き入れられたからだ。彼の人生は、ビーチでの偶然の出会いによって一転した。それも、ずっと良い方向へと。「ジョーは私たちという家族を見つけたんだ。うちの子供たちも、彼が大好きだよ」とヒルは言っている。

この話には、さらにいくつか偶然が絡んでいた。ヒルの一家は、その日はワイキキに行く予定ではなかったけれど、急に気が変わって、立ち寄ることにした。パーカーもワイキキに行くことにはなっていなかったのに、勤務先のリゾートの客が出発前にサーフィンのレッスンを受けたいというので、あわてて枠を確保しに行ったのだった。おまけに、ほんの六日後、パーカーは新しい家族とともに三八歳の誕生日を祝うことができた。

私はテレビでこの話についてインタビューされたとき（「超自然現象捜査官（*Supernatural Investigator*）」という番組で、その名前から制作者の視点が見て取れる）、いくつか重要な疑問について考えざるをえなかった。パーカーは幸運な男性だったのか？「運命の力」が働いて、彼の人生を一転させたのか？この二人の異母兄弟が、ついに出会ったのは、「宿命」だったのか？運と偶然は特別な意味に満ちており、私たちを成功と満足に導く助けとなる謎めいた超自然的な力に形作られていることを、この話はきっぱりと示しているのか？私たちはどう判断するべきなのか？

特別な同僚

ミシガン州に住むスティーヴ・フレイグは、自分が養子なのを知っていて、いつか生みの母と再会することを夢見ていた。そして、一八歳になったとき、養子縁組をしてくれた斡旋機関に問い合わせ、ついに母親の名前を知った。クリスティーン・タラディというのがその名だ。ところが、さらに調べても、何の手掛かりも得られなかった。そこでフレイグは捜すのを諦め、人生を歩み続け、グランドラピッズで配達用トラックの運転手になった。

四年後、上司と何気ない会話をしていたときに、自分の身の上を話し、母親の名前も口にした。すると上司は、これまた何気ない口調で尋ねた。「クリス・タラディのこと？　ここで働いている、あのクリス？」

彼は、まさに同じ店でレジ係をしている女性をフレイグに教えてくれた。フレイグはその人に何度か挨拶したことはあったけれど、それまで名前は知らなかった。それが今、わかったわけだ。さらに調べてみると、店の出入口近くで働いているその女性は、なんと、長年生き別れになっていた生みの母にほかならなかった。最初はぎこちない思いで顔を合わせた二人だったけれど、二時間半も話し込み、すっかり打ち解けた。それ以来、幸運にもいっしょに働いている店で、シフトが重なるときにはいつも、ハグし合うようになった。[注3]

もしフレイグが別の店で配達用トラックの運転手になっていたり、母親を捜していることを上司にわざわざ言わなかったり、母親が別の店でレジ係になっていたりしたら、おそらく死ぬまで生みの母とは別れ別れのままだっただろう。この劇的な再会は、幸運としか言いようがなかった。

では、これはただのランダムな運だったのか？　それとも、何かほかの力が働いていたのか？

黄金農場

エリック・ローズは長年農業を営んだ後、引退し、イングランド東部のホクスンという小さな村でひっそりと暮らしていた。一九九二年一一月一六日、近所の人に、畑に置き忘れた古い大型ハンマーを見つけるのを手伝ってほしいと頼まれた。幸運にも、ローズはアマチュアながら金属探知を手がけていたので、快く引き受け、装置を手に、隣人の後について畑に行き、仕事にとりかかった。

残念ながら、ハンマーは見つけられなかった。そのかわり、埋もれて朽ちかけていた木箱の中の、金属の山を探知した。調べてみると、金属のスクラップではなく、何百枚もの金貨や銀貨、宝石、スプーンなど、五世紀にさかのぼる、古代ローマ由来の品々で、四〇〇万ドル以上の価値があった！[注4]

隣人がハンマーをなくしたのはたしかに幸運だったし、ローズに助けを求めたのも幸運だったし、ローズが金属探知に通じていたのも幸運だったし、ローズがあっさりハンマーを見つけて、それでやめにしていなかったのも幸運だった。そして何より、ローズがハンマーのかわりにその金銀財宝に偶然行き当たったのは、信じられない幸運だった。

すぐに当局が駆けつけ、翌日、考古学者たちがそこを発掘した。そして、全部で金貨五六九枚を含む金七・七ポンド（約三・五キログラム）と銀五二・四ポンド（約二三・八キログラム）が確認され、それらは「ホクスン財宝」として知られるようになった。発見された品々は、すべて大英博物館に寄贈され、今も展示されている。ローズは一七五万ポンドという大金を発見の謝礼として受け取った

(彼は親切にも、畑の持ち主とそれを分け合った)。この発見には、途方もない歴史的・考古学的価値があると考えられている。

ああ、それから、その後の徹底した発掘のあいだに、例のハンマーも見つかった。

小倉(こくら)の幸運

運は、長らく音信不通になっていた身内や秘宝のような、喜ばしいものをもたらすだけではない。最悪の場合には、何千何万という人に、恐ろしい悲惨な死を運んでくることもありうる。

一九四五年八月九日午前九時四四分、アメリカのB29爆撃機「ボックスカー」が、世界で三発めの原子爆弾「ファットマン」を搭載して、日本の都市、小倉の上空を通過した。[注5] 三日前には、別の種類の原子爆弾「リトルボーイ」が広島に投下され、一瞬にして八万人の命を奪い、それからの数か月間に、その約二倍の人が亡くなった。三週間前には、世界初の原子爆弾が、ニューメキシコ州の砂漠にあるトリニティ実験場で試された。そしてこの八月九日、日本を降伏に追い込み、それによって第二次大戦を終結させるために継続中の作戦の一環として、小倉が次の目標となるはずだった。

ところが、予定どおりには事は進まなかった。護衛の戦闘機が一機、行方不明になったため、ボックスカーの到着が遅れ、ようやく小倉に着いたときには、雲が流れ込んできていた。爆撃のための進路に三度入ったものの、視界不良で目的地点に「ファットマン」を投下できなかった。とうとう燃料が少なくなり、敵の迎撃機もやって来たので、小倉の爆撃は中止され、かわりにパイロットは最寄りの第二目標で、一六〇キロメートルほど南西にある長崎の町へ向かった。「ファットマン」はそこで投下され、少なくとも四万人の命を瞬時に奪い、その後の数か月間で、ほぼ同数の人が亡くなった。

このような話はどう考えたらいいのか？　その日の朝、小倉は晴れていた。雲がやって来るという、じつにたわいない出来事のせいで、文字どおり何万もの小倉市民が即死を免れる一方、そのかわりに何万もの長崎市民が命を落とした。これは、何かの壮大な計画の一部だったのか？　それらの長崎市民は、亡くなるべくして亡くなり、小倉市民は助かるべくして助かったのか？　死ぬ人もいれば生き延びる人もいたのは、運命だったのか？　このいっさいには、理由があったのか？

それとも、万事はただの恐ろしいランダムな運にすぎず、ロジックも理由も説明もまったくなかったのか？

私たち人間は、なぜ物事が起こるのかを説明し、その理由を見つけ、何かしら道理にかなったものにしたいという、本能的な欲求を持っている。筋の通らない結果には抵抗を感じる。人生の浮き沈みがすべてきちんと一つにまとまることを望む。小倉には、高潔で心優しく、熱烈に愛し合っている若いカップルがいて、二人は誰からも賛美され、誰一人憎む者はなく、目前にしていた結婚式をどうしても守ってやらなければならず、そのためには原子爆弾をどこか別の目標に逸らす*しか*な*かっ*たと、私たちは信じたがる。あるいは、長崎には邪悪な老人がいて、同僚を虐待したり、見知らぬ人を害したり、罪のない人を痛めつけたりする残忍な計画を山ほど立てているので、正義の名のもとに、どうしても殺す*しか*な*かっ*た、と。

もしこれが小説かハリウッド映画だったら、おそらくそれで説明がついたのだろう。ところが現実には、小倉と長崎のどちらでも、何十万もの人のなかには、助かっていいはずの若いカップルや心優しい市民がたくさんいたことは間違いない。そして、どちらの都市にも、残忍で邪悪な人も住んでいたのは確実だ。だから、一方ではなくもう一方に原爆が投下されたことに、いったいどんな「理由」あるいは「正義」がありえたというのか？

そんなものは一つもありそうにない。むしろ、一九四五年のその日、長崎の人々はとんでもなく運が悪かったのだ。それに対して、皮肉な意味で、小倉の人々はじつに運が良かった。少しばかりの雲のおかげで、何万もの命が助かったのだから。実際、これを指して、「小倉の幸運」という言葉が今でも使われている。

だから、けっきょく運というのは公平ではないのかもしれない。私たちが出くわすランダム性には深い理由や意味はまったくないのかもしれない。何十万もの人が、物事を導く原理などなしに、ただの恐ろしいランダムな運によって、わずかな雲のせいで亡くなったり、そのほかの悲惨なけがを負ったり死を迎えたりするのかもしれない。ただそれだけのことなのだろうか？

いや、待った！　長崎を破壊した原爆は科学者によって製造された。それを使うという選択は、政治家が行なった。それを投下した飛行機は、パイロットが操縦していた。目標を変える決定は、将軍たちが下した。だから、この場合、人間が唯一の問題なのかもしれない。自由意志に恵まれている人間が、良いものも悪いものも含め、あらゆる理由から、あらゆることをするのかもしれない。運命や宿命、公正と正義の原理を保証する謎めいた力に支配されているのは、自然そのものであり、自然だけなのかもしれない。

いや、とうていそうとは思えない。致命的な運や破壊的な運、不公平な運は自然界にも満ちあふれているのだから。

ランダムな津波

二〇〇四年一二月二六日、インドネシア西部のインド洋で、記録が残るもののうちでも屈指の大きさと長さの地震が起こった。その衝撃で一連の巨大津波が引き起こされ、四方八方の遠い海岸へと、猛烈な勢いで進んでいった。数時間のうちにインド洋沿岸に激しく押し寄せ、一四か国で少なくとも二三万人が亡くなり、海岸沿いに住む一〇〇万以上の人が家を失い、厖大な額の被害が出た。[注6]
では、この大災害には、何か「理由」があったのか？　地球の構造プレートのうちの二枚が衝突することで、この地震は始まった。インドプレートが、幅約一六〇〇キロメートルにわたって、ビルマプレートのおよそ一五メートル下に滑り込んだ。このずれは、人間の決定や行動が起こしたものでは断じてない。ただ、起こっただけだ。
では、亡くなったこれほど多くの人たちはどうなのか？　たまたまその日、その時刻に、被害に遭ったビーチかその近くに居合わせたのが悪かっただけだ。沿岸の粗末な小屋に住んでいる貧しい人もいた。異国のリゾートのビーチで過ごしていた豊かな観光客もいた。何十万もの犠牲者のなかには、罰せられるのが当然の、極悪非道の人間がいたことは間違いない。けれど、一生を通じてせっせと働き、他人を公正に扱ってきたのに、押し寄せる波で一巻の終わりを迎えた、善良で立派な人も大勢いたことも確かだ。

では、彼らは亡くなるべくして亡くなったのか？　そこで亡くなるのが彼らの運命だったのか？　彼らのカルマだったのか？　彼らの死には意味があったのか？　それは公正なものだったのか？

ジャックポットと癌と利益と愛

運は、肉親の再会や金貨、小倉やインド洋で終わりにはならない。じつのところ私たちは、毎日自分ではコントロールできない出来事に取り囲まれている。交通渋滞にはまり込む。懐かしい旧友にばったり出くわす。雨に降られてびしょ濡れになる。電車が遅れる。子供がテストで満点をとる。上司の機嫌が悪い。持っている株が上がる。風邪をひく。くじで賞品が当たる。洗濯機が故障する。宝くじを買う。ルーレットで賭ける。どの場合にも、ほかの人や事象（交通量、仕事、株の売却など）、物理的なメカニズム（宝くじの抽選、電気製品の設計、ルーレットのホイール（回転盤）の回転など）、自然そのもの（天候、病原菌など）によって、私たちの幸福や健康などに影響が出る。もしこうしたランダムな要素が自分に有利に働くなら、私たちはそれを幸運と呼び、その恩恵に浴する。不利に働いたら、それを不運と呼び、苦々しく不平を言う。どちらにしても、自分自身の宿命をコントロールできない苛立ちと不思議議を感じる。

そんななかで、毎年世界中の何百万もの罪のない人々が、癌をはじめ、恐ろしい病気で亡くなる（悲しいことに、この項を書いているときに、人気歌手のマイケル・ブーブレが、三歳になる息子が癌という診断を受けたことを公表し[注7]、活動を停止せざるをえなくなった。幸い、その子は今では回復に向かっているらしいけれど[注8]）。人は負傷し、キャリアが台無しになり、何の落ち度もない善人が苦しむ。同時に別の場所では、誰かがくじでジャックポット（多額の賞金）を獲得して突然大金持ちになったり、同僚が、たまたま絶妙のタイミングで絶妙の場所にいたというだけで昇進したり、隣人がたんなるまぐれで大成功を収めたりする。

そして、これまでずっとそうだった。セルジオ・レオーネ（西部劇映画の名作『続・夕陽のガンマン』の監督）は、開拓時代の西部を振り返り、次のように言ったとされる。「利益の追求には、善悪もなければ、寛大さも腹黒さもない。すべては運次第で、最も善良な人間ではなく最も運の良い人間が勝つ[注9]」。至言だろう。

そうそう、それに映画『ダーティハリー』でクリント・イーストウッドが演じる主人公は、目の前の悪漢がライフル銃に手を伸ばそうと考えていると、こんなアドバイスを送る。「一つだけ、自分に訊いてみるんだな。『俺にはツキがありそうか？』って」。これは、時代や場所や状況に関係なく、いつでもいちばん大事な疑問に思える。

運は、驚くべき速さで与え、そして奪うこともある。ドナルド・サバスターノの場合がまさにそうだった。彼は二〇一八年一月三日、ニューヨーク州のメリー・ミリオネアという宝くじで一〇〇万ドルが当たった。[注10] さっそくその賞金をあれこれに使った。それまで余裕がなくて受けられなかった健康診断も受けた。すると悲しいことに、ステージ４の脳腫瘍と肺癌であることがわかった。サバスターノは二〇一八年一月二六日に亡くなった。百万長者（ミリオネア）になってから、わずか二三日後のことだ。いくらお金があっても、あの世へは持っていけないというが、まさにそのとおりだった。

戦争全体の行方さえ、運に左右されることがある。ヒトラーの軍隊は、一九四二年の八月にスターリングラードを攻撃したとき、さっさと勝ちを収めるつもりだった。ところが、ソ連にとっては幸運にも、一九四二年から翌四三年にかけての冬は、いつになく厳しかった。[注11] そのせいでドイツ軍は弱体化し、それが響いて、五か月に及ぶ苛酷なスターリングラード攻防戦は、けっきょくドイツ側の敗北に終わった。厳冬が来なければ、ドイツはスターリングラードで勝つこともありえた。そうしたら、敵を圧倒してソ連を征服していた可能性もある。もし、あの冬があれほど寒くなく、ドイツがソ連を負かしていたら、第二次大戦――そして、二〇世紀のヨーロッパ史の大半――は、まったく違った展開になっていたかもしれない。

私たちは、ごく幼い頃に初めて運について学ぶ。赤ん坊は、口が利（き）けるようになる前は、自分の運命はほとんどコントロールできない。お気に入りのおもちゃを与えられるか、それとも、あまり面白くないおもちゃで我慢するしかないかには、自分のコントロールがまったく及ばない。つまり、運次第ということだ。そして、成長するにつれ、ティーンエイジャーなら誰でも知っているとおり、恋愛関係について学びながら、浮き沈みを経験する。自分に打ってつけの相手に出会い、恋愛関係を築けるかどうかを予想したり、それに影響を与えたりするのは、とても難しく思える。この件で成功するのは「運が良い」と言われるのも意外ではない。

運が自分の人生に与える影響に、誰もが満足しているわけではない。古典的な名作の『キャッチャー・イン・ザ・ライ』（村上春樹訳、白水社、二〇〇三年、ほか）では、主人公のホールデン・コールフィールドは、教師に声をかけられたのを聞いて、こう思う。「きっと、『グッド・ラック！』って言ったんだ。やめてくれ。まっぴらご免だ。僕はぜったい誰にも『グッド・ラック！』なんて声をかけるものか。考えてみると、なんてひどい言葉だろう」。ポジティブな運でさえ、不愉快なときがある。運になどまったくコントロールされたくないと、思いたくなることもある。

アメリカ合衆国最高裁判所首席判事ジョン・ロバーツは、息子の卒業式での見事なスピーチで、次のように述べた。「卒業式の講演者は、たいてい諸君に良いことや幸運を願い、祈りもします。ですが、私はそうはしません。……ときどき不運に見舞われることを祈ります。人生で偶然の果たす役割を意識し、自分の成功が必ずしも当然のものではなく、他者の失敗も必ずしも当然のものではないことを理解してほしいからです」[注12]。面白い視点だ。私たちの人生で偶然の果たす役割を思い知らせてくれるのが、とくに不運だというのだから。とはいえ、それを思い知らされるかどうかにかかわらず、運と偶然とランダム性は、いつもそこに存在している。

人生のじつに多くは、本人の行動によって、あるいは技能や能力や人となりによってさえ決まらず、自分にはまったくコントロールできない、思いがけないことで決まるように見える。そう、ほかならぬただのランダムな運によって。ほんとうにそんなことがありうるのだろうか？

バフェットの宝くじ

億万長者のウォーレン・バフェットは、運についてまた別の見方を示してくれた。彼はあれほどの富を持っていながら、私たちは自分より恵まれていない人々の面倒を見るべきだと信じている。なぜか？　それは、彼が次のような筋書きを想像していたからだ。私たちは、生まれる前の日に、世界中の人間全員分の紙片が入った巨大なバケツに手を入れて、一枚取り出さなければならない。どの紙を選ぶかで、人生が決まる。バフェットの言葉を借りれば、「あなたは、聡明な人間として生まれるかもしれないし、聡明ではない人間として生まれるかもしれない。健康な人間として、あるいは障害を持つ人間として生まれるかもしれない。黒人として、あるいは白人として、アメリカで、あるいはバングラデシュで生まれるかもしれない。そんな具合だ」。こういう筋書きになっていたら、性別や人種や背景に関係なく、誰も彼も公平に扱う世界を私たちは望むだろう、と彼は主張する。自分が誰であってもおかしくないのだから[注13]。

いや、これはなかなか鋭い指摘ではないか？　警句にあるように、「明日は我が身」だ。実際私たちも、親が出会って絶妙のタイミングで子供が生まれていなければ、誰一人として、今ここにいることさえない。親たちも、祖父母が出会わなければ生まれなかったし、代々の先祖にしても同じだ。私たちは、それなりに健康で豊かで安全であることは言うまでもなく、ここにこうして存在し、こういう外見をしていて、自分の親のもとで、特定の場所で生まれたという事実は、まあ、信じられないほどの、途方もない幸運以外の何物でもないのだ。

第四章　私が生まれた日

私は一九六七年一〇月一三日に、カナダのオンタリオ州トロント郊外のスカーバローにあるスカーバロー総合病院で生まれた。長年、この日付についてはあまり考えたことがなかった。やがて、多忙な教授職に就いてすぐ、面会の約束や予定をきちんと把握しておくために、コンピューターのプログラムを書いた。今では「アジェンダ・ソフトウェア」とか「カレンダー・ソフトウェア」とか呼ばれるものの、初期のバージョンだ。

この新しいコンピュータープログラムを試しているときに、将来の予定を立てるだけではなく、過去を振り返るのにも使えることがわかった。そこで、（少なくとも、このコンピュータープログラムの中では）時間をさかのぼり、これまでの人生で起こった重要な出来事をいくつか入力することにした。なかでも大切なのは、もちろん、生まれた日だ。そこで、プログラムを一九六七年に戻し、一〇月一三日を見つけ、「誕生!!」と誇らしげに入力した。

入力しているときに、面白いことを発見した。私のコンピュータープログラムは、日付を曜日に沿って並べるようになっており、一九六七年一〇月一三日は「金曜日」の欄に表示されていた。そのとき、じつは自分が一三日の金曜日に生まれたことに、初めて気づいた。

西洋の文化では、一三日の金曜日を恐れる長い歴史がある。ギリシア語に由来する「パラスケビデカトリアフォビア（一三日の金曜日恐怖症）」という専門用語さえあるほどだ。古代スカンディナヴィアの女神フリッグにちなんだ、「フリッガトリスカイデカフォビア」という名称もある。起源はあれこれたくさんある。キリスト教の聖書では、イエス・キリストは最後の晩餐に居合わせた一三人の一人であるイスカリオテのユダに裏切られ、金曜日に殺された。中世には、フランス王フィリップ四世が一三〇七年一〇月一三日にテンプル騎士団を逮捕させた。この日は（当時使われていたユリウス暦では）現に金曜日だった。私の誕生日からちょうど六六〇年前のことだ。イタリアの作曲家ジョアキーノ・ロッシーニは、一八六八年一一月一三日に亡くなった。この日も金曜日だった。アメリカのフランクリン・D・ローズヴェルト大統領は、どの月にも一三日には飛行機に乗るのを拒んだらしい（もっとも、一二日木曜日に亡くなっている。一日早すぎたか？）[注1]。スカンディナヴィアにも、ロキという神が、光の神バルドルを追悼する晩餐会に一三番めの客としてやって来たという伝説がある。じつは、ロキがバルドルを殺させたのであり、バルドルが死ぬと、全世界が闇に包まれたという[注2]。一三は、最初の「なじみのない」数であるとも言われてきた。時計の文字盤も、暦の月も、掛け算表も、インチも、卵のカートンに入る個数も、すべて一二止まりだからだ[注3]。

一九〇七年に、アメリカのトマス・ローソンというビジネスマンが、『一三日の金曜日』と題する小説を発表した。その中では、株式の仲買人がこの日を選んで、金融の世界を大混乱に陥れる[注4]。その一九〇七年の一二月一四日土曜日早朝に、ローソンが出資し、ローソンという名前がついていた船が、イングランドの沖で嵐に遭って沈没した。ところが、時差があるため、ローソンが住んでいたボストンでは、それはまだ一三日の金曜日のことだった。[注5]

現代の文化では、多くの人がこの恐れを驚くほど真剣に受け止め、一三日の金曜日には、飛行機に乗ったり、ほかの「リスク」を冒したりするのを頑として拒否する。奇妙な話だけれど、多くの高層ビルには一三階がない（もっと厳密に言うと、一三階は一四階とされている。その階に入っている人が、じつはそれが一三階なのに気づかないことを願っているのだろう）。ミュージカル『屋根の上のバイオリン弾き』のもととなった短篇小説の作者ショーレム・アレイヘムは、一三という数をひどく恐れていたので、自分の原稿の一三ページ目を「12a」としていた。[注6]女王エリザベス二世の妹のマーガレット王女は、一九三〇年にスコットランドで生まれたとき、出生届が数日延期された。地元の教区簿冊（ぼさつ）に誕生日が一三日と記されないようにするためだ。[注7]そして人は、一三に関連して起こった不運な出来事をすぐに指摘する。一九七〇年四月一三日、月へ向かっていたアポロ一三号の酸素タンクが爆発した事件もそうだ（ただし、それは月曜日で、金曜日ではなかった）。エリー湖では一〇万人以上のバイク乗りが、そう、一三日の金曜日が巡ってくるたびに催しを開き、自らの反骨精神を世に示す。[注8]

高学歴の科学者や学者を含め、私の知っている人の多くが、一三という数をほんとうは恐れていないと言う。ところが、問い詰めると、多少は不安を抱いていることを、やはり認める（一方、中国では最も不吉な数は一三ではなく四だ。そして、実際、中国人の友人の多くが、四という数に多少不安を覚えることを認める)。

幸運にも、私はかなり科学志向の家庭に育ったので、そのような迷信は信じなかった。だから、自分が一三日の金曜日に生まれたことを知ったときには、恐れるよりもむしろ面白がった。それどころか、名誉にさえ思った。自分がこのキャリアで成功している事実を使って、一三日の金曜日がけっきょくそれほど不吉なものではないことを、ほかの人に「証明」できるのだから。

この迷信をこれほど堂々と無視することで、じつは不運を次々と招くことになりはしないか、一度でも心配しなかっただろうか？　しなかった。もちろん、心配しなかった。まったく心配しなかった。けっして。まあ、どっちにしても、ほとんどしなかった。いや、たまには心配したこともあったかもしれない(なにしろ、私もしょせん、生身の人間だから)。それでも、たいていは心配しなかった。

もっと実際的なレベルでは、たしかに思い当たることがあった。そして今、この本を書いているときに、それを思い出さずにはいられない。もし仮に、突拍子もない雷に打たれたり、突然の泥流に巻き込まれたりして死ぬといった、何か奇妙なまでに悪いことが現に自分に起こったら、私の不運を大喜びで使って、一三日の金曜日はやはり不吉であることを証明しようとする人がいるだろう(まあ、そうなったら、少なくともこの本の売れ行きが良くなるかもしれない)。

もちろん、一三日の金曜日に生まれた有名人はたくさんいる。アカデミー賞を受賞した俳優のクリストファー・プラマー、テレビドラマ『となりのサインフェルド』でエレイン役を演じたジュリア・ルイス＝ドレイファス、ミュージシャンのファイスト、さらにはフィデル・カストロもそうだ。歌手のテイラー・スウィフトは、実際には一三日の水曜日に生まれたのだけれど、一三歳の誕生日は一三日の金曜日だった。これは幸運なことだと考えたので、ツイッターのハンドルを「@taylorswift13」にし、公演前には手に一三という数をペイントすることで知られている。[注9] 一八八〇年代には、迷信に立ち向かうために、なんと、「一三クラブ」というものが設立され、毎月一三日に会合を開き、各テーブルに一三人が座って食事をとった。そして後日、会員のその後の健康と幸運を楽しそうに報告した。[注10]

それでも、迷信深い人は多く、ありとあらゆる人が何かしら理由をつけて一三という数を避ける。いや、ありとあらゆるというのは言いすぎだった。ある自称「数秘術師」は、一三日の金曜日について、次のように大まじめに言い放っている。「それは、一部の人にとっては幸運な日で、一部の人には不運な日で、残りの人には平均的な日であると考えたい」[注11]。じつは、これは一三日の金曜日には何の効果もないと言っているのと同じだ。

ところで、この本を書いている最中に、私はオーストラリアに素晴らしい講演旅行に行った。その終わりに訪れた二つの都市のそれぞれで、たまたま**ただの運で**あてがわれたホテルの部屋は、一三階にあった。そこでは、一三階は取り除かれていなかったのだ。妙な話だけれど、私は大喜びした。

一三の襲来

一三日の金曜日について言われることの一つに、ほかの日よりも頻繁に巡ってくるというものがある。この主張は、一三日の金曜日には特別な力があり、私たちはそれを恐れるべきであることを証明するために使われる。けれど、それはほんとうなのだろうか？

まあ、多少は。

一年には一二か月あり、どの月にも一三日がある。だから、一三日は一年につき一二回あり、そのどれもが金曜日に当たることがあ、り、う、る。一週間には七日あるので、すべての条件が同じなら、一三日の金曜日は、平均すると一年に一二／七（約一・七）回あるはずだ。

とはいえ、実際には一三日の金曜日は何回あるのか？　まあ、それはその年次第だ。たとえば、二〇一八年と二〇一九年と二〇二〇年にはそれぞれ二回ある。けれど、二〇二一年と二〇二二年にはそれぞれ一回しかない。そして、二〇二六年には三回ある。

長期的に見ると、どうなるか？　三六五（一年の日数）は七で割り切れないので、月曜日で始まる年、火曜日で始まる年……という具合に、ずれていく。そして、四年に一度、「うるう年」がある。これを考え合わせると、二八年周期を繰り返すことになる。たとえば、二〇〇〇年は土曜日で始まるうるう年だった。だから、二〇二八年も二〇〇〇年とちょうど同じで、また土曜日で始まるうるう年になる。そして、その間の年も、それぞれ同じパターンで変わる。二〇〇一年はうるう年ではなく、月曜日から始まった。二〇二九年もうるう年ではなく、月曜日から始まる。

この二八年周期を眺めると、一周期に一三日の金曜日が全部で四八回あることがわかる。28×12／7＝48だからだ（ちなみに、この二八年周期には、一二日の金曜日も四八回ある。一一日の水曜日も、二三日の月曜日も、だ。その二八年の中に、すべての日が同じように完全に均等に散らばっている）。

がっかりした？　いや、その必要はない。もう一つ、ひねりがあるから。じつは、四年ごとに必ずうるう年があるわけではないのだ。日の進行（地軸に沿った地球の自転が引き起こす）と年の進行（太陽を中心とする地球の公転が引き起こす）とを調整するために、おかしなルールが導入された。たしかに、四年ごとにうるう年がある。ただし、二一〇〇年のように、一〇〇の倍数になっている年は除く。そういう年は、うるう年にならない。もっとも、その年が、二〇〇〇年や二四〇〇年のように四〇〇の倍数になっているときには、相変わらずうるう年になる。まだ頭がこんがらかっているだろうか？　つまるところ、たいていは二八年周期で進んでいくけれど、いくつか例外があり、ほんとうは、四〇〇年周期で進んでいるのだ。

四〇〇年周期？　そう、そうなのだ。覚えているだろうか？　二〇〇〇年は土曜日で始まるうるう年だった。そして、二四〇〇年——そう、四〇〇年後だ——は、また土曜日で始まるうるう年になる。そして、それこそが年の正真正銘の周期なのだ。

さて、もしすべての年を四〇〇年周期に割り振ったら、一三日の金曜日は何回あるだろう？　計算すると、六八八回になる。それは多いのだろうか？

もし、すべての日が同じ割合で巡ってくるとすれば、四〇〇年が過ぎるたびに、一三日の金曜日は、400×12／7、つまり約六八五・七回巡ってくるはずだ。だから、六八八回は、見込まれる平均をわずかに上回る。一方、この四〇〇年周期のあいだには、一二日の金曜日は六八四回しかない。実際、一三日より多く金曜日になる日はほかになく、六日と二〇日と二七日が同点の首位で、それぞれ六八八回ある。それよりもなお驚かされるのだけれど、一三日はほかのどの曜日よりも金曜日に当たることが多く、二位は水曜日と日曜日で、六八七回だ。恐れ入りました！

要するに、この四〇〇年周期で考えると、すべての日が完全に均等に巡ってくるわけではないことがわかる。一三日の金曜日の回数は、現にほかの日をわずかに上回るのだ。といっても、その差は微々たるもので、ほかの日もほぼ同じ回数だけある。というわけで、一三日の金曜日はあなたにとって、ほかの日よりも強力で恐ろしく思えるだろうか？

不吉な日？

もちろん、一三日の金曜日にまつわる肝心の疑問は、この日がほんとうに不吉な日かどうか、だ。一九九三年に『ブリティッシュ・メディカル・ジャーナル』誌に発表された研究によると、一三日の金曜日には、道路を走る車はいつもより一・四パーセント少ないのに、交通事故で病院に運ばれる人は四四パーセント多いという。もっとも、この論文の執筆者たちは、調べた事故の件数は「有意義な分析を行なうにはあまりに少な」かったことを認め、「事故のデータを記録する人は、一三日の金曜日には事故を記録する可能性が高いかもしれない」ので、数値にはバイアスがかかっているかもしれない、と分別あるコメントを添えている。[注12]

いちばん奇妙なのは、論文の執筆者の一人が、この研究はじつはジョークだったと、のちに述べている点だ。「この論文はちょっとしたおふざけであり、真剣に受け止めるべきものではなく」、「完全にからかい半分で書かれ」たもので、「たいてい愉快な論文やパロディのような論文を載せる、『ブリティッシュ・メディカル・ジャーナル』のクリスマス特集号のために執筆」されたという。[注13]驚いたのだけれど、まじめな『ブリティッシュ・メディカル・ジャーナル』は、じつはクリスマスの伝統として、「奇抜な研究課題」と「ふんだんなユーモアと娯楽性」を盛り込んだ「気軽な論文や風刺」を奨励しているらしい。[注14]それでも、どうやらこの研究は本物のデータを使い、正式な統計分析を行なっているから、執筆陣の一風変わった動機は、おそらく関係ないだろう。

その後も、いくつか研究が続いた。二〇〇二年には、一九七一年から一九九七年にかけての四三回の一三日の金曜日と一三三九回のそのほかの金曜日にフィンランドで発生した交通事故死を調べた研究が発表された。一三日の金曜日には、フィンランド人男性一〇〇万人当たり平均で一・〇三人が交通事故で亡くなったのに対して、その他の金曜日の死者は〇・九八人で、大差はなかった。ところが女性については、一三日の金曜日の死者が一〇〇万人当たり平均で〇・四七人で、ほかの金曜日のった〇・二九人と比べて六割以上多かった。これは大きな違いで、統計的に有意だ。執筆者は次のように推測している。ひょっとすると「一三日の金曜日には、迷信の影響を受けやすい女性は、何か不運なことが起こるのではないかという考えが頭から離れず、不安になって（中略）運転ミスを犯して致命的な結果に結びつくことがあるのかもしれない」[注15]。言い換えると、一三日の金曜日に対する恐れそのものが、お粗末な運転につながり、事故が増えたのかもしれない。その可能性は<u>ある</u>。

二年後、フィンランドの死亡事故だけではなく、あらゆる交通事故を対象とする追跡調査が行なわれた。すると、男女どちらでも、一三日の金曜日には六日の金曜日や二〇日の金曜日よりもほんのわずかに多くの事故が起こっていることがわかったけれど、これは統計的に有意の差ではなかった。執筆者たちは、次のように結論している。「本研究では、一三日の金曜日に女性の負傷事故がとくに多いという証拠は得られなかった」。さらに、「これら三つの金曜日のあいだに、（中略）負傷事故数の有意の違いはなかった」と明言している。[注16]

二〇〇八年には、オランダの保険統計センターが次のように報告した。オランダの保険業者は、金曜日ごとに平均で七八〇〇件の交通事故報告を受け取ったものの、一三日の金曜日には毎回七五〇〇件の報告しかなく、一三日の金曜日のほうが平均的な金曜日よりもじつは安全であることが示唆されたという[注17]（とはいえ、少なくとも執筆者の一人は、このわずかな減少は、一三日の金曜日が、クリスマスや元日のような、交通事故が起こりやすいと思われる特定の休日を自動的に排除するからかもしれないことを指摘している[注18]）。

一方、スイスでは医師たちが、二〇〇〇年にベルンで病院の救急救命室に運ばれてきた患者数を分析した。すると、一日の平均の患者数は六一・二人で、そのうち二〇・六人が緊急の医療措置を必要とすると判断されていたことがわかった。一三日の金曜日であるだけではなく、満月の日でもあった二〇〇〇年一〇月一三日（私の三三歳の誕生日だ！）という特定の日には、六二人の患者が救急救命室に来て、そのうち二〇人が緊急の医療措置を必要としていた。全体の平均と実質的に変わりはなかった。医師たちはこうした数字を踏まえ、「一三日の金曜日と満月という珍しい取り合わせは、少なくともスイスの首都では、負傷や疾患のリスク増大に結びついてないように見える」という適切な結論に至った。[注19]

二〇〇五年、イギリスの『テレグラフ』紙は、「偶然の一致？　一三はほんとうに不吉な数」という題の記事を載せ、イギリスの国営宝くじでは最初の一一年間、13という数が書かれたボールが選ばれた回数は最も少なく、一二〇回だけだったことを指摘した（一方、38のボールは選ばれた回数が最も多く、一八二回だった）[注20]。この傾向は続いたのだろうか？　初めは続いた。一九九四年一一月から二〇一五年一〇月までのあいだ、13は20と並んで、選ばれる回数が最も少なかった（それぞれ二一五回）[注21]。ところが、二〇一五年一〇月に、当たりを決めるために選ぶボールの数が四九個から五九個に増やされ、それ以来、13は一八回選ばれていて、これは真ん中ほどで、一九・二回という全体の平均に近い[注22]。

ほかのくじはどうだろう？　アメリカの宝くじのパワーボールの場合、二〇一五年九月から二〇一七年八月までの二年間に、最初に選ばれる白いボールでは13は合計一一回選ばれ、これは全体の平均の一三・八四回よりもわずかに少なかった[注23]。そして、カナダのロト6／49では、三五年間に13のボールは合計四〇二回選ばれ、これは全体の平均の四二八・三回を多少下回った[注24]。だから、13という数にはどうしてももう少し頑張ってもらう必要があると言わざるをえない。けれど、それほど頑張らなくてもいい。こうした差はほんのわずかで、統計的に有意ではなく、見込まれるランダムな数値の範囲に十分収まっている[注25]（たとえば、パワーボールでは35のボールは13のボールよりも選ばれる回数がはるかに少なかった）。つまり、宝くじのボールが選ばれる回数を数えたこれらの数字は、ランダムな運だけによっても十分生じる可能性があるわけで、13という数について、何一つ特別な意味を表してはいないのだ。

第五章　私たちは魔法好き

運やその解釈にまつわるこうしたさまざまな話は、私の頭の中を駆け巡っている。どの話の場合にも、私は自然と、これらの出来事に対するほかの人々の反応について考え、自分の反応と比べてしまう。

『マクベス』を引用すると、どういうわけか不運を招きうるというのは、馬鹿げた話に思えるけれど、それにもかかわらず、あのパーティで会った女性は、そう確信していた。神が最初に貴重なダイヤモンドを隠しておいて、後になってそれを出現させるということはありそうもないように思えるけれど、私の友人は、それが起こったと確信していた。「カルマ」のせいでクラップスのサイコロの目の出方が変わるはずがないのだけれど、有名なラジオの司会者は、それにまったく疑いを抱いていなかった。なくなったブレスレットを捜すのに、ＥＳＰがほんとうに役立つとは想像し難いものの、私の聴衆の一人は、ぜったいに役立ったと信じていた。デートの相手と同じ車を持っているからといって、恋が成就する予兆とはかぎらないだろう。

あの男性は、どんな特別な力に導かれてビーチに行って異母兄に巡り会ったというのか？　いったいどんな「宿命」が、小倉を救い、長崎をその身代わりにすることを決めるというのか？　宝くじ券に印刷された数の間隔の「システム」が、どうして当選の可能性を高められるというのか？　津波が襲いかかってきたときに、たまたま岸の近くにいたというだけで、何十万もの人がみな死ななくてはいけないなどということが、どうしてありうるというのか？　ある数や日が、どうしてほかの数や日よりも運が悪いことになるだろうか？

そして、これが何より重要なのだけれど、私にはどうしても見て取れない、こうした神秘的な力や理由や宿命のいっさいを信じるように、ほかの大勢の人を駆り立てているものはいったい何なのか？　不運や、ダイヤモンドの紛失、幸せな恋、恐ろしい津波はみな、無数のじつに小さくて微妙な科学的・物理的原因に基づいて、意味のないただの運のせいで起こったという単純明快な説明を、彼らはなぜあっさり受け入れないのか？　すべてを網羅する道徳律や宿命や運命や意味などには基づいていないと考えないのか？　カルマや宿命、運命や魔法に頼るほかの説明に、なぜ喜んで飛びついてしまうのか？

やがて、はっと思い当たった。意味のないただの偶然という単純明快な説明は、はっきり言って退屈なのだ。胸が躍るようなところも、謎めいたところもいっさいない。魅力も面白味もない。満足も目的も与えてくれない。自分の意味や重要性も感じさせてくれない。それに比べると、カルマや宿命、運命や魔法には、はるかに多くの意味や重要性が感じられる。そして、人は身の回りの運やランダム性について考えるとき、それらには特別な意義や意味があってほしいと願う。魔法に飢えているのだ。

人間は、科学やロジック、原因と結果という、現実の日常的な世界におおむね満足している。その世界では良いことも悪いことも起こるけれど、それは必ずしも、起こるべきだからではなく、たんにランダムな運のせいにほかならない。善人がいつも勝つとはかぎらず、愛がいつもすべてを征服するわけではなく、あらゆる成功と失敗が道徳的に正当化できるわけではないのが現実だ。それでも私たちは、この科学的な世界観の外の出来事や、さまざまな形の魔法や予言や超自然現象、奇妙な迷信や謎めいた迷信（ある本には、五〇〇以上挙げられている）[注1]、罪のない人を魔法のように守り、悪人を罰する秘密の力、すべてが何かしらの理由で起こり、私たちの日常生活を包む見かけ上のランダム性を超えた、特別の意味や意義を持っている場所について考えると、格別の興奮を覚える。

それがこれ以上ないほど明らかなのが、フィクションの作品の中だ。

魔法のようなフィクション

映画『シックス・センス』の監督をしたM・ナイト・シャマランはかつて、「あらゆる名作映画——つまり、ほんとうに凄い、凄い、凄い映画——には、魔法の要素があるんだ、わかる？」と言った。[注2]いや、彼は少しばかり大げさだったかもしれない。なにしろ、ハンフリー・ボガートの『カサブランカ』は屈指の名作映画なのは間違いないけれど、完全に現実に基づいていて、私が見るかぎりでは、魔法のような要素や超自然的な要素はかけらもない（実際、この作品は第二次大戦の真っ最中に制作されたので、なおさらリアリティがある)。

とはいえ、魔法のような要素が、多くの映画その他のフィクション作品に興奮と魅力とアピールを与えるという、シャマランの趣旨には、議論の余地がないように思える。では、どんな種類の魔法か? シャマランの場合には、コールという男の子が死者と会話する能力だった。『オズの魔法使い』では、ドロシーが赤いルビーの靴の踵(かかと)を打ち合わせてカンザス州に戻ることだ。『天国から来たチャンピオン』では、生まれ変わって記憶を失ったウォーレン・ベイティが魔法のようにジュリー・クリスティと再会する。

こうした映画の魔法のような場面に共通しているものは何か? どれもみな、何か理由があって起こる点だ。コールは死者から情報を受け取ったおかげで、ある女の子を救い、自分の母親に、祖母が母親のことを誇りに思っていたと請け合うことができた。ドロシーはオズから逃げ出し、自分を愛する家族のもとに戻ることができた。ベイティとクリスティは、もう一度恋に落ちることができた。フィクションは、ある種の運に満ちあふれている。けれど、それはけっしてただのランダムな運ではない。フィクションの運にはいつも意味がある。そして、魔法のような力が働く。実際、フィクションでは、ある出来事が退屈で無意味だと、原稿から削除される。フィクションに許される運は、興味深くて、エキサイティングで、意味があって、魔法のようなものに限られるのだ。

ベネディクト・カンバーバッチ主演のハリウッド映画の大ヒット作『ドクター・ストレンジ』では、主人公は交通事故で両手を負傷し、輝かしい成功を支えていた見事な神経外科手術を行なえなくなる。現実の世界なら、そこで一巻の終わりだっただろう。転職して、以前とは比べ物にならない人生を精一杯生きていくしかない。けれど、フィクションでは違う。ありとあらゆる治療法を試した後、ある魔術師を見つけ、特別な治癒力を身につける。その魔術師は、次のように説明する。彼女は「現実を形作っているソースコード」を扱っている。「我々は、マルチバースの別の次元から引き出したエネルギーを利用し、魔法をかけ、楯や武器を呼び出す。魔法を起こす」。ここでもまた出てきた。魔法という言葉だ。それでは、観客はドクター・ストレンジの苦難に対する、この魔法の解決法を評価しただろうか？　まあ、ここでは、この映画は最初の四か月間に六億七七七一万八三九五ドルの興行収入があったと言うにとどめておこう。[注3]

私が大好きな本の一冊が、W・P・キンセラの『シューレス・ジョー』で、のちにこれを原作として、ケビン・コスナー主演の映画『フィールド・オブ・ドリームス』が制作された。トウモロコシを栽培する農夫が、「それを造れば、彼が来る」という不思議な声を聞く。彼はその声を、自分の想像の無意味な産物として切り捨てるか、それとも、精神疾患の徴候と見るか？　彼が何をするべきかも、次に何が起こるかも、その不思議な声にわかるはずがないことを指摘するだろうか？　いや、そうはしない。そのかわりに彼は、なんと、自分のトウモロコシ畑の真ん中を切り開いて、野球のグラウンドを造らなければならないことを、瞬間的に悟る。そして、グラウンドを造れば、とうの昔に亡くなった伝説の野球選手シューレス・ジョー・ジャクソンが彼の農場に魔法のように現れ、親善試合を何度かしてくれることも悟る。何か月も苦労してついにグラウンドを完成させると、ジャクソンが姿を見せ、やがて、農夫自身の亡父も現れ、農夫は真の有意義な結末を迎える。

こんなことが、現実の世界で起こりうるだろうか？　もちろん、ありえない。不思議な声が私たちの選択を導いたり、私たちの抱えている問題を解決したり、死んだ野球選手を蘇らせたりできるはずがない。現実の世界では、野球のグラウンドを造ったら現に人生がポジティブな方向に転換するなどということは、たとえまぐれにしても、あまりにできすぎだ。そして、もし誰かが頭の中で奇妙な声を聞いたとしたら、それは貴重なアドバイスではなく無意味な幻覚である可能性のほうがはるかに高い。けれど、フィクションとしては、この話は見事に成立する。その声は、必要だった目標や目当てを与え、それに続く魔法のような出来事のおかげで、良いことが、いちばん必要とされるまさにそのときに、次々に起こる。最後の場面は、深い根源的なレベルで満足がいき、感動的で、心温まり、有意義であり、そこではフィクションの魔法が不可欠の役割を果たす。まさしく、「それを造れば、彼が来る」だ。

私のお気に入りのシェイクスピア劇が『マクベス』であることは、すでに述べた。この作品の筋の大半は、三人の魔女によって推し進められる。魔女たちはマクベスに、彼は将来、王になるだろうと告げる。マクベスは、現実の世界にふさわしい行動をとり、魔女たちは頭がおかしく、その言葉は無意味だとして無視するだろうか？　いや、魔女たちの言葉はマクベスとその妻に良からぬことを考えさせる。そして、許し難い謀殺を重ねてから、彼はほんとうに王になる。魔女たちは、マクベスの子孫ではなく彼の同輩の将軍バンクォーの子孫が王となるだろうとも予言する。マクベスはこの予言を無効にするためにバンクォーを殺させるが、その息子のフリーアンスは逃れ、おそらく未来の王たちを後に残すことになる。その後、魔女たちは、マクベスが妻子を殺した貴族のマクダフに注意するよう、警告する。これは当を得た警告だった。けっきょく、マクベスはマクダフに殺されるのだから！

けれど魔女たちは、バーナムの広大な森がダンシネインの高い丘に向かってくるまでは、マクベスはけっして打ち負かされることはないとも断言する。森が動くことなどありえないだろうから、この予言はマクベスにはとても安心できるものに思えた。ところが、マクベスが殺した王の息子のマルコムが、やがて兵たちに枝を切り落とさせて前にかざさせる。つまり、彼の兵の一人ひとりが森から枝を一本持ってダンシネインに向かうわけだ。なぜ彼らはそうしなければならないのか？　自軍の兵士のほんとうの数を隠し、敵の判断を誤らせるためだ。賢明な軍事戦略ではないか？　そうかもしれない。とはいえ、それより重要なのだけれど、それは魔女たちの予言を実現させる妙案でもある。この予言は、どうしても実現しなくてはならないのだから。

そして、これが最も劇的かもしれないけれど、魔女たちは、女が産んだ者は一人としてマクベスを害せないとも請け合う。マクベスはこれに勇気づけられ、自分は無敵だと感じる。だから、最後の戦いのとき、彼を非難するマクダフに、自分は魔法で命を守られている、女が産んだ相手には、けっしてやられることはない、と言い放つ。あいにく、マクダフはそれに応じ、月が満たないうちに母親の胎内から引きずり出された、つまり原始的な帝王切開を受けた（おそらく、母親がすでに死んでから）と説明する。どうやらそれは、女が産んだという条件に当てはまらないようで、マクダフには魔女たちの予言が通用しない。細かい解釈の問題？　たしかに。とはいえ、これも別の予言を実現させる、巧みで意外な手法でもある。マクベスはたじたじとなり、そんなことを言う舌の忌（い）まわしいこと、と応じるのが精一杯で、彼はその後マクダフに斬り殺された挙（あ）げ句（く）、刎（は）ねられた首を舞台で見せびらかして回られるという不面目を被（こうむ）る。

そのうえ、『マクベス』では、天候さえもが魔法のような予言の力を持っている。マクベスが最初の謀殺に手を染めた後、前の晩は荒れ狂い、煙突が吹き倒され、大地は熱を持って震えたとされる。まるで天候そのものが、邪悪なことが起こっているのを感知できるかのように。それに対してマクベスは、たしかに荒れた晩だったとしか応えられない。

『マクベス』に出てくる予言は、どうしてこれほど逆らい難いのか？　現実の世界だったら、どれも無意味な言葉で、生死や戦い、王位継承に関してやがて訪れるランダムな運には、何の影響も与えないだろう。ところが、『マクベス』はフィクションだから、予言はどうしても現実にならざるをえない。もしマクダフが、月が満たないうちに母親の胎内から引きずり出されたという説明なしで、あるいはバーナムの森が動くことなしで、マクベスを首尾良く討ち取っていたら、この作品はひどく馬鹿らしいものになっていただろう。観客は、「ああ、あの魔女たちは間違っていたんだ。けっきょく、あんまり頭が良くなかったのかもね。しかたないか」などとつぶやきながら、劇場を後にする羽目になる。そして、疑問に思っただろう。だいたい、なんであの魔女たちが出てきたんだ？　あんな戯言（たわごと）を聞かされるなんて、時間の無駄じゃないか。作者はどうしてあんないいかげんで見当違いのことを言わせたんだ？　『マクベス』はそれほど私たちの関心を集めなくなってしまう。それほど人の興味をそそる、魅力的で、活き活きとした作品ではなくなる。そう、およそシェイクスピアらしからぬ作品に落ちぶれてしまうだろう。

魔法を信じる

マジックショーを見たことがない人などいるだろうか？　私たちは、一見するとありえない、マジシャンの離れ業に息を吞む。一つ目にするたびに、現実の世界が怪しくなり、不思議な魔術の世界が現実味を帯びてくる。私たちは、そのような出し物にどう反応するか？　まあ、トリックを見破ろうとしたり、どこかにワイヤーが隠されていないか探したり、マジシャンの袖口を点検したり、ポケットの中を探ろうとしたりする人は、いつもいる。けれど、たいていは、種や仕掛けを知りたいとは思わない。トリックが「解説され」、冷徹な現実におとしめられることを望まない。むしろ自分が、その、つまり、マジックを目にしたのだと信じたがる。

友人でプロのマジシャンが、親切にも私に代わって、同業者を何人か調査してくれた。[注4]すると彼らは、パーセンテージこそ違ったけれど、観客の最低でも半分はマジックが本物だと信じている、あるいは少なくとも本物だと信じるふりをしているということで、全員意見が一致した。

私たちは魔法が大好きで、その対象は昔からのマジックショーにとどまらない。私は最近飛行機に乗ったとき、航空会社の旅行雑誌をめくっていて、ある記事に出くわした。ニューヨークを本拠とする旅行ライターが、「幽霊が出没する」グレニッチヴィレッジのマーチャンツハウス博物館を訪れるというもので、彼女はこの建物にはほんとうに幽霊が出るのか、と問う。

このライターは、疑いを抱いていることを認める。けれどその後、面白いことに、こうつけ加える。「しかし、私は信じたい――幽霊や精霊、何かニューヨークの恐ろしく高い生活費以外のものを」[注5]。

これは、私たちが超自然的な魔法に惹かれる事実を、手際よく要約している。私たちは、高額な家賃のような、冴えない現実の世界の状況に直面したら、家賃を払うといった馬鹿らしい現実的な問題で頭を悩ませることのない幽霊たちの、わくわくするような未知の世界に逃げ込みたくなる。実際、私がこの章の推敲をしているとき、アメリカで裁判官に指名されて物議を醸していた人物が多くの時間をかけて、そう、幽霊屋敷について調べたり書いたりしていたことが判明した。どうやら魔法の魅力からは逃れようがないらしい。[注6]

魔法のサイコロ

多くのボードゲームにはランダム性が絡んでいる。たとえば、サイコロを振ったり、カードを配ったり、ホイール（回転盤）を回したり、袋の中からタイルを選び出したりする。なぜか？　面白いからだ！　ランダム性は、カジノでのゲームに興奮や刺激を加えてくれるのとちょうど同じように、多くのボードゲームにいっそうの不思議さと魅力のきらめきを加えてくれる。バックギャモンやスクラブル、モノポリー、クルー、リスク、ブリッジ、カタンの開拓者たち[注7]といった人気ゲームは、カードやサイコロやタイルのランダム性がなければ、プレイのしようがない。こうしたゲームは、チェスやチェッカーのようなランダムでないゲームよりも愉快で、ドラマチックで、たいてい、やっていて楽しい。

そうは言うものの、ランダムなゲームが完全にランダムであることを誰もが望むわけではない。ゲームの運が、意味のあるものであって、不思議な形でコントロールできたり、影響を与えたりできることを望む。先日、私はたまたま、サイコロを使う複雑なボードゲームをした。驚いたことに、私と組んだ人はサイコロを振るときにはいつも、まずそれが重大な「責任」だと言い、実際に振る前に、どんな目が出れば私たちに最も有利かを突き止めようとした。それに、いったいどんな意味があるというのか？

どの目が最善か、前もって突き止める必要がないことを、私はやんわり指摘した。どのみち、どの目が出るかはランダムだからだ。ところが彼女は、この説明を頑として受けつけなかった。自分にはサイコロがいくらかでもコントロールできると思いたかったからだ。もしコントロールできれば、良い目を「出そうと」して、努力できる。サイコロは完全にランダムで、何があろうと目の出方を変えられないことをあっさり認めるより、このほうがずっと楽しいし、やる気も出るし、やる意味もある（もちろん、いかさまのことを言っているのではないし、彼女にはいかさまをする気はさらさらなかった）。

その後さらに何回かやっているうちに、彼女は少しずつ私の見方を受け入れはじめたようだった。ところが、最後に笑ったのは彼女だった。私たちの番が来たとき、小さい数のほうが有利に見えたけれど、私は五のゾロ目を出してしまった。これはまずい。この結果を見て、彼女は勝ち誇ったように言い放った。「だから言ったでしょう！」。私はため息をつくしかなかった。

バンビーノの呪い

ボストン・レッドソックスがメジャーリーグベースボールのワールドシリーズで八六年間優勝から遠ざかっていたとき、ファンはそれをただのランダムな運や実力相応の負けとしては受け入れられなかった。かわりに、神秘的な「バンビーノの呪い」のせいにすることにした。これは、はるか昔の一九一九年に、スター選手のベーブ・「バンビーノ」・ルースをニューヨーク・ヤンキースに放出するという、レッドソックスのとんでもない過ちがもたらしたものとされる。こうして、胸が張り裂けるような敗北の一つひとつが、この呪いのさらなる「証拠」になった。

たとえば二〇〇三年、アメリカンリーグのチャンピオンシップシリーズ最後の第七試合、レッドソックスはヤンキースと五対五の同点のまま延長一一回に入った。この試合に勝ったチームがワールドシリーズに進出する。一一回の裏、ヤンキースのアーロン・ブーンにサヨナラホームランを打たれ、レッドソックスは敗れた。[注8] ブーンはその年にレッズからヤンキースに移籍したばかりで、ホームランは一一回に出たので、レッドソックスファンは、これで例の呪いが効いていることが明らかに実証されたた、とただちに宣言した。とはいえ、決勝点を挙げたのが長年ヤンキースでプレイしている選手だったり、ブーンのホームランが初回に出たりしていたとしてもやはり、きっと呪いの証拠だとされたことだろう。

翌二〇〇四年、レッドソックスはようやくワールドシリーズで優勝した。直前のアメリカンリーグのチャンピオンシップシリーズでは、ヤンキースを相手に初戦から三連敗していたから、この勝利はなおさら甘美なものだった。私にしてみれば、けっきょく呪いなどなかったことがこれで証明されたわけだ。ところが多くのレッドソックスファンにとって、この勝利は、むしろ、呪いがついに「解けた」ことを示していた。

ボストンのチャールズ川にかかるロングフェロー橋には、道路の「リバース・カーブ（S字カーブ）」を警告する交通標識がある。いつの頃か、グラフィティアーティストがこの標識に手を加え、「リバース・ザ・カース（呪いを無効に）」に書き換えた。誰もあえてそれを元どおりにしようとしなかったので、長年そのままになっていた。やがて、二〇〇四年にレッドソックスがついに勝つと、すかさず誰かがそれをさらに書き換え、「カース・リバーストゥ（呪い、無効に）」とした。

自分のお気に入りのスポーツチームの話になると、勝ち負けを、選手の獲得や身体能力、戦略的判断、指導哲学といったありきたりの観点から説明するだけでは足りないようだ。チームの成績は、何かほかのものの結果に違いない。呪い。迷信。運命。宿命。つまりその、何かもう少しだけ神秘的なものの結果に。

ああ、そうそう、一〇八年間も辛酸を舐めた後、二〇一六年にようやくワールドシリーズで優勝したシカゴ・カブスはどうなのか？　これは、一〇八年続いたランダムな不運が終わっただけのことなのか？　もちろん違う。これも、彼らは魔法の呪いに終止符を打ったのだ、とたちまち宣言された。その呪いはどうやら、一九四五年にカブスが本拠地としているシカゴのリグレー・フィールドで行なわれたワールドシリーズの試合で、ファンの連れていたヤギの入場を拒否したために招いたとされる[注9]

（なぜチームが一九〇九年から一九四四年まで勝てなかったかは説明されていない）。世の中には、いつまでたっても変わらないものもあるものだ。

恋愛での幸運

最近ウェブ上に、小学五年生の頃からの友人に恋をしたことのある女性の投稿があった。高校時代のある日、二人はデートの約束をした。その少女によると、「母親に送られてきた彼が車から降りた後、いっしょに小川沿いを歩いた。それから、ベンチに座った。すると、彼はコインを放り上げた。ああ、飽きてしまったんだ、と私は思った。でも、そのすぐ後、彼はキスしてくれた」[注10]そうだ。ラッキーな女の子！　相手の男の子は、進んでキスをするべきかどうか、自信がなかったようだ。そこでコインを放り上げて、するかしないか決めたわけだ。勇気を奮い起こし、キスする理由を手に入れるためには、ランダムな運が必要だったのだろう。二人があまり運が良くなければ、コインの裏表が逆になって、恋は永遠に実らなかったかもしれない。

恋とは、そういうものでいいではないか？　最近の映画『セレンディピティ』では、ケイト・ベッキンセイルが演じる女性がジョン・キューザックに出会い、二人の恋の行方を運命に委ねることにする。彼女は、二人が高いビルの別々のエレベーターに乗り、ランダムに階を選ぶことにしようと言い張る。たまたま同じ階を選んだら、二人は結ばれる運命にあるのだと説明する。キューザックはしぶしぶ承知し、実験が始まる。案の定、二人は同じ階を選ぶ。いちばん上の二三階だ。これで二人は結ばれる運命にあることが「証明された」。そうではないか？　もちろん、この作品も正真正銘の映画の伝統に従っているから、厳しい現実が割って入る。この映画の場合は、はた迷惑な子供で、その子はキューザックのエレベーターに乗り込み、いくつもボタンを押すので、キューザックは二三階に着くのが遅れ、ベッキンセイルは、もう去ってしまっている。そして、二人がようやく再会するのは、映画の終盤を待たなければならない。それでもけっきょく、運命は止めることができない。[注11]

恋は魔法のような感じがするだけではなく、私たちは恋を、神秘的で運命的で必然の運にコントロールさせることによって、それに特別な意味も持たせたいようだ。

しるしを与えてください

あるディナーパーティで、友人が近所にあった古い大木の話をしてくれたことがある。その大木は、新しい建物を建てるために切り倒されることになっていた。その木が大好きだった友人は、ひどくうろたえた。伐採予定日の前日の午後遅く、やるせない気持ちでおいおい泣きながら、木のところに行ってみた。この素晴らしい木が無残に切り倒されるのを、いったいどうしたら止められるだろうか？　いったいどうすれば、再び現実と折り合いをつけられるだろう？

彼女はどうしていいかわからず、宇宙に助けを懇願した。「私にしるしを与えてください。何かしらのしるしを」と、大きな声で求めた。ちょうどそのとき、二本の大枝のあいだで明るく輝く夕日が、上を見上げた彼女の目に入り、彼女は全身に神々しい光を浴びた。これで彼女はおおいに満足し、この困難な時期を乗り切ることができた。

そう彼女が話し終えると、パーティのほかの客たちは、そうだろうとばかりにうなずいた。誰もが彼女の苦境を理解して、彼女を慰めるために宇宙が送ってきたしるしをありがたがった。それで万事がうまく収まったと、全員が同意しているようだった。

ところが、私は違った。どうしても腑に落ちない。木はやはり予定どおり切られてしまったのだから、友人が受け取った「しるし」は、実際には何も救いはしなかった。宇宙が友人を助けるために、超自然的な手段を使ってほんとうに特別な努力をしていたのなら、一時的で効果のないシグナルとして日差しを投げかけるのではなく、その木を現に救うほうが、役に立ったのではないか？　さらに、日が傾いているときに大木のそばに立っていたら、木漏れ日が届く角度をいつでも見つけられるだろう。だから、夕日が目に入っても、そのどこが特別だと言うのか？

科学的に言えば、私はやはり自分が正しかったと思う。宇宙が意図的にあの角度で日差しを通したなどという証拠はまったくないし、じつのところ、あの出来事は平凡そのもので、驚くほどのことではなく、木には何の役にも立たなかったことは言うまでもない。

とはいえ、より深い意味では、あの友人はけっきょく正しいのかもしれない。彼女はひどくうろたえ、苦悩していたときに、気分を上向ける術を見つけることができたのだから。彼女にしてみれば、沈んでいく太陽は、あの困難な状況に魔法や意味やハーモニーといった要素を注ぎ込んだ。それならば、どうして私はそれに異を唱えられるだろう？

迷信深い私

私自身は迷信深い神秘的な考え方に免疫があるのだろうか？　あると思いたい。なにしろ、私は科学者だ。合理主義者だ。無神論者だ。確率とランダム性の性質を理解する人間だ。現実の出来事は多くの理由から起こり、意味があるという保証はないことに気づいている人間だ。では、私は迷信とはまったく無縁でいられるのか？　いや、その、まあ、完全にとは言いきれない。

子供の頃、誕生日のたびに、バースデーケーキのロウソクを吹き消す前に願い事をするように母に言われた。その願い事はかなう、ただし、自分一人の胸に秘めておけば、とのことだった。私はほんとうに信じてはいなかったけれど、せっかくの誕生日をぶち壊しにしたくなかったので、たいていは言われるとおりにした。けれど、どのみち、自分の中には多少であれ、ほんとうに信じている部分があったのかもしれない。あるとき、自分の願いについて、何かうっかり母親に漏らしてしまい、たちまちひどく後悔したことを覚えている。これで自分の願い事も台無しで、ぜったいかなわないのではないかと思ったからだ。そんなことが、ありうるだろうか？　そして、今ではずっと歳をとり、賢くもなったのに、相変わらずそういう馬鹿げた気持ちを抱くことがあるだろうか？　あまりない。けれど、ほんの少し、ごくわずかはあるかもしれない。

感謝祭に七面鳥を食べるとき、母は注意深く叉骨(さこつ)を乾かした。そして、何日かしてから、私と兄に股になった骨のそれぞれの端を引っ張らせた。ある年、骨が折れた後、兄の破片のほうが大きく、自分はこれから一年、不運に見舞われ続けるのだと思ってがっかりしたことを、今でもよく覚えている。そのうえ、七面鳥の骨をめぐって争ったり、一年にわたって不思議にも運をコントロールするという特別な魔法の力を信じたりするのは、まあ、とても楽しいものだったことも、よく覚えている。

もう少し大きくなって車の運転を覚えると、多くの人と同じで自分の場合にも、交通渋滞に巻き込まれると最悪の本能がむき出しになることを知った。自宅の近くに信号機があるのだけれど、私が近づくと、決まって赤になっているとしか思えない。一日のどの時間帯だろうと、どれだけ遅刻しているときだろうと、どんなに大変な運転をしてきたときだろうと、その信号機だけはいつも赤で、毎回待たされる。こんなことが、ほんとうにありうるのか？　それとも、それは思い込みにすぎず、私は青だったときのことを忘れているのだろうか？

さて、もう少し真剣な話をしよう。私が住むトロントの住民は、ホッケーにとんでもなく熱を上げている。では、地元チームのトロント・メープルリーフスがスタンレー・カップ・ファイナルで最後に優勝したのはいつか？　あぁ、一九六七年五月二日、私が生まれる五か月と一一日前ではないか。そう、そうなのだ。トロントは、私の長い全人生を通じて、一度もホッケーのチャンピオンになっていない！　いや、もちろん、私の人生がホッケーの得点には何の影響も与えてこなかったことは承知している。それでも、次の優勝は私が死んでから五か月後になるのだろうか、などと不合理千万なことを頭の片隅で思っているのは事実だ。その一方で、メープルリーフスのファンが、そんな可能性を真に受けて私を殺そうとしたりしないことを、心から願っている！

私の迷信は、これだけではない。二〇一六年、この章を書いている真っ最中に、ドナルド・トランプがアメリカの大統領に選ばれた。これは（私も含めて）多くの人にとって、大変なショックだった。彼はその職務にまったくふさわしくないと思っていたし、対立候補のヒラリー・クリントンが、わずかではあるものの確実にリードしていることを、無数の世論調査が示していたからだ。

投票の前日、同僚の政治学者にそそのかされて、私はこの選挙に少額の賭けをした。もしクリントンが勝ったら私が一ドル払い、もしトランプが勝ったら彼が私に二ドル払うというものだった。じつは私は、クリントンにはトランプの二倍以上の勝ち目があると踏んでいたけれど、面白そうだからというだけの理由で、その賭けをすることにした。だから、トランプが当選したとき、この選挙結果にはがっかりだったものの、少なくとも同僚の鼻を明かして二ドル勝ったと、自分を慰めた。

その後、なんともおかしなことが起こった。奇妙な、不快な気分になってきたのだ。その晩、眠りに落ちるときに、ひょっとしたらトランプが選挙で勝ったのは、私が彼の勝ちに賭けたからかもしれないと、知らず知らずのうちに恐れていた。私がトランプ政権の誕生を招いてしまったのかもしれない！　理性的に考えれば、ほとんど知る人もいない私のささやかな賭けが、たとえ一票にでも影響を与えたなどということはありえない。それでも、その落ち着かない気分は翌朝まで続いた。何かしらの魔法のような運があって、そのせいで、私の馬鹿らしい賭けがどういうわけかあの驚愕（きょうがく）の選挙結果の説明になると信じたい気持ちが、どこか私の中にあったようだ。何たる狂気。

無意味な展開

フィクションのランダム性における意味の重要性を見て取る最善の方法は、意味が存在していない、珍しい事例について考えることかもしれない。

たとえば、テレビシリーズの『新スタートレック』には、最初、ターシャ・ヤーという元気いっぱいの保安部長が登場していた。けれど、最初のシーズンの終わりのほうで突然、スライムのような邪悪なエイリアン生命体にエネルギーのボルトで殺されてしまう。当然ながら、ファンは大切な常連の登場人物が殺されてシリーズから消し去られたことにがっかりし、ショックを受けた。けれど、そこには別の要因も絡んでいた。この死がとうてい満足できないものであることが、たちまち明らかになったからだ。それはなぜか？　意味がなかったからだ。ヤーの死は何の役にも立たなかったし、それで筋が進むわけでもなければ、魔法のような効果を生むわけでもなく、何一つ目的を達成するわけでもなかった。ただ、起こっただけにすぎない（実際には、ヤーを演じていた俳優がこのシリーズから撤退したがったために、死なせることにしたらしい）。

ファンの不満があまりに大きかったので、手を打たざるをえなくなった。そこで、タイムトラベルや代替現実が出てくる複雑な筋が用意された。すべては、ヤーが再び登場できる状況を生み出すためだった。はたして、多くの紆余曲折の後、彼女はテレビの画面の中に戻ってきた。それで、そのエピソードでは次に何が起こったのか？　ヤーはまたしても死んだ！　けれど今回は、前とは違った。別の宇宙船を導いて敵と勇敢に戦い、全面戦争を防ぐあいだに命を落とす。死ぬことに変わりはなかったけれど、意味と魔法のような効果が復活した。こうしてけっきょく、誰もがすっきりし、前より満足した。

　それとは対照的なのが、かつて私がある映画祭で見たオーストラリア映画だ。スクラッチ宝くじ券を何枚も持っている登場人物が、気づかないうちにうっかり一枚落としてしまう。カメラはそのくじを大写しにするので、観客はそれが重要で、特別な意味を持っていることを知る。それから、そのくじが地面に落ちているのを別の登場人物が見つけて拾い上げ、削って当たりか外（はず）れかを確認する。その後、彼はぴょんぴょん飛び跳ねながら、くじの大当たりを祝いはじめるだろうか？　いや、何も当たらず、がっかりして、そのくじを投げ捨てる。けっきょく、外れだったらしい。[注12]

　私はこの映画を見たとき、だまされたような気がした。なぜその宝くじ券をあれほど強調した挙げ句、無意味だったということにするのか？　観客の時間と注意の、ひどい無駄遣いだ。「誰も発砲することを考えていないのなら、弾を込めたライフル銃を舞台に登場させてはならない」[注13]というアントン・チェーホフの金言が頭に浮かんだ。実際、このロシアの偉大な劇作家が無意味な銃を見せることができないのなら、どうしてこのオーストラリアの映画は、無意味な宝くじ券を見せたりするのか？　それは間違っていた。アンフェアだった！

　ところが、後になってようやく気づいた。あの映画は、じつはけっきょく、物事を正しく捉えていたのだ。フィクションの中とは違って、現実の世界では、起こることの大半は特別な意味を持たないし、うまくもいかない。そして、ほとんどの宝くじ券は、ジャックポットをもたらしてはくれない。

あのオーストラリア映画は、物事をありのままの形で示していた。けれど私たち観客が、それを見たいとは思わないだけのことなのだ。

第六章　射撃手の運の罠

フィクションの中やそれ以外でも、人は日頃出くわす意外な事柄に意味や魔法のような要素を見つけたがることは明らかだ。奇妙な出来事を、ただの無意味な運として受け入れるのには満足できないのだ。

けれど、現実の世界ではどうなのか？　何かドラマチックなことや予期していなかったことが起こったら、私たちはそれをどう評価すればいいのか？　それには意味があるのか、それとも、それはただのランダムな出来事なのかを、どうすれば判断できるのか？　どの運がコントロールでき、重要で、どの運がそうでないかを、どうすれば「静穏の祈り」にあるように見分けられるのか？

結果や話や逸話が意味を持っているように見えることはよくある。けれど、ほんとうに意味を持っているのか？　私たちを欺（あざむ）いて、目の前の証拠を誤解させたり、誤って伝えさせたりする運の罠は、じつはとても多い。

具体的にはどういうことか？　たとえばあなたが射撃の名手を見つけたいとしよう。大きな国際大会で、あなたの住む都市の代表に選ばれるほどの凄腕の人を。あなたなら、どうするか？

あなたは的を設置し、ずっと離れた場所に線を引いておき、応募者がやって来たら線の手前で構えさせ、的を撃たせるように、とアシスタントに命じる。もし的に命中させられれば、射撃が上手に違いないから、雇うことにする。

筋の通った、申し分のないテストだ。ここまでは問題ない。

さて、やがてアシスタントがあなたのもとに駆けつけ、応募者がやって来て、現に的に命中させたと報告する。よし！　それならその応募者を雇うべきだ。そうだろう？　まあ、そうかもしれないけれど、そうではないかもしれない。

可能な説明

あなたはこの応募者を採用する前に、最後にもう一度すべてを見直すことにする。そこで、起こったことをどう説明できるか、可能な考え方を一覧にまとめることに決める。すると、ずいぶん多くの可能性が浮かび上がった。

真の技能　最も望ましい――あなたがそうあってほしいと願っている――説明は、現にこの応募者には正真正銘の技能がある、というものだ。この応募者は、いつでも好きなときに、ほんとうに上手に撃ち、的に命中させ、公正に試験に合格できる。だから、文句なくこの応募者を選ぶべきだ。けれど、可能な説明はほかにもあるから、それらはどうなのか？

まぐれ当たり　正反対の場合も考えられる。応募者は射撃が恐ろしく下手なのに、たまたま、ほんのまぐれでうまく撃って、的に命中させた。一〇〇万回に一回の珍事だ。これは、統計学者が手の込んだ統計的な検査を使って、最も頻繁に考える選択肢だ。もしまぐれ当たりの可能性がごく小さければ、正しい説明にはならないだろうから、おそらく除外してもかまわない。仮にそうで、まぐれ当たりではなかったのなら、真の技能に違いない。そうだろう？　いや、必ずしもそうはならない。可能な説明はまだまだある。

散弾銃効果　ひょっとしたら、応募者は普通の銃ではなく散弾銃を使ったのかもしれない。その結果、弾丸が広い範囲に飛んだ。たしかに、アシスタントが見たとおり、的に当たる弾もあった。けれど、大半は外れた！　的に当てることに成功したものの、これでは、射撃がうまいとはとうてい言えない。

下手な鉄砲も……　こういう可能性もある。応募者は的に向かって何度も撃った。何十回も撃つうちに、とうとう的に当たった。これは射撃が上手な証拠になるのか？　いや、まったく違う。これは散弾銃効果とよく似ている。それなのに、もしアシスタントが、命中した一発についてしか報告しなければ、あなたはこの応募者が射撃の名手だと思いかねない。

大勢の人　ひょっとしたら、アシスタントはじつは一〇〇〇人の応募者をテストし、報告した応募者だけが的に命中させたのかもしれない。もしそうなら、これまた散弾銃効果と似ていることになる。これだけ多くの応募者がいれば、いずれそのうちの一人が、運だけによって的に当てるに決まっている。たとえ、誰一人、射撃の技能などまったく持っていなくても。

「散弾銃効果」と「下手な鉄砲も……」と「大勢の人」という三つの可能性は、どれもよく似ている。けっきょくみな、同じことだ。つまり、たとえ応募者が的に命中させても、その成功は、多くの試みの一つにすぎない。弾が散らばったか、その応募者が何度も撃ったか、多くの人が一度ずつ撃ったかの違いがあるだけだ。私はときどきそれを、「何度のうちの」の原理と呼ぶ。誰かが一度成功したことを知るだけでは十分ではない。問題は、何度試みたうちの一度なのか、だ。

的に命中させるのが、あなたが思っていたほど難しくなかった場合に可能な説明もある。

特大の的　誰かが的をはるかに大きなものと取り替えてから、その新しい的に命中させたかもしれない。これならば、的に当てるのはずっとやさしい。その場合には、的に当ててもたいしたことはなく、応募者はけっきょくあまり射撃がうまくないかもしれない。

隠れた助け　ひょっとしたら、応募者は（わざとではないにしても）線の後ろにとどまらず、的にずっと近づき、そこから撃ったかもしれない。あるいは、必ず的に当たる特殊なレーザー誘導ライフルを使ったかもしれない。はたまた、的には磁石が仕込まれていて、弾丸を引きつけたのかもしれない。応募者がこうした特別な助けを借りて的に命中させたのなら、あまり意味はない。それなのに、あなたはその結果に意味があるように思いかねない。

可能な説明はまだある。運の罠はほかにも考えられるのだ。たとえば、以下のとおり。

偽りの報告　アシスタントが報告した内容が、完全に事実に反していて、応募者はまったく的に命中させていなかったかもしれない。アシスタントが真っ赤な嘘を言っていた可能性がある。あるいは、きちんと思い出せなかったり、頭が混乱したり、的についていた小さな傷を銃弾で開いた穴だと思い込んだりした可能性もある。あなたは、自分の目で確認していなければ、一〇〇パーセント確信を持つことはできない。

プラシーボ（偽薬）効果　あなたのアシスタントは、心理的な要因の影響を受けていたかもしれない。たとえば、応募者が自信たっぷりの口を利き、顔立ちが良くて威厳があり、射撃の腕前を自慢していたら、アシスタントは、ほんとうは当たらなかったのに当たったと思い込んでしまうかもしれない。

それ以外の原因　弾が的に当たったのには、まったく違う理由があるかもしれない。たとえば、応募者が発砲したのとまさに同じ瞬間に、射撃の名手も的に向かって発砲し、応募者の弾丸が逸れて木々の隙間を飛んでいくあいだに、その名手の弾丸が的に当たったのかもしれない。その場合には、応募者の能力はまったく無関係だったので、無視されるべきだ。

これら三つの運の罠が説明している状況では、結果の原因が、一見したときとはまったく違っていて、応募者に有利な証拠は、じつは何一つ提供していない。

そして、もう一つだけ可能性がある。

異なる意味　たとえ報告が正しく、応募者が的に当てるのがほんとうに上手でも、それはあなたが思っていることを意味していないかもしれない。たとえば、このテストで使われた銃は、実際の大会で使われるものとは、完全に違うものかもしれない。あるいは、穏やかな状況で的に当てるのは、プレッシャーの下でうまく撃てるのとは大違いかもしれない。もしそうなら、テストそのものの結果は正確でも、その結果を正しく解釈するためには、依然として慎重にならざるをえない。

射撃の応募者の能力を評価するには、これまで挙げた説明のうち、どれが正しいかを突き止める必要がある。「まぐれ当たり」だけではなく、「散弾銃効果」や「下手な鉄砲も……」なども含め、考えられるほかのあらゆる説明を排除して初めて、その応募者がほんとうに真の技能を持っていて、雇うべきだと、安心して結論できる。

複数の証拠

こうした運の罠はみな、一発が命中したことを評価するときに当てはまる。けれど、ほかにも多くの証拠が絡んでいる、長いテストについて考えるときには、さらにいくつか説明が可能になる。

たとえば、応募者は的に五回命中させたとアシスタントが言ったとしよう。おそらくあなたは、すっかり感心するだろう。一発だけならまぐれ当たりとして片づけられるかもしれないけれど、五発も命中したとなると、射撃の名人に違いない。そうだろう？　まあ、そうかもしれない。それでも、以下の点には用心したほうがいい。

バイアスのかかった観察　アシスタントは、命中した数発についてしか報告しておらず、それ以外の一〇〇〇発が外れたことには触れなかったらどうだろう？　その場合、あなたはその応募者がいつも（あるいは、たいてい）的に命中させると思い込むかもしれないけれど、現実はまったく違う。アシスタントの報告にはバイアスがかかっている。あなたは当たりについてしか知らされず、外れのことは知らない。だから、特定の種類の出来事しか観察できず、誤った印象を抱いてしまう。

同様に、アシスタントがうまく的に当てた数人の応募者についてしか報告せず、的を外した何十人もの応募者には触れなかったら、あなたはこの都市の人は誰もが射撃がうまいと思い込みかねない。

じつは、ほとんどの人が、救いようのないほど下手なのに。

というわけで、どんな事実を耳にしようと、自分が話の全貌——あるいは少なくとも、歪んだ印象を与えるような、バイアスのかかったサンプルではなく、代表的なサンプル——を捉えているかどうか、確かめるべきだ。

まだある。アシスタントが駆けつけてきて、こう言ったとしよう。的に当てただけでなく、自分の銃を持っていて、地元のライフルクラブの会員で、安定した実績があり、頻繁に射撃の練習をしている応募者が見つかった、と。どれ一つをとっても素晴らしいけれど、一人の人間にそのすべてが当てはまるのだから、夢のようです、とほめ称える。あなたは、これにいたく感激するべきなのか？ いや、そうでもない。なぜなら、次のような可能性が考えられるからだ。

よく組み合わさる事実　ライフル銃を持っている人は、そうでない人よりもライフルクラブの会員である可能性が高い。そして、もしライフルクラブの会員ならば、射撃の練習をする可能性がとても高い。そしてもし頻繁に練習するのなら、おそらく腕が良くて、的に当てられる。そして、もし射撃が好きなら、安定した実績を上げやすい。つまり、もし応募者が、こうしたさまざまな条件の一つを満たしていれば、残りの条件も満たしていたところで、意外ではない。その場合にも、的に当てたことは大事な証拠と考えるべきだ。けれど、ライフルクラブの会員であることや、銃を持っていることや、安定した実績があることなどを、さらなる証拠と見なすべきではない。少なくとも、重大な証拠と見なしてはならない。なぜなら、射撃がうまい人は、どのみちそうした条件も満たす傾向があるからだ。

この最後の点は、私が「掛けるべきか、掛けるべきではないか」の疑問と呼ぶものに関係がある。もしコインが二枚あり、どちらも、放り上げたときに表が出る確率が二分の一だとすれば、二枚とも表が出る確率は、1／2×1／2＝1／4となる。どちらのコインももう一方のコインには何の影響も与えないから、両方の確率を掛ければいいのだ。ところが、あなたの町の住民の一〇人に一人がライフル銃を持っていて、やはり一〇人に一人がライフルクラブの会員だったら、誰かがライフル銃を持っていてライフルクラブの会員でもある確率は、1／10×1／10＝1／100ではなく、それよりずっと大きい。おそらく1／10に近いだろう。それはなぜか？　この二つの条件は、よく組み合わさる傾向にあるからだ。だから、両者の確率を掛けたら間違いになる。

けっきょく、証拠が多いほど、確信を持ってしかるべきだ――たいていは。ところが、証拠にバイアスがかかっていたり、すべてが組み合わさる傾向にあったりするとしたら、用心してかからなければならない。なぜなら、それらの証拠は、ほんとうはさらなる証拠ではないかもしれないからだ。

では、射撃の応募者が的に命中させた理由の説明になる、こうした運の罠の候補について、なぜ私はあれこれ述べてきたのか？　なにしろ、私は射撃にはたいして興味がないし、あなたも興味がないかもしれないのだから。

理由は単純だ。それらと同じ種類の運の罠が、ほかの多くの話にも当てはまるからだ。実際、くだけた議論から学術的な研究まで、運についてのほかの事実上すべての話も、射撃手に関する運の罠の観点から考えることができる。

そう、ひどく私の気に障る幸運の物語さえも。

第七章　運にまつわる話、再び

射撃手に関する運の罠は、運についての物語に新たな光を当ててくれるだろうか？　答えは、断然イエス、だ。これまで取り上げてきた話のどれでも、そして、ほかの多くの話でも、運の罠について注意深く考えてみれば、隠れた真実を暴き、誤った結論を避けるのに役立つ。

ここまでに出てきた運にまつわる物語を、一つずつ考え直してみよう。

腹違いの兄弟の中途半端な説明

腹違いの兄弟の出会いは、興味深い事例研究の対象になる。あの話には心底驚かされる。故郷から遠く離れたハワイのビーチで初めて出会った二人が、特別な血のつながりに気づき、親しくなり、人生の行方が変わったのだから。そのため、この出会いの根底には、何か意味があるように思えてならない。そして実際、この腹違いの兄弟が、たまたまあの日にあのビーチで偶然出会う確率は、控えめに言っても極端に低いだろう。

そして、この場合には、「偽りの報告」はない。この話は完全に真実のように見える。「特大の的」もなかった。この出会いは、とても特別で、類がない。「隠れた助け」もない。誰もこの二人に、どの日にどこのビーチに行くように命じたわけではない。「異なる意味」もない。この話は、誰もが思っているように、ほんとうにとても感動的で重大だ。

では、ここにはまったく運の罠がないのか？　いや、じつはある。「下手な鉄砲も……」だ。アメリカには三億を超える人がいる。その多く（最低でも一〇〇〇万人は固い）には、何かの形で疎遠になってしまった近親が少なくとも一人はいて、その人にたまたま出くわしたら、とても大きな意味があり、特別だと感じるだろう。そして、その一人ひとりが、何をするかやどこを訪れるかについて、毎日無数の決定を下す。これらの一〇〇〇万組もの人のうち、そして彼らの人生のすべての日のうち、さらに彼らのあらゆる行動や動きのうち、あの腹違いの兄弟の、たった一度の場合に限って、特別な出会いが起こった。これほど多くの機会があるのだから、その驚くべき出来事も、偶然だけによって起こることは十分ありうる。だから、この話は、本人たちには信じられないほど特別で意味があるにしても、宇宙の壮大な計画があって、この出会いを魔法のように引き起こしたことにはならない。

あるいは、こう言い換えることもできる。引き離されていたこの腹違いの兄弟をあのビーチで出会わせたのは、運命やカルマ、神、あるいは宿命だと、あなたがほんとうに信じているのなら、それと同じ特別な力はなぜ、肉親から引き離されていながら、ビーチで出くわさなかったほかの人もみな、助けなかったのか？

「あのスコットランドの劇」の呪い

　では、『マクベス』の文句を朗読すると必ず不運に見舞われると信じていて、その「証拠」に、娘が『マクベス』を引用した一週間後、パスポートが失効しているのを発見したことを挙げた、あの女性はどうなのか？

　まあ、第一に、パスポートを更新するのは面倒くさく、その手のちょっとした手間や不便は、『マクベス』を引用してもしなくても、誰もが頻繁に経験する。もしその種の煩わしさを一度しか経験せずに一週間を過ごせたら、私は自分がほんとうに運が良かったと思うだろう。だから、この場合には「特大の的」が使われていて、些細な不便もすべて「不運」に数え上げられていたのだ。

　これに関連しているのが「散弾銃効果」だ。一週間のうちには、その娘は、うまくいかなくてもおかしくないけれどそうはならなかった経験を、きっとたくさんしていただろう。食べたものが傷んでいたり、氷の上で足を滑らせたり、夫と喧嘩をしたり、トランプの勝負で負けたりしていたら、そのどれであれ、やはり不運と見なされていた可能性がある。

　さらに、「バイアスのかかった観察」もあっただろう。長い年月のうちには、あの女性のいるところでほかのさまざまな人が『マクベス』を引用したに違いないけれど、その後、不運に見舞われたという報告は、彼らからはなかった。一方、『マクベス』のことなど頭に思い浮かべさえしなかったのに、不運を経験した人は大勢いるに違いない。こうした事実は、その迷信を退ける証拠として、考慮に入れられたのだろうか？　それとも、そういった事実は無視されたり忘れ去られたりし、すでにできていた、特定の迷信にまつわる説にたまたま一致する出来事だけが目に留まったのだろうか？

『マクベス』の呪いがほんとうにあるかどうかを証明する唯一の方法は、人は『マクベス』を引用した後のほうが、そうでないときよりも現に多くの挫折を、明白で一貫した形で経験するかどうかを調べることだ。これは、確認するのが難しいだろう。何年にも及ぶ、入念で体系的な調査と観察が必要とされるだろうからだ（それでもやはり、本物の呪いは見つからないだろうと、私はかなりの自信を持って言える）。そういう調査で裏づけられるまでは、あるときにちょっとした挫折をたった一回経験したことを思い出しただけでは、何の証明にもならない。

消えたダイヤモンド

ダイヤモンドをなくした友人はどうだろう？　出てくるように祈った後、そのダイヤモンドは見つかった。彼女にしてみれば、これは神の介入があった証拠だった。

この事例では、ダイヤモンドは彼女にとってとても大切で、それが出てきたことはほんとうに重大だったので、「特大の的」はなかった。「大勢の人」の罠もなかった。彼女は、自分についてだけ語っていたからだ。さらに、「偽りの報告」もなかった。彼女がほんとうのことを言っていると、私は確信している。

それでも、私は彼女といくぶん異なる見方をした。それはなぜか？　そこには「下手な鉄砲も……」の罠があったようだからだ。私たちの誰もが――そう、私の友人も含めて――ときどき大切なものをなくし、それが出てくることを強く願う。運が良ければ、いずれ見つかることもある。ときには、思いがけない場所で（実際、私がこの項を推敲しているときに、アルバータ州の畑で、一三年間行方不明になっていたダイヤモンドの指輪が、ニンジンにはまった形で見つかった！[注1]）。けれど、けっして見つからないこともある。私の友人は信心深いから、なくしたものが出てくるように、これまでもよく祈ってきたことだろう。そして、このダイヤモンドのときには、後で見つかった。とはいえ、いつも見つかったのだろうか？

たぶん、なくし物が出てくるようにこの友人が祈るときには、見つかることもあれば、見つからないこともあるだろう。もしそうなのに、彼女は見つかったときのことだけを覚えているのだとしたら、それは「バイアスのかかった観察」の一種だ。

その一方、私の友人は祈ったときのほうが祈らなかったときよりも、たとえ探すのに同じ手間をかけたとしても、なくし物を見つける可能性が高いことを、念入りな調査によって明白で一貫した形で示せれば、そして、そうした調査が、バイアスのかかった観察を避けるように体系的に監視・記録されていれば、それはたしかに、彼女の祈りの効果を裏づける証拠になるだろう。けれど、たんに一回なくし物が見つかったというだけでは、何の結論も引き出すことはできない。

ところで、この話もまた、原因にまつわる疑問を投げかける。私の友人は、ダイヤモンドは最初、祈る前にはシャツのひだに落ちてはいなかったと思っていたのだろうか？　床に落ちていたのに、神の介入によって、ようやくシャツのひだに移ったのか？　あるいは、車の外に落ちて、それから魔法のように戻ってきてシャツのひだに収まったのか？　はたまた、最初からずっとシャツのひだに挟まっていたのか？　もしそうなら、祈りによって何が成し遂げられたり変わったりしたのかは、はっきりしない。超自然的な介入についての多くの話と同じで、いったい何が主張されているのか、その詳細を特定するのは難しく、誤解と運の罠の可能性が高まるだけだ。

カメレオンのようなカルマ

それから、サイコロが床に落ちたら、シューターは次のロールでおそらく負けるというジンクスのような、ジョージア州のスクールで習った「カルマ」のおかげで、クラップスに魅せられたラジオ司会者がいた。

その種のギャンブルのアドバイスを与えて高額の受講料を取る「スクール」があることは、容易に想像できる。少なくともそのスクールは、ずっとほくそ笑みながら受講料を銀行に貯金しに行くことだろう。けれど、そんなアドバイスを信じるべきなのか？

まず思ったのだけれど、サイコロが床に落ちることはめったにないのではないか？　だから、それが賭けにどう影響するか（あるいは、しないか）について正確な結論を導くだけの回数を観察するには、長い時間がかかるはずだ。おそらく、ラジオの司会者のような単独のプレイヤーなら誰であれ、サイコロが床に落ちるところは、ほんの数回しか目にすることがないだろう。

そして、稀にしか目にできないから、怪しげな結論につながる。サイコロが床に落ちるところを、あなたが一度だけ目にしたとしよう。もしその後、シューターが次のロールで負けたら、カルマ説が裏づけられる。もしシューターが負けなかったら、それは無視される。どのみちカルマ説は毎回当てはまることにはなっていないからだ。これこそ、「バイアスのかかった観察」の典型だ。そして、パターンについて長く困難な調査をしなければ、このバイアスを克服して全体像をつかむ機会は十分得られない。あっさり「スクール」を信じ、シューターがサイコロを落とした後にほんとうに負けたときだけ記憶にとどめ、勝ったときにはたいした意味がないとして忘れてしまうほうが、はるかに簡単だ。

この事例は、「偽りの報告」の一形式としても考えることができる。つまり、スクールがこうしたカルマの「ジンクス」を、事実であるかのように教えているということだ。スクールは、これらのジンクスを支持する明白な証拠を持っているのだろうか？　おおいに怪しいと思う。それにもかかわらず、スクールの主張のせいで受講生は間違った考えを抱きかねない。説得力のある売り込みをされると、必然の運が巡ってくるという話なら、ほとんどどんなものでも信じてしまう人がいるようだ。

そして、今回も原因についての疑問が出てくる。もしそのスクールが、サイコロをとても注意深く投げれば、目の出方をコントロールできると主張しているとしたら、それが間違っている可能性はとても高いように思えるとはいえ、少なくとも、物理的にはありうる。けれど、「カルマ」の力が働いて、勝ち負けを決めていると言っているとしたら、話は別だ。たまたま床に落ちた二つのサイコロが共謀し、次のロールでひどい目を出して、シューターが必ず負けるようにするなどということがありうるだろうか？　そして、サイコロにはそんな神秘的な力があると仮定したとしても、なぜサイコロはわざわざそうするのか？　なぜサイコロは、シューターが次のロールで勝つかどうかなど、気にするのか？

実際、じつにさまざまな人が、カジノで勝つのを助けてくれるような特別な「システム」について、ありとあらゆる主張をする。もし、そのシステムが、物理的にサイコロをコントロールするというものであれば、少なくとも、役に立つ可能性は考えうる。けれど、どういう「カルマ」がいつどのロールでどういう結果につながるかについての主張はどうか？　そんなものが、あなたの勝ち目を増すことなど、とうていありえない。

ああ、それから最後にひと言。カジノでクラップスをやって確実に勝つ方法をほんとうに知っている人がいたとしたら、それで金持ちになれるはずだ。それならなぜ、わざわざ時間をかけてクラップスの「スクール」で教えてお金を稼がなければならないのか？

ゴミ容器の中のＥＳＰ

それから、夢のおかげで、アパートの裏の回収用ゴミ容器に入っていたブレスレットを見つけられたという、あの講演の聴衆の一人がいる。彼女はそれを、特別なＥＳＰの力が自分に備わっている証拠だと考えていた。

夢は多くの意味で興味深く、謎めいている。一つには、いつも全部思い出せるとはかぎらない。じつのところ私たちには、何かしら意味がある夢だけを覚えている傾向がある。だから、たとえ用心しようとしても、自分の夢の理解は、選択的観察に大きく左右される。

私の講演を聴いたその女性は、同じぐらい鮮明だけれど、けっきょく何の現実の予言にもならなかった夢を、これまでほかに山ほど見たに違いない。そうした夢のなかには、目覚めたときにまったく思い出さなかったものもあるだろうし、すぐに頭から追い出して、長くは記憶にとどめなかったものもあるだろう。少なくとも、統計学の講演者の私ごときに語れるほど長くは覚えていなかったものも。どちらにしても、それは「バイアスのかかった観察」だ。あるいは、こういう説明の仕方もある。彼女は、何かの在りかを示す夢を見たことも、たくさんあったに違いない。そのうち、けっきょくいくつが正しかったのか？　たしかにあのときの夢は、なくし物を見つけるのに役立った。けれど、一回の夢にすぎない。いったいいくつのうちの一つなのか？

では、ＥＳＰが存在するためには、毎回うまくいく必要があるのか、という私の友人の疑問はどうだろう？　答えは、その必要はない、だ。それでも、運だけによってよりも頻繁にうまくいかなくてはならない。もし彼女が夢のおかげで、ほかの方法では知りえなかったような情報を、ランダムな偶然に見込まれるよりもはるかに頻繁に得ることができたら、それはたしかに、特別な力が存在する証拠になりうる。たとえ、毎回得られるとはかぎらなくても、だ。ところが、ほかの話と同じように、それを立証するには、入念な研究がたっぷり必要とされる。一度うまくいっただけでは、あるいは、たまに二、三回うまくいったとしてさえ、何の証明にもならない。

あの講演に参加した女性の話は、一つには、以上のような形で説明できる。なくし物がどこに行ってしまったかを教えてくれる夢を見ることがあ、り、え、た状況は何度もあったけれど、実際に見たのは一度だけで、それは運だけによってのことにすぎなかった。もっとも、話はけっしてそれで終わりではないかもしれない。彼女が首尾良くブレスレットを見つけられたのには、まったく別の理由がありうるのかもしれない。

夢に見させて

夢について考えるときには、いつももう一つ別の要因がかかわっている。すなわち、人間の脳だ。人間の脳は、信じられないほど複雑で、その働きはろくに解明されていない。どれほど優れた心理学者でも、脳のどの部分が何をするのかについては、ごく漠然としかわかっていないし、この奇妙なゼラチン状の塊がこれほど高度な思考や推論、記憶、感情表現などを、どのようにやってのけるのか、満足に説明できない。私は、何か数学の難問をようやく解くことができたら、嬉しく思いはするけれど、脳の中で何が起こって答えが見つかったのかは、まったく見当がつかない。そのうえ、数学者なら誰もが、数学の問題にお手上げになって眠りに就き、目覚めたときには答えがわかっていたことが、ときどきあるだろう。だとすれば、私たちが眠っているあいだでさえ、脳は一生懸命働いていて、それまでわからなかった問題を解いたり、物事を解明したりしているのかもしれない。

ある女性から、こんな話を聞いたことがある。彼女は、親友が離婚してうろたえている夢を見た。すると案の定、数か月後、その友人は現に離婚したそうだ。その夢は、未来を見通す特別な魔法の力から生まれたのか？　それとも、その夢が離婚を引き起こしたのか？　どちらも違う。その女性は、友人の結婚生活がうまくいっていないことに、少なくとも無意識のうちに気づいていた。そして、彼女も夢という形で、それを突き止めたのだ。

では、私の講演に来た女性は、どうしてブレスレットがゴミ容器に入っている夢を見たのか？　それは単純な話で、彼女は、その答えを割り出したのだ！　なにしろ、彼女は自分のアパートをくまなく探したのに、ブレスレットは見つからなかった。では、アパートから運び出されたものは何か？　ゴミだ！　では、ゴミはどこに行ったか？　回収用のゴミ容器だ！　考えてみると、ゴミ容器こそ、当然次に探すべき場所だった。だから、彼女はそれに思い当たったのだ——夢の中で。

だからといって、その女性の推論が驚くべきものであることに変わりはない。眠っているときだろうと、目覚めているときだろうと、人間の脳の働きぶりには信じ難いものがあり、この先もずっと長いあいだ、多くの謎が残ることは確実だと思う。けれど、それはその女性が、科学の領域を超えた、魔法のようなＥＳＰの能力を持っていることを意味するのか？　残念ながら、そうはならない。そして、だからこそ私の講演の題が語っているとおり、たいていの統計学者はＥＳＰを信じないのだ。

宝くじの狂気

次は、初めて宝くじ券の数の間隔について「直感」を働かせて数を選び、六つの数のうち四つまでも的中させたという、私の友人のガールフレンドだ。この場合にも運の罠が影響していたのか？

まず、「偽りの報告」がかかわっている可能性はあるだろうか？　まあ、彼女の話が完全に正しいかどうかはわからない。ひょっとすると、彼女はほんとうは数を四つ的中させていなかったけれど、的中させたと思っていただけかもしれない。あるいは、自分の新しい手法に夢中になるあまり、結果を間違って覚えていたのかもしれない。はたまた、このほうがもっと可能性が高いけれど、じつは自分の新しい直感を何度か試していたのに、いちばん良い結果しか記憶していなかったのかもしれない。そのどれもが、ありうる。それでも、「疑わしきは罰せず」という方針をとり、彼女は正確に記憶して正確に報告したと仮定し、新しい手法を一回だけ試し、そのときに六つの数のうち、ほんとうに四つを的中させたことにしておこう。

そこには、「下手な鉄砲も……」の運の罠があったのか？　あったかもしれない。彼女は、数の間隔ではなく、数そのものにかかわるほかの方法を、以前にあれこれ使っていたことを、すでに認めている。だから、ほかのさまざまな方法を試してからようやく、最新の、間隔に注目するやり方を思いついたのだろう。そして、もし以前の方法のうち一つでも、六つの数のうち四つが的中するといったとても良い結果を生んでいたら、彼女は私にその方法について語っていた可能性が高い。だから、この場合には「下手な鉄砲も……」の運の罠がたしかに働いていたのだ。

では「大勢の人」の運の罠はどうか？　この場合、私に話をしていた人は一人しかいなかった。とはいえ、私はこれまでの人生でじつにさまざまな人と話をしてきた。そのなかには、一度ぐらいは何かしらの宝くじの「システム」を試したことがある人もたくさんいただろう。そして、もしそうしたシステムのうちのどれかが有望な結果につながったことがあったなら、私たちが話しているあいだに、その人はおそらくそれに触れただろう。だから、ほかの人が同じような主張をする機会は、現にほかにもあったわけで、これも一種の「大勢の人」の効果を生み出す。

その後、計算してみると、六つの数のうち四つを的中させる確率は、一〇〇〇分の一ほどだった。[注2]これは極端に低くはない。私の友人のガールフレンドがそれまでの人生で買っただろう宝くじ券の枚数を考えると、なおさらだ。だから、四つを的中させたとしても、それは「特大の的」に当てるのにいくぶん似ている（それに対して、宝くじでジャックポットを当てたのなら、彼女の主張ははるかにドラマチックになっていただろう）。ほかの運の罠とも組み合わせて考えると、彼女が成し遂げたことは、けっきょくそれほど珍しいものではなかった。彼女は宝くじで運に恵まれたのか？　そのとおり。ただし、ほんの少しだけだけれど。

彼女の話を聞いたときに、私の頭に浮かんだのは、以上のような考えだった。単純で、ロジカルで、明快だ。けれど、彼女は自分の考えについて直接私に尋ねていたのだし、目の前に立っていたから、私はプレッシャーを感じた。そこで、きまり悪さを覚えながら答えた。そういうアプローチは、勝ち目を増す役に立つとは思えません、四つ的中したのは、じつはただの偶然の一致だったのでしょう、と。それから、そそくさと話題を変え、それ以上気まずい思いをするのを避けた。

けれど私は、実際には何と言いたかったのか？

正直に言うと、私の一部は、こう叫びたがっていた。宝くじの当たりの数は、入れ物の中のボールからランダムに選ばれる。数あるいは「間隔」、そのほか何に注目しながら宝くじ券についていくら考えても、誰一人結果を予想したり、結果に影響を与えたりすることなど、ぜったいにできない。友人のガールフレンドには、いったいどうしてそれがわからないのか？　そして、いったいどうしたら、この件について分別のある議論ができるだろう？

そうは言っても、多くの人が彼女と同じように感じていること、つまり、何かのシステムを使って宝くじのどの数を選ぶかを突き止めることが、ひょっとしたら可能かもしれないと感じていることは、認めざるをえない。そして、そういう人は、最初の頃に、六つの数のうち四つを的中させるといった成功を収めると、興味が増すだけなのだろう。私たちの会話を聞いたら、大多数の人がおそらく彼女の肩を持つというのが現実だ。

まあ、それでいいではないか？　宝くじの当選番号の抽選に影響を与えるのは不可能だと言われるほど面白くないことが、ほかにあるだろうか？　そして、恐ろしく低い確率をものともせずに宝くじを当てる方法があるという噂ほど胸躍るものが、ほかにあるだろうか？　どうやら私は、めったなことは言わないほうが身のためのようだ。

気がつくと、私は彼女の主張について、さらに考えていた。彼女のシステムは直感に基づいているというから、「検証のしようがない」。いや、じつはそれは正しくない。これから一〇回か二〇回、彼女が宝くじ券を買うのにつき合い、直感であろうが間隔であろうがパターンであろうが、何でも好きなやり方で数を選んでもらい、当たりの数をいくつ的中させたかを念入りに記録し、それを確率の厳密な法則に従って見込まれるものと比較する。もし彼女が偶然と思える以上の数を的中させ、しかも、一貫してそうできるのであれば、それは彼女の「間隔」システムを支持する有力な証拠を、ほんとうに提供してくれる。その時点で私は、彼女のどうやら特別な力を認めざるをえなくなる。けれど、もし彼女にはそれができず、結果が偶然から見込まれるものとほとんど同じだったなら、彼女のシステムは無効だと断言できる。

とはいえこんな検証は、ずいぶん時間がかかるし、実行するのも面倒だ。そのうえ、細心の注意を払って実験を行なって、彼女には特別な能力がないことを示せたとしても、彼女は――そして、彼女のような人々は――納得しないかもしれないから、まったく、どうしようもない。彼らは、私がつけ回して結果を追ったせいで彼女の直感が狂い、能力が台無しになったと感じかねない。あるいは、彼女の能力は特別なときにしか発揮されず、私が調べることにしたちょうどその日にうまくいくことはとうてい見込めないと思うかもしれない。

これがいちばん重大なのだけれど、たとえ非の打ちどころのない検証を行なって、彼女の宝くじの結果には見るべきものがないと、最終的に全員が同意できたとしても、彼女はあっさり、新しいシステムに切り替えることに決めるかもしれない。たとえば、かわりに、数のそれぞれの桁の数字を全部足し合わせたり、宝くじ券の左上の隅からの距離を測ったり、そのほかの方法を採用したりする可能性もある。その場合には、一から調査をやり直さなければならない。

状況はなんとも単純に見える。彼女は宝くじの結果を予測するための奇妙なシステムを信じていて、私はそのシステムが無効であることに自信があり、彼女のシステムを科学的に検証することが可能かもしれないとさえ思っているのだから。それなのに、彼女と私のあいだの大きな隔たりを埋めるのは、不可能のように感じられてしまうとは。

車のトラブル

最後に、私が指導している学生がブラインドデートに行ったら、相手が自分のものとメーカーもモデルも色も製造年も同じ車に乗っていたという、あの話はどうか？　私たちは、どう考えればいいのだろう？

あなたが会うことになっている相手が、自分のものとまったく同じ車を運転していることは、たしかにめったにない。けれど、それはどれほどありそうにないことなのか？　ときには、少し確率について考えてみると役に立つことがある。

まず、どの年を選んでも、約二五〇のモデルの車が路上を走っているけれど[注3]、なかにはとても珍しいものもあるので、一般的なモデルは、多くてもおそらく一〇〇ほどではないか。おおざっぱに言うと、そのどれもがたいていは五色ぐらいある。そして、これまたおおざっぱに言って、おそらく新車から一〇年物ぐらいまで、ほぼ均等にばらけている。だから、ほんとうに粗っぽく計算すると、でたらめに二人を選んだときにまったく同じ車を運転している可能性は、１００×５×10＝５０００回に一回、あるいは約〇・〇二パーセントということになる。

では、そのような驚くべき一致は、どう説明できるのか？　わけもない！　それはまたしても、「散弾銃効果」あるいは「何度のうちの」の原理だ。長年のうちに私がランダム性を論じた学生のすべてと、彼らが経験した出会いや遭遇のすべてと、その出会いや遭遇が意外なものとなる形（同じ車、同じシャツ、同じ小学校など）のすべてのうち、私がそのような驚くべき一致が起こった話は一度しか聞いたことがない。それなら、これはけっきょく、それほど意外ではない。

ああ、それでも不満の声が聞こえる。私はなんと冷たい人間なのか！　この運を、どうしてそんなに身も蓋もない形で分析できるのか？　そんな魔法のような一致は何かを「意味する」に違いないことに、どうして気づかないのか？　二人のデートは「行なわれるべくして行なわれた」のであって、彼らはそれからずっと幸せに暮らすだろうことを、それは示しているに違いない。そうではないか？

残念でした。その学生は、相手と車が同じだったにもかかわらず、デートはうまくいかなかったという。二人には共通点がほとんどないことがわかり、会話はだらだらと続き、ランチがようやく終わったときには、どちらもほっとし、二度と会うことはなかったそうだ。

確率が一〇〇パーセントで、運命は〇パーセントだったわけだ。

第八章　ラッキーなニュース

運の罠についていったん考えはじめたら、ニュースは二度と前のようには読めなくなる。ドラマチックで熱っぽく語られるニュース記事のじつに多くが、最初の見た目ほど意味がない。あなたは何か面白いことや意外なこと、不穏なことや奇妙なことについて耳にするたびに、いつもまず同じことを考えるべきだ。これはほんとうに重大なのか、それとも、運の罠で説明できるのか？

もっとシリアルをください！

一流の生物学雑誌に掲載された、「あなたはあなたの母親が食べたもの」という面白い題の二〇〇八年の研究論文は、ぎょっとするようなことを主張していた。女性が妊娠する前に朝食に多くのシリアルを食べているほど、男の赤ん坊が生まれる可能性が高いというのだ。[注1] 研究者たちは、妊娠初期の女性七二一人を三つのグループに分けた。一週間にシリアルを器一杯以下しか食べなかった二一六人と、二～六杯食べた二〇五人と、七杯以上食べた三〇〇人だ。やがて、最初のグループの約四五パーセント、第二のグループが約四七パーセント、第三のグループの約五六パーセントが男の子を産んだ。こうして彼らはその結論に行き着き、それを世界中のニュースメディアが取り上げ、シリアルを食べるほど男の子が生まれる、と報じた。注2

そんなことが現実にありうるのか？　実験の結果は、シリアルを食べるほど多くの男の子が生まれることを、ほんとうに証明しているのか？　それとも、その結果はただのランダムな運だったのか？

食べ物が豊富な時期（朝食の量が多いことに表れる）には男の子供のほうが価値があり、乏しい時期には女の子供のほうが価値があると進化が判断したことに関するさまざまな説を、論文の執筆者たちは唱えた。朝食を抜くと、女性の血糖値が下がりうる、そして、「体はそれを、劣悪な環境条件と解釈しかねない」などといった説も示した。このように、この現象の説明は、すべて準備万端だったわけだ。けれど、一つだけ疑問が残っていた。説明するべき現実の現象が、ほんとうにあったのか、それとも、数値の違いは偶然の結果にすぎなかったのか？

運の罠は考えられないだろうか？　そう、一つには、「プラシーボ効果」が心配される。ひょっとしたら、男の子を産んだために、どういうわけか女性たちが事実に反して、自分は多くのシリアルを食べたと「思い込んだ」可能性はないだろうか？　（もし、これが突拍子もないように思えたなら、考えてほしい。プラシーボ効果は、鍼（はり）療法による痛みの軽減注3から実際の身体能力まで、じつにさまざまなもので見られることが立証されている。ある研究では、短距離走者たちは、飲んでいる栄養ドリンクが走る能力を高めると言われた後、二〇〇メートルのタイムが二・四一秒縮まった)[注4]。じつは、この事例では、研究者たちは抜かりなく、それぞれの母親が子供の性別を知る前に、栄養摂取についての情報をすべて収集していた。これで、心理的な効果やプラシーボ効果は完全に排除できるように見えた。では、「まぐれ当たり」はどうか？　論文の執筆者たちは、この学術雑誌の基準に沿って統計分析を行ない、シリアルと性別とのあいだのこれほど強い関連が運だけによって生じる確率は一〇〇〇分の一に満たないと主張している。だから、運である可能性はとても低い。

では、「プラシーボ効果」でも「まぐれ当たり」でもないのなら、シリアルにはほんとうに効果があったに違いない。そうではないか？

いや、そうではないかもしれない。「散弾銃効果」あるいは「下手な鉄砲も……」(「下手な検査も……」と言うほうがより適切かもしれない)の効果があったという指摘も、たちまち出てきた[注5]。すなわち、執筆陣は母親たちに、妊娠する前にどれだけシリアルを食べたかを訊いただけでなく、ほかの一三一の食品の摂取についても尋ねていたのだ。そして、それぞれの食品について、妊娠前の一年、妊娠初期、妊娠後期でどれだけ食べたかを考慮に入れた。つまり、それぞれの女性で、合計で132×3＝396の摂取状況を調べ、そのどれもが赤ん坊の性別に影響を与えたことを示す可能性があったわけだ。これだけ多くの候補があれば、彼らの研究でそのうちの一つが、運だけによって影響を及ぼすという結果になったところで、不思議はない。このような広い視野で眺めると、この論文の結果には、単純で、とくに意味のない説明ができる。そして、彼らの研究は、シリアルが男の子を生み出す傾向について、けっきょくほんとうは何の証明にもなっていなかった。

運の罠に注意！

助けてくれれば助けてあげよう

何年か前、ある驚異的な話がニュースになった。実際には、二つの話が一つにまとめられたものだった。

前半では、ニューヨーク州西部の一〇歳の少年の胸に野球のバットが当たり、その衝撃があまりに大きかったので、心臓が止まって、彼は死にそうになった。幸い、野球をしていた子供たちの母親の一人が看護師で、観客席にいた。その人が少年に心肺蘇生を行なった。誰もが固唾を呑んで見守る中、やがて少年の心臓が再び拍動を始め、幸運にも彼は何の問題もなく回復した。

後半は、その七年後の出来事だ。当時一七歳だった少年は、ボランティア消防団員とイーグルスカウトになり、地元のレストランのキッチンで働いていた。そのレストランで、ある常連客が食べ物を喉に詰まらせ、息ができなくなった。少年が呼ばれた。彼は消防団の訓練の成果を発揮して、すぐにその客にハイムリック法の処置を行なった。すると詰まっていた食べ物が取れ、幸運にも客は再び息ができるようになった。

なぜこの二つの出来事は驚異的なのか？　なんと、レストランで食べ物を喉に詰まらせた客は、七年前に少年の命を救った、ほかならぬあの看護師だったのだ。これは凄い[注6]！

古い格言に、「あなたが救う命は、あなた自身の命かもしれない」というものがある。もともとは、自動車事故を防ぐキャンペーンの一環として、運転者に安全運転を求めるために使われた[注7]。また、南部女性が娘を嫁がせ、不幸な結果に終わるという、フラナリー・オコナーの一九五五年の変わった短篇の題にもなっている[注8]（この作品は、一九五七年にジーン・ケリー主演でテレビ番組化された[注9]）。とはいえ、この事例ほどこの格言にふさわしいケースはないだろう。もしその看護師が野球のグラウンドで一〇歳の少年の命を救っていなかったら、七年後にその少年が生きていて、彼女の命を救うことはなかっただろうから。ある意味で、その看護師が救った命のうちの一つは、ほんとうに彼女自身の命だったのだ。なんという巡り合わせだろう！

私はこの話について、ウィリアム・シャトナーの「不可思議体験の告白」というテレビ番組のインタビューを受けた[注10]。一方で、私はこの話が伝える肝心のメッセージは全面的に支持していた。心肺蘇生法をはじめとする救命テクニックは、ほんとうに習得するべきだ。そして、もしみんなが思いやりのある行動をすれば、長い目で見たとき、それは現に本人のためになる。あなたはほかの人々を助けるべきだ。なぜなら（理由はほかにもあるけれど）、いつの日か、彼らがあなたを助けてくれるかもしれないからだ。そして、この話は、驚異的で、人を魅了する、興味深い巡り合わせを示してくれる。その一方で、私は確率を正確に計算し、運の罠をすべて避けたくもあった。それで、どうしたか？

まず、次の疑問について考えてみた。ともにアメリカに住んでいるAさんとBさんという特定の人物がいるとしよう。今年のある時点で、AさんがBさんの命を救い、BさんもAさんの命を救う可能性はどれだけあるのか？　単純な近似値と推定値を使って計算すると、その確率は、何千京回に一回という割合になった。これは想像できないほど小さい数だ。[注11]この観点に立つと、その話は途方もなく驚異的で、運だけによって起こるはずがなく、したがって、何か特別な意味か超自然的な原因があったに違いないように見える。

けれど、そうではないかもしれない。次に、「下手な鉄砲も……」の運の罠について考えてみた。一つには、そのような驚異的な巡り合わせになりうる年はたくさんある。そして、こちらのほうがもっと重要なのだけれど、アメリカにはとても大勢の人がいる。そして、アメリカに住む人の組み合わせはなおさら多い。同じコミュニティに暮らす人々、つまりたまたまお互いの命を救ってもおかしくない人々に限って組み合わせを数えたとしても、厖大な数になる（たとえば、心肺蘇生法を知っている人がそのコミュニティに一万五〇〇〇人いるとしたら、その組み合わせだけで一億を超える）。こうしたことを考え合わせて計算すると、私が生きているあいだのある時点で、そのような出来事――誰かしら二人の人が互いに命を救い合うこと――が起こる確率は、じつはおよそ三分の一だった。[注12]つまり、そうした出来事は、少しも珍しいわけではなかったのだ。だから、最初に私が受けた印象とは裏腹に、この驚くべき話は、ただのまぐれだけによって現に起こりえたようだ。

そうは言っても、これは信じ難い運の、なんと驚異的な話であることか！

雷の運

ロイ・サリヴァンは、ヴァージニア州にある、細長いシェナンドー国立公園のパークレンジャーだった。彼は次のただ一点で人々の記憶に残っている。彼は、合計七回、雷に打たれたのだ。これはあまりに驚くべき事実なので、『ギネス世界記録』にも載っているほどだ。[注13]サリヴァンは七回とも生き延びたとはいえ、それらの雷は、けっして生易しいものではなかった。[注14]一九四二年には、右脚にやけどを負い、親指の爪を失った。一九七二年と一九七三年には、髪の毛が燃え上がった。一九七七年には、胸と腹をやけどした。このように、彼が経験したのは、けっして軽い些細な落雷ではなく、ひどい痛みと負傷を引き起こす、深刻なものだった。

なんという不運だろう！　それは何を意味しているのか？　運命だったのか？　彼は罰を受けていたのか？　何か壮大な計画の一部だったのか？　そうではないかもしれない。私たちはこの件についても、何かしら運の罠が絡んでいたのか、と問うことができる。

私がまず思ったのは、ヴァージニア州は特別に雷が多いかもしれないということだ。けれど、そうではなさそうだ。実際、ヴァージニア州で一九九〇年から二〇〇三年にかけて、落雷で亡くなった人は、一〇〇万人当たり〇・一九人で、これはアメリカの五〇州で第二七位となり、ちょうど真ん中あたりに位置している。[注15]だからそれは説明にならない。

それでも、同州の落雷には「隠れた助け」があった。仕事柄、サリヴァンは毎日長時間、建物や身を守れる場所から遠く離れて、屋外で過ごさなければならなかった。したがって、平均的な人よりは、はるかに雷に打たれやすかった。

　とはいえ、いちばん肝心なのは、彼が何度も雷に打たれていてもおかしくない「大勢の人」の一人にすぎなかった点だ。私たちの知るかぎり、二〇世紀にアメリカに住んでいた何億もの人のうち、七回雷に打たれたのは彼一人だった。ほとんどの人は一度も雷に打たれることはなく、残りの人の大半が雷に打たれた回数は一度か二度、あるいは三度だけで、それより多くはなかった。

　このような全体像の中で見てみると、これほど大勢の人がかかわっているのだから、この話はけっきょく、それほど意外ではない。とはいえ、かわいそうなミスター・サリヴァン本人にとっては、それはきっと何の慰めにもならなかっただろうけれど。

『ザ・シークレット』の陰にある秘密

　ロンダ・バーンの二〇〇六年のベストセラー『ザ・シークレット』でおおまかに説明されている引き寄せの法則について、近年、オプラ・ウィンフリー、ジム・キャリー、デンゼル・ワシントン、アラン・アーキン、リチャード・ギア、ジェイミー・フォックス、マット・デイモン、スティーヴ・ハーヴィーら、数多くの有名人が語ってきた。引き寄せとは、あなたが考えていることが、あなたに起こることへ魔法のように影響を与えるのを許す特別な力だ。「あなたは、自分が感じているものや、自分が体現しているもの、自分の頭にあるものを引き寄せる」と、ワシントンは説明した。ハーヴィーは、もっと詳しく述べている。「似た者どうしが引きつけ合う。あなたが何者であれ、あなたが引き寄せるのはその何かなのだ。ネガティブならばネガティブなものを引き寄せる。ポジティブならばポジティブなものを引き寄せる。親切な人なら、より多くの人が親切にしてくれる。頭に思い浮かべられるものなら、手に入れることができる」[注16]

これらの有名人は、自分が経験するネガティブな感情やポジティブな感情の基礎としてだけではなく、キャリアの成功の基礎としても、引き寄せの法則を挙げる。キャリーは、「映画監督たちに私に興味を持ってもらうところや、ほしいものが手に入るところを、よく思い浮かべたものだ」と、若くて貧しかった下積み時代を振り返る。この視覚化のおかげで、映画の役をもらえたと、彼は感じている。「信じていれば手に入る」と、彼は説いた。

ウィンフリーは、この「法則」を、映画『カラーパープル』で役をもらえたことと結びつけた。同名の原作を初めて読んだとき、「この物語に取り憑かれ」、どうしても映画版に出演したいと思ったという。それで、次にどうなったか？　「オーディションを受けた。何か月も、まったく連絡がなかった。私はこの映画に出演したくてどうしようもなかった。だから、祈ったり泣いたりしていた。そして、トラックを［走って］いたときに……一人の女性が出てきて、近づいてきた。そして、私に電話だと言う」。もう想像がついたかもしれないけれど、その電話は、彼女に映画に出演してもらうというものだった。では、彼女の結論は？　「私は『カラーパープル』を自分の人生に引き込んだのだった」

では、それが答えなのだろうか？　これらの有名人は、幸せと成功への道を示してくれたのか？

一心に願った後に訪れた彼らの成功の物語は、思考が現実をコントロールしていることを、ほんとうに証明しているのか？　そう考える人は多い。バーンの本はこれまでに二〇〇〇万部以上売れた。けれど、私はそうは考えない。こうした証言には運の罠が満載されているので、そのせいで解釈の仕方が大幅に変わってしまっているのだ。

まず、主張の多くには「それ以外の原因」がある。もしあなたがポジティブな態度をとっていれば、よりポジティブで人の役に立つような形で話したり行動したりすることが多くなり、その結果、ほかの人もあなたに好感を抱き、やはりもっとポジティブに反応するというのは、たしかに正しい。あるいは、もしあなたが他人に親切にすれば、彼らがあなたの努力を認めて、お返しにあなたをより親切に扱ってくれることが期待できる。私はそういう因果関係があることには間違いなく賛成するし、それは貴重な人生の教訓だと思う（そして、私も肝に銘じておいたほうがいいだろう）。けれど、そのような結果は、社会的な相互作用と慣習を通常の人間の反応と組み合わせることで、説明できる。心から生じて周囲を直接コントロールする、何か特別な力によって引き起こされているわけではないのだ。

同様に、大スターになるところを思い浮かべる俳優は、おそらく自分の仕事に打ち込んでいるだろう。厖大な時間をかけて技能を学び、磨く。前に進むために、あらゆる可能性を追求する。オーディションのためにはいつも必死に準備し、あらゆる役を全身全霊を込めて演じる。こうした行動はみな、キャリアで成功する可能性を高めるけれど、それは、勤勉さと準備と機会探しというとても具体的な理由があればこそだ。これまた素晴らしい人生の教訓ではあるものの、それは「それ以外の原因」であって、何か超自然的なものが作用していることなど、まったく意味しない。

　では、ジョギングをしながら映画について一心に考えているときに、ある女性に呼び止められ、俳優として大きなチャンスが巡ってきたことを知らされたウィンフリーのドラマチックな話はどう考えればいいのか？　まあ、本人がすでに認めているとおり、彼女はその映画のことで頭がいっぱいで、いつもそれについて考えていた。だから当然ながら、何か重大な知らせが届いたときにはいつも、そう、その映画について考えながらやっていたことを中断されるわけだ。彼女の話が「特大の的」の効果の例であることは明らかだろう（私は何も、ミズ・ウィンフリーを見くびっているのではない。この章の推敲をしているときに、彼女は二〇一八年のゴールデングローブ賞の授賞式で、男女平等と人種的平等について熱のこもった見事なスピーチをした[注17]）。

　それでも、これはみな、些細な難点でしかない。有名人たちが語っている肝心の話は、キャリアで成功することを一生懸命考えていたら、大スターになれた、といものだ。考えることが魔法のように成功を引き起こしたのでなければ、どうしてこれほど多くのケースでこんなことが起こりえたというのか？　いや、簡単なことだ。これもまた、「大勢の人」という運の罠のせいなのだ。では、この場合、大勢の人とは誰か？　それはもちろん、有名になることを望み、大きなチャンスが巡ってくるのを待ち、スターになる日を夢見ている、世界中の無数の若い俳優の卵たちだ。そういう人は何百万人もいるに違いない。私の友人にも何人かいる。彼らはみな、成功について延々と一生懸命考え、見込みは薄くても、どこかの大監督に見出されたり、一流のプロデューサーに導かれてスターになったりするという希望を抱き続ける。そうするのが当然ではないか？　たしかに、態度の悪い人や、思わずネガティブなことを考えてしまう人や、絶望する人も、なかにはいるだろう。けれど、それでも残りの何百万もの若者が、この「法則」に従ってスターになれたはずなのに、けっしてなれなかった。そして、ギャラの安い端役でしばらくなんとか食いつないだ挙げ句、ついに定職に就き、人生を歩んでいく。大型ドキュメンタリーに登場して成功や失敗の理由について語るのは、大成功を収めた、ほんのひと握りの人に限られるので、極端な「バイアスのかかった観察」につながる。この観点から眺めると、ポジティブ思考だけで魔法のような効果が出せたわけではない。だから、若い俳優の卵たちのほとんどには、何の役にも立たなかったのだ。

こうした有名人の証言で私がいちばん目を惹かれるのは、いかにも確信があるという彼らの雰囲気だ。有名人も、私たち凡人と同じで、魔法が大好きであり、自分の成功が、勤勉や準備、才能、機会、ただのまぐれといった、つまらないありきたりの影響の結果であることを認めるよりも、成功を引き起こす何か特別で強烈な力を信じたがるものだ。科学的な証拠などないにもかかわらず、彼らはみな、自分のニューエイジ哲学が揺るぎない事実だと感じているらしい。「これは物理の法則だ」とアーキンは断言した。「誰であろうとこれにいったいどうやって異を唱えることができるか、見当もつかない」。まあ、私は異を唱えているのだけれど。

そうは言っても、そのような法則を信じるのは、おおむねただの無害な戯れにすぎない。そして、それで人が自分の人生について前よりポジティブに感じるのなら、有益でさえあるかもしれない。けれど、いつも戯れだったり有益だったりするわけではない。オプラ・ウィンフリーのテレビ番組で、そのドラマチックな例が見られた。キム・ティンカムという名の女性は、『ザ・シークレット』とその奇跡的なヒーリングの力をすっかり信じており、二〇〇七年三月にウィンフリーの番組に登場し、乳癌と診断されたので、「自分で治す」ことにしました、と宣言した。三人の異なる医師に、ただちに手術を受けるように強く勧められたものの、それで「頭にきた」だけで、通常の治療をすべて断りました、と言う（どうやら、物議を醸していた自然療法医ロバート・ヤングに奨励されたらしい）。彼女の決意のせいで、ウィンフリーは困った立場に立たされた。彼女は「ポジティブに考え、ヒーリングを自分に引き寄せ、ヒーリングが自分にもたらす良いことについて考え」続けるよう、ティンカムを促す一方で、リスク分散のために、「ヒーリングはさまざまな形であなたのもとにくるものです」、「医学の利点を全部無視するべきではないと思います」とつけ加え、そういうオルタナティブな考え方は「あらゆる疑問に対する答えではありません」と警告した。ティンカムは頑として意見を変えず、「私は自ら選択しています」と説明し、それに対してウィンフリーは、「あなたの判断は尊重します」と応じた。それで、どうなったか？　ティンカムは二〇一〇年一二月に亡くなった。自分の誤った信念の悲劇的な犠牲者となったのだった。[注18]

見た目でわかる？

この本の最初の原稿を送ってから一週間後、とてもドラマチックな主張をしている最近のコンピューター科学の論文に出くわした。執筆者たちが行なった実験では、コンピューターが「ニューラルネットワーク」統計アルゴリズムを使って、三万五〇〇〇枚以上の顔のデジタル写真を解析した。[注19] 彼らの目的は、コンピューターが写真だけに基づいて、写っている人の性的指向を視覚的に判断できるかどうか、確かめることだった。それで、何がわかったか？　なんと、彼らのコンピューターは、同性愛者と異性愛者を、男性の場合には八一パーセント、女性の場合には七四パーセントの精度で区別できた。これは、たいしたものだ！

では、これは何を意味するのか？　性的指向は外見だけに基づいて検知できることを、彼らははっきりと証明したのか？　もしそうなら、それは、性的指向が生物学的な特性で、遺伝的特徴によって、顔の形とともにコントロールされていることの証明になっているのか？　研究者たちは間違いなくそう考えていた。「これらの結果は、性的指向の起源についての私たちの理解を深めてくれる」と彼らは主張した。

ちょっと待った！　この研究の欠点が、たちまち指摘された。その一つは、出会い系サイトの写真を使った点だ。そのような写真から認識された違いはどれも、同性愛者と異性愛者が写真に写る自分の顔（ひげ、メーク、メガネなど）を選ぶときに生じた可能性が、外見の真の違いに由来する可能性と同じぐらいあった。[注20] 要するに、たとえ実験の結果が有効でも、実際の生まれながらの身体的な違いとはまったく別の、明白な「それ以外の原因」も考えられるわけだ。

執筆者たちとは無関係なある専門家は、この論文を読んだ後で、次のように警告した。「新しい発見というものは、より広範な科学界――と、世間一般――が、その長所と短所を評価し、考慮する機会を得るまでは、慎重に扱われる必要がある」。[注21] そう、まさにそのとおり。この場合のように、重大な運の罠による欠点を抱えているときにはなおさらだ。

赤とピンク

運の罠は、初心者にとってややこしいだけではない。最高レベルの学術研究でも議論されている。数人の心理学者が最近、『サイコロジカル・サイエンス』誌に研究を発表し、女性は妊娠可能日のほうが、そうでない日よりも赤やピンクのシャツを着る可能性が三倍も高いという、思い切った主張をした。おそらく、性行為が出産につながりうるときに性的魅力を高めたいという、太古からの本能的衝動のせいだろうという。[注22] 論文の執筆者たちは、この主張を裏づけるために、周到な統計分析さえも含めていた。「長いあいだ、隠されているものと思われていた女性の排卵は、目立つ視覚的手掛かりと結びついていた」と彼らは大胆にも断言し、マスメディアでそれが広く報じられた。[注23]

ある統計学者が、いくつかの理由からこの研究を攻撃し、オンラインマガジンの『スレート』で、小さなサンプル（わずか一二四人で、そのうち二四人は学生、一〇〇人はオンラインで参加を申し出た人）、使われた「妊娠可能日」の定義、自己申告された排卵周期のタイミングの不正確さなどを批判した。けれど、その批判の中心は、この本で言う運の罠の一つ、すなわち「散弾銃効果」だった。彼は、研究者たちがほかの衣料品（シャツ以外）、他の色（赤とピンク以外）、妊娠可能日のほかの定義（彼らが使った「月経期間の開始後六〜一四日」というもの以外）などを試すことができた点を指摘した。こうした選択肢のおかげで、過剰な「研究者の自由度」が生じ、研究者たちは、ついに何か有意義に見える結果に行き着くまで、いくらでも調べ続けることができた、とその統計学者は述べた。[注24]

そう、たしかにこの統計学者の言うとおりだ。心理学者たちが、まず実験の参加者たちにたくさんの質問をし、それからありとあらゆる種類の仮説を試したとしよう。月経期間の最初の日には、女性は緑色の靴を履く傾向があるか？　排卵周期の中ほどでは、オレンジ色の帽子を被(かぶ)りたがるか？　偶数月の満月のときには、ポニーテールにすることを好むか？　これをたっぷり繰り返せば、心理学者たちは彼らなりの「散弾銃効果」を生み出すことができ、そのうちに一発ぐらいは、運だけによって的に当たるだろうけれど、それに特別な意味などない。

では、この運の罠のせいで、彼らの研究は無意味になったのか？　必ずしもそうではない。心理学者たちは反論し、批判の多くを退けた。たとえば、参加者にシャツの色についてだけ質問し、ほかの衣料品については訊かなかったことを、彼らは指摘した（「シャツは衣料品のうちで、最も色が豊富だと考えたからだ」とのことだ）。また、六〜一四日という範囲は、分析を行なう後ではなく前に選んだという。そして、最初から赤とピンクを試すことにしていた。なぜなら、ほかの研究者たちが、この二色が性的関心と魅力に結びついていることをすでに指摘していたからだ。だから、あらゆる色を試して、どの色が重要かを見極めたわけではなかった。それどころか、彼らは対照実験も行ない、ほかの色には赤やピンクほど効果がなく、統計的に有意ではないことを確認していた。これは、赤やピンクという色を選ぶことだけに意味があるという、自分たちの説に一致する結果だった。要するに、この心理学者たちは、多くではなく、特定の仮説をたった一つ試しただけだと言っているわけだ。つまり、散弾銃ではなくライフル銃を一発だけ撃ったのであり、したがって、真っ当な手段で統計的に有意という「的」に命中させたのだ、と。[注25]

では、この件全体について、どう考えればいいのか？　まあ、排卵のせいで女性が赤いシャツを着るという主張は、たしかに突飛に思えるし、疑ってかかるべきだろう。そして、そう、彼らのサンプルはとても少なく、ほんとうにランダムに選ばれてはいない。だから、明確な結論を下す前に、ほかの研究者によって彼らの結果が再現されるかどうかを、見届けるべきだ。けれど、「散弾銃効果」やそのほかの運の罠の影響があったという容疑については、これらの心理学者に対する私の判決は、「無罪」となる。

超自然的な女性の連帯

月経と言えば（驚いた。まさか自分がこんな言葉を書こうとは、思ってもみなかった）、昔からの疑問がある。いっしょに暮らす女性は、月経期間が一致する可能性が高いのか？

この、いわゆる「生理のシンクロ現象」はたいてい、事実として受け入れられている。最近の『コスモポリタン』誌のある記事は、次のように始まる。「もしあなたが女性でいっぱいの家に住んだことがあれば、月に一度始まりうるホルモンの大混乱になじみがあるだろう。一人が生理になっただけでも大変なのに、私たちは同期しがちなのだから[注26]」。この現象は、月経中の女性が空気中に放出するフェロモンや、友人が月経中であると知っていることの心理的作用、月経のタイミングに対する月の相の影響などのせいにされることが多い。そして、見事な進化のイノベーションとされてきた。部族の女性全員を同時に妊娠可能にすれば、同じ男性が全員を妊娠させるのを防げることが期待できるからだ。さらにはフェミニズムの「女性の連帯」のシンボルにさえなり、女性がどれほど自然に協力したり共感し合ったりできるかを示しているとされた。ただし、一つだけ疑問が残っている。それはほんとうに正しいのか？

そうかもしれない。一九七一年に行なわれた心理学の研究は、たしかに正しいと言っているように見える。その研究では、ある女子大学の寮生一三五人を、自己申告に基づく「親友」（最も多くの時間を過ごす五～一〇人）の一五のグループに分けた。どの学生にも、毎月、月経の開始日を訊いた。それから、その日が、親友たちの平均から何日離れているかを計算した。すると、何がわかったか？じつは、月経の平均開始日からの平均日数は、学年度が進むにつれて減り、一〇月には約六・五日だったのが、四月が訪れる頃には約四・五日になっていた。この現象は統計的に有意だったので、いっしょに多くの時間を過ごす女性は月経が同期しはじめるという説が裏づけられたように見えた。[注27]

これで、めでたしめでたし、なのか？　そうではないかもしれない。その後に発表されたいくつかの論文が、この研究の方法を批判している。使われた統計分析、違いを計算するためにさまざまな学生の月経の開始日を「比較した」方法、経口避妊薬にまつわる問題（避妊薬は人為的に月経周期をコントロールする）、不規則な月経パターンの扱い方などが取り上げられた。[注28] さらに重要なのは、ほかの研究がこの結果を再現しようとしてもうまくいかず、もともとの主張に疑問が投げかけられた点だ。[注29]

そして、マリのドゴン族の月経パターンの詳細な研究は、異なる女性の月経周期は互いに明白な影響を与えないと結論した。[注30] それどころか、今では科学者は一般に、月経の同期効果はけっきょく存在しないと考えている。[注31]

その一方で、この否定的な証拠があるにもかかわらず、七〇〜九五パーセントの女性が、月経の同期が起こると信じていることをさまざまな調査が示している。[注32] どうしてこれほど多くの人が、ほとんどの研究が存在しないとしている現象の存在を信じるなどということがあるのか？ そこには、いくつか運の罠が絡んでいるのだろうか？

そう、そのとおり。一つには、「意味の探求」の問題がある。このような基本的な生物学的現象が妊娠可能期間に他の人々と連帯して起こると考えたほうが、ただランダムに起こると信じるよりも満足がいく。それに結びついている意味が、たんに生物学的なものであるだけでなく、女性の連帯の社会的側面も持っていたら、その満足感はなおさら強まる。

「バイアスのかかった観察」の問題もある。女性は、自分の月経期間が友人や肉親の月経期間と重なったときのほうが、そうでないときよりも記憶に残りやすい。おそらくそのせいで、実際よりも頻繁に生理が同期すると考える人が多いのだろう。

さらに、「特大の的」の問題もある。もし二人の女性の月経周期が二八日だと仮定すると、月経開始の違いは、最大で一四日になる（たとえば、もし一方の女性の月経がもう一方の女性の月経の一八日後に始まったとしたら、それは、もう一方の女性の次の開始日の一〇日前でしかない）。もし二人の開始日が完全にランダムなら、その違いはゼロ日から一四日のあいだに均等に散らばり、平均で七日になる。だから、たとえば四日の違いはたいしたことではない。平均より少し小さいだけだ。

そのうえ、たいていの月経はおよそ五日間続く。[注33]これは、月経の開始の差が五日以内であれば、月経の期間が重なることを意味する。たとえタイミングが完全にランダムでも、この重複は一四回に約五回の確率、つまりおよそ三六パーセントの割合で起こる。要するに、もし二人の女性がいっしょに暮らしていたら、二人の月経周期はただの偶然だけによって、平均すると三回に一回以上の割合で重なる。これはほんとうに大きな的だ。

月経の重複は意味の必要性を満たし、偶然だけによってもかなり頻繁に起こり、記憶に残る可能性が高いので、何かしらの同期化の力が働いていると、ほとんどの女性が思うのも意外ではない――じつは、おそらくそんな力は働いていないのに。

この件は、オックスフォード大学の人類学准教授のアレグザンドラ・アルヴァーニェに締めくくってもらおう。彼女は次のように指摘している。「私たちが目にしているのはランダム性にすぎない」にもかかわらず、月経の同期は相変わらず「広く信じられている。私たち人間は、いつもわくわくするような話を好む。目にしたことを、何か意味のあることで説明したがる。そして、目にしたことが偶然やランダム性の結果だという考え方は、どうしても、それほど面白くはない[注34]」。

どれほど頑張ったところで、私にはこれ以上うまくは言えなかっただろう。

第九章　この上ない類似

違う人どうしの驚くべき類似性についての話は山ほどあり、たいてい、大きな意味や重要性があるという触れ込みで語られる。それが、長いあいだ音信不通だった肉親であれ、歴史上の人物であれ、未来の配偶者であれ、人の共通点を指摘するのは、とても満足のいくことだ。とはいえ私たちは、運についての理解が深まってきたから、今では、何より大切な疑問を投げかけるだけの知識が身についているはずだ。すなわち、その類似性とされるものは、ほんとうに重大なのか、それとも、ランダムな運の結果にすぎず、運の罠が多すぎたために目に留まっただけなのか？

この父にしてこの娘あり

私は最近、面白いニュース記事を読んだ。カナダ北部のヌナヴト準州に住む、バーニス・クラークという女性に関するものだ。クラークは父親については何も知らなかったので、何十年にもわたって彼を捜してきた。そして、長い苛立たしい年月を過ごした後、ついにあるつながりのおかげで、この父と娘は言葉を交わすことができた。電話で楽しく語り合い、「二人とも、まるでティーンエイジャーのように、くすくす笑ってばかり」だった。クラークは、自分は「DNAの宝くじが当たった」とさえ言い放った。ここまでは、何も問題ない。

記事はその後、二人のさまざまな類似点に驚いていた。この父親と娘は、「ともに航空業界で働いた経歴を持ち、起業家で、演劇に手を出したことがあり、旅行が大好きだった[注1]」。そう。これは、私たちの宿命は遺伝子で決まり、父親と娘は、たとえ一度も会ったことがないときにさえ、同じ話と目的を持っているという証拠だ。そうだろう？

さて、それはどうか。この話の重要性を評価するためには、こうした類似点にはほんとうに意味があるのか、それとも、運の罠のせいにすぎないのか、じっくり考えてみる必要がある。

先ほどの類似点のリストで、私にとっていちばん気になったのは、そこに含まれていない点だった。二人は同じ場所に住んでいたのか？　違う。クラークはカナダ北部に住んでいたけれど、父親はモントリオールに住んでいた。二人は同じ言語を話したか？　そうとは言い難い。父親はひどい訛りの英語で話した。第一言語はフランス語だったからで、クラークはフランス語は話さなかった。彼らはその当時、同じ種類の仕事に就いていたか？　同じ数の子供がいたか？　同じ種類の音楽が好きだったか？　食べ物や色の好みも同じだったか？　おそらく違う。もし同じだったら、きっと記事が触れたはずだ。

このように、類似点はいくらでもありえたのに、記事は実際には四つしか見つけられなかった。これは射撃手の「散弾銃効果」に似ている。十分な数の弾丸を撃てば、あるいは、十分な数の性格特性を考えれば、最終的にはそのいくつかが、運だけによって的に当たるかもしれない。

では、実際の類似点はどうなのか？　まあ、間違いなくたいていの人は「旅行が大好き」と言うだろう。旅行が嫌いな人などいるだろうか？　そして、「演劇に手を出す」ことに関しては、学校の劇か何かで一度ぐらい役を演じたことがない人などいるだろうか？　もっと詳しいことがわからないかぎり、これまた重要には思えない。「起業家」にしても似たようなもので、それは何を意味するのか？　起業家とは、ときどき何か品物を買って売り、お金を稼ごうとしているというだけのことか？　こうした特徴はどれも、あまりに曖昧なので、ずいぶん多くの人が運だけによって共有していることだろう。これは射撃手の「特大の的」に似ている。カテゴリーを十分広く定義すれば、その的に当てるのはやさしい。

これで残る特徴はあと一つになった。父親と娘がともに航空業界で働いたことがあった点だ。これは取るに足りないことではない。ほとんどの人は、航空業界で働くことはまったくないからだ。もっとも、別に驚くほどのことでもない。一つには、どんな種類の仕事か、記事は特定していなかった。だから、おそらく違う仕事だったのだろう。たとえば、一方は客室乗務員で、もう一方はコンピューター技術者だったとか？　あるいは、一方が顧客サービスアシスタントとしてひと夏過ごし、もう一方はパートタイムで広報を手伝っていたかもしれない。「航空業界」というのは、かなり幅広い言葉で、過去の仕事というのは、ほんの些細なものかもしれない。全体として見れば、これもまた特大の的だ。

以上。この父親と娘のペアをこれだけ調べてみても、わずかな数の、ほんとうの類似点にさえ、「特大の的」と「散弾銃効果」が絡んでいた。けっきょく、それほど驚くまでもなかった。いや、勘違いしないでほしい。私はこの女性がとうとう父親を見つけ、それが慰めと喜びにつながったことは、嬉しく思っている。けれど、あまり欲張ってはいけない。実際以上に二人が似ているかのような物言いは、やめよう。

あなたたちはまるで兄弟みたい

私はこの本を書いているときに、カルガリーに住むアヴラム・ゴードンという名の列車の運転士についての面白い新聞記事に出くわした。彼は生まれてすぐに養子に出され、四八歳になってようやく、実父を見つけ出した。そして、新たに見つかった数人の肉親を訪ねることになった。彼らは、「我が一家にようこそ、アヴラム」というボードを掲げて温かく迎えた。[注2] ここまでは、問題ない。人生も後半になっての肉親との出会いにまつわる、心温まる話だ。とはいえ、それほど驚くことでもない。なにしろ、養子に出された後、実の親と首尾良く接触できた子供は何百万人もいるのだから。[注3]

この話が（少なくとも、運という観点からは）面白くなるのは、次に起こったことのおかげだ。アヴラムは初めての電話で実父と一時間も話しているあいだに、クリス・ダイソンという弟がいることを知った。アヴラムの両親は、十代なかばで彼を養子に出した後もデートを続け、やがて結婚し、さらに二人の息子が生まれ、自ら育てた。そして、驚いたことに、アヴラムはすでにクリスを知っていた。知っているどころか、二人は「職場の仲間」で、フェイスブックの友達でもあった。「それはまた、もの凄い巡り合わせだ」と父親は的確に評した。

話がそこで終わっていたら、私もそれを額面どおりに受け止めて感心できる。なにしろ、存在さえ知らなかった弟が、じつは職場の仲間だったなどという、驚くべきつながりの話を、面白く思わない人などいるだろうか?

ところが、その新聞はそこでおしまいにはできなかった。意味やつながりや偶然の一致をさらに加えて、話を飾り立てなければ気が済まなかったけれど、そのほとんどは、よく見るといいかげんなものだった。

たとえば、アヴラムは肉親が新たに見つかり、彼らに会う前はずっと「孤独を感じて」いて、「いつも何かが欠けていた」と記者は書き、この出会いに感情的な意味合いをつけ加えている。けれど、ときどき孤独を感じない人などいるだろうか？　これはあまりに「特大の的」なので、これ以上言う必要はないだろう。

クリスは、兄弟だと知るはるか前にアヴラムと最初に会ったときにさえ、「彼にはどこかほんとうに惹かれるところがあり、親しみを感じた」と言っている。耳に心地良い話だけれど、記事は二人が「それほど親しい友人ではなかった」ことも認めているから、クリスの言葉は控えめに言ってもかなり大げさだ。アヴラムの妻が初めてクリスのフェイスブックの写真を見たとき、夫に驚くほどよく似ているこどに気づいて、「あなたたちはまるで兄弟みたいね」と言ったとも、クリスは述べている。とはいえ、この話は「語り手次第で違いがある」ことを、新聞記事は認めている。だから、これはみな、おおむね「偽りの報告」に思える。

記事には、「一家はそれ以来、山のような一致に気づいてきた」とも報じている。「山」と言っても、おもに次の二つの事実にすぎない。一つは、幼い頃、この兄弟はウィニペグで一ブロックほど離れた場所にしばらく住んでいたことだ。これは確かに意外だから、その点は認めよう（ただし、これに関してさえ、記事はその接点を誇大宣伝し、「二人が同じときに同じ公園で、ひょっとしたらいっしょに遊んだことも十分ありうる」と書き添えている。実際の証拠はないのにもかかわらず）。そして、もう一つは、アヴラムが今住んでいるカルガリーのクランストンは、父親がかつて住んでいた地区の「隣のコミュニティ」である点だ。これは「特大の的」のように見える。最初の点よりも二人のあいだの距離が大きい（約四キロメートル）し、つながりがかなり弱い（二人の兄弟ではなく、兄弟の一方と父親で、しかも同じときに住んでいたわけでさえない）。クリスはアヴラムに次のように言って、この一致をさらに強調しようとした。「もし父さんたちが引っ越す前にソーベイズが開店していたら、兄さんは同じスーパーで買い物をしていたことになる」。けれど、これはなんとも説得力に乏しい。

記事はさらに、「三人兄弟の全員が料理が大好き」で、「三兄弟とも出会って以来、前よりも幸福に感じている」と書き加えているけれど、これもさらなる「特大の的」に違いない。記事は、クリスと父親がともにSF小説のファンであることも指摘していて、それはたしかにそれなりの共通点ではあるものの、アヴラムについては何も書いていないので、彼はおそらくファンではないのだろう（そして、兄弟のあいだの違いと言えば、アヴラムが最初に就いた仕事は歯科技工士であるのに対して、クリスは映画関連の仕事をしており、これはまったく異なる職業選択だ。けれど、もし二人が選んだ職業が少しでも似ていたら、記事はきっとそれもおおげさに書き立てたと思って間違いない）。

ああ、それから、「職場の仲間」だったという事実はどうなのか？　じつは、アヴラムはクリスが弟であると知ったときには、すでに列車の運転士の仕事を離れていたとのことで、二人はせいぜい元「職場の仲間」だったにすぎない。そして、クリスがすでに認めているとおり、二人は「それほど親しい友人ではなかった」し、ほんとうの「仲間」ではまったくなかった。だから、ひどいものではなくても少しばかり「偽りの報告」があったわけだ。そして、フェイスブックの友達である点は？　まあ、私にもフェイスブックの友達は五〇〇人以上いて、そのなかには一度も会ったことさえない人も含まれているから、これまた「特大の的」だと、自信を持って言うことができる。

要するに、それは家族の幸せな出会いについての良い話で、正真正銘の驚きもいくつかある（兄弟がすでに互いを知っていて、かつて一ブロックほど離れた場所に住んでいた）けれど、記者がせっかくの話をそのまま伝えられずに、やたらにおおげさなことを書き加えてしまったのだ。

大統領の類似点

長年のあいだに、アメリカのエイブラハム・リンカーン大統領とジョン・F・ケネディ大統領との薄気味悪い類似点にまつわる伝説がしだいに膨らんできた。[注4]

・リンカーンは一八四六年にアメリカの連邦議会議員に初当選し、それからきっかり一〇〇年後の一九四六年にケネディが連邦議会議員に初当選した。

・リンカーンは一八六〇年に大統領に初当選し、それからきっかり一〇〇年後の一九六〇年にケネディが大統領に初当選した。

・リンカーンは一八六一年に大統領に就任し、やはりそれからきっかり一〇〇年後の一九六一年にケネディが大統領に就任した。

・リンカーン（Lincoln）とケネディ（Kennedy）という名前は、それぞれ七文字から成る。

・どちらの大統領も、公民権に特別関心があった。

・どちらもホワイトハウスに住んでいるあいだに子供を一人亡くした。

・どちらの大統領も頭を撃たれた。
・どちらの大統領も金曜日に撃たれた。
・どちらの大統領も暗殺される直前に微笑んでいた。
・どちらの大統領も南部人に暗殺された。
・リンカーンはジョン・ウィルクス・ブースにフォード劇場で撃たれ、ケネディはフォード社製のリンカーンという車に乗っているときに、リー・ハーヴィー・オズワルドに撃たれた（とされている）。
・リンカーンにはケネディという名の秘書がいて、フォード劇場（リンカーンが撃たれた場所）に行かないように警告した。そして、ケネディにはリンカーンという名の秘書がいて、ダラス（ケネディが撃たれた場所）に行かないように警告した。
・どちらの大統領も副大統領が後を引き継いだ。そしてどちらの副大統領もジョンソンという名前だった。

・後継者のアンドリュー・ジョンソン（Andrew Johnson）とリンドン・ジョンソン（Lyndon Johnson）という名前は、それぞれ一三文字から成る。
・二人の大統領の暗殺者（とされる人物）、ジョン・ウィルクス・ブース（John Wilkes Booth）とリー・ハーヴィー・オズワルド（Lee Harvey Oswald）は、合計一五文字から成る三つの名前で知られている。
・ブースは一八三九年に生まれ、それからきっかり一〇〇年後の一九三九年にオズワルドが生まれた。
・ブースは劇場から逃げ出し、倉庫で捕まった。オズワルドは倉庫から逃げ出し、劇場で捕まった。
・ブースもオズワルドも裁判が始まる前に暗殺された。
・大統領のセキュリティがあまりに甘かったとして、どちらの暗殺後にも激しく非難された。

・ブースもオズワルドも、もっと大きな陰謀の一部だという説があった。

・リンカーンが暗殺されると、国中が激しく動揺した。ケネディが暗殺されると、国中が激しく動揺した。

こうして一致する点を並べてみると、ほんとうにたくさんあって、いちいち唸（うな）らされる。けれど、それに何の意味があるのか？　これらの類似点は、ただのランダムな運の結果にすぎないのか？　それとも、魔法のような超自然的力の、意味のある結果なのか？　そこには運の罠が絡んでいるのか？　これらの一致のすべてに含まれているさまざまな運の要素をどう評価するべきなのか？

さて、真っ先に、「偽りの報告」が絡んでいると言える。ブースが生まれたのは、じつは一八三九年ではなく一八三八年だった。リンカーンにはケネディという名の秘書はいなかった。読んだことを何でも信じてはいけない！　ケネディの秘書がダラスに行かないように警告したという証拠もない。ああ、それからあの暗殺者たち？　彼らは死ぬまでは、いつもは三つの名前を並べる形で知られることはなかったようだ。そのうえ、ブースは物置（実際にはタバコ小屋）で捕えられた。物置は昔から「倉庫」とは呼ばれない。おまけに、彼はメリーランド州出身で、同州は普通、南部とは考えられていない。

そこには「特大の的」も絡んでいた。「公民権に関心」がない大統領など、これまでにいただろうか？　公の催しで微笑まない大統領などいるだろうか？　致命的な銃撃を受けるとなると、頭以上にありそうな場所があるだろうか？　困難な時期に、どこか特定の場所に行かないようにという「警告」の類を受けない大統領がいただろうか（実際、二人の大統領はどちらも、旅に出ないようにと頻繁に警告されていた）？　何かしらの陰謀説につながらない暗殺などあるだろうか？　大統領の暗殺を許してしまった後に、批判されないセキュリティなどあるだろうか？　そして、大統領が暗殺されたら、国中がある程度「動揺」しないことなどあるだろうか？

「特大の的」はまだある。七文字から成る名字はいくらでもあるし、[注5]ジョンソンというのはありふれた名前だから、そうした一致はたいして意外でもない。それに、大統領選挙は四年に一度しか行なわれないので、二つの選挙の間隔が九九年や一〇一年や一〇二年になることはありえない。だから、一〇〇年というのもそれほど驚くことではない。

さらに、一致のいくつかは、「よく組み合わさる事実」である程度説明できる。いちばんはっきりしているのは、間隔の一致だ。大統領は必ず、選出された翌年に就任するので、もし二人の大統領が一〇〇年の間隔を置いて当選したら、就任の年も一〇〇年離れているのはあたりまえだ。同様に、大統領は、大統領に選出されるおよそ一四年前に連邦議会議員に初選出されても不思議ではないから、大統領に初当選した年が一〇〇年離れていたら、議員に初当選した年も一〇〇年離れていることも、それほどありそうにない話ではない。だから、こうした追加の証拠というのは、けっきょくあまり追加にはなっていない。

また、「類似点」のいくつかは、一見したときほど類似していない。たとえば、どちらの大統領もホワイトハウスに住んでいるあいだに子供を一人亡くしているけれど、一人は死産の赤ん坊（ケネディの子供）であるのに対して、もう一人は腸チフスで亡くなった一一歳の息子（リンカーンの子供）だ。そして、オズワルドが逮捕されてから二日後に至近距離から一般市民（ジャック・ルビー）に殺されたのに対して、ブースは暗殺事件の一一日後に、包囲されて投降を拒んでから、連邦騎兵隊員（ボストン・コーベット）に撃たれた。ほんとうにずいぶん違っているので、見方次第で「偽りの報告」か「特大の的」に該当する。

曜日はどうだろう？　どちらの暗殺も金曜日に起こったことは確かで、これは7×7＝49回に一回の割合でしかないから、あまりありそうにない。とはいえ、これも「特大の的」だ。もしどちらの暗殺も木曜日に起こっていたら、同じぐらい意外だっただろう。あるいは、水曜日でも、ほかの曜日でもいい。どれか同じ曜日である割合は、七回に一回であって、四九回に一回ではない。だから、可能性は低いけれど、ひどく低いわけではないのだ。

そして、「散弾銃効果」もあっただろうか？　そう、そのとおり。たとえば、リンカーンとケネディという名字はそれぞれ同じ数の文字から成るけれど、フルネームだと数が異なる。そして、ジョン・ウィルクス・ブースとリー・ハーヴィー・オズワルドというフルネームは同じ数の文字から成るけれど、それぞれの名字は数が異なる。同様に、二人の大統領が生まれた年も、殺された年も、きっかり一〇〇年離れてはいないし、月も違えば、日も違うし、場所も同じ州ではない。暗殺者も同じ月の生まれではないし、死んだ月も州も違う。などなど。ほかにも一致しえたことはいくらでもあるけれど、実際には一致しなかった。もし一致していたらリストに加えられていただろう。

これだけ但し書きが必要だとすれば、二人の大統領のあいだに見られる実際の類似点のリストは、いったい興味深いとか凄いとか言えるものなのか？　もちろん、言える！　初当選のあいだの一〇〇年の違いは相変わらずそれなりに面白いし、後を継いだ副大統領が同じ名字だったというのも、多少意外だし、フォード劇場とフォード社製の自動車という一致もそこそこ目を惹く。全体として、こうした一致は部分的には説明がつくから、それほど驚くべきものではないけれど、それでも雑談の話題にしたら楽しい。

　とはいえ、これらの一致には、ほんとうに何か意味があるのか？　いや、あるとは思えない。それについて、重大な見解の表明などしようがない。隠された意味を持つ何か壮大な計画の一環だったわけでもない。むしろ、まあ、ただのランダムな運だったのだ。

第一〇章　ここらでちょっとひと休み——幽霊屋敷の事件

さて、このあたりで気分転換に、かの有名な、数学通の、ぶっきらぼうだけれど愛すべき架空の確率探偵エース・スペードの最新事件を見てみることにしよう。彼は、前作『運は数学にまかせなさい——確率・統計に学ぶ処世術』の第九章に初登場した私立探偵だ。（注意　まじめな読者はこの章を飛ばして第一一章に進んでいただきたい）

私がベイカーの命を救ってからの年月は素晴らしかった。あのとき、ベイカーのカジノは何万ドルも損をしていて、彼は幾何の中間テストに臨んだ怠け者の高校生よりも途方に暮れていた。私は捜査の末、犯人を突き止めた。腹黒いルーレットの客がベイカーその人のフィアンセとぐるになっていたのだ。カジノは立ち直り、ベイカーは大成功への道を歩みはじめた。彼はありがたがって、ほかのカジノのオーナーたちに売り込んでくれたので、私の評判は臨界を超えた分岐プロセスのように広まった。いくらもしないうちに、私の商売も反復法の計算さながら、とんとん拍子で繁盛していった。カードゲームの詐欺師や、ルーレットのペテン師、ポーカーのいかさまプレイヤーなど、次から次へと引っ捕らえ、報酬をしこたま稼ぐことができた。ドリスと私は、高速道路近くの快適な家に落ち着き、愛嬌たっぷりの娘のデニースも、ついこのあいだ三歳になった。暮らしはどこまでも滑らかに進んでいき、非有界拡散を思わせた。

ある日、電話が鳴り、ドリスが出た。「エース・スペード確率探偵社」と、いつもの甲高い声で歌うように言う。以前は気に障ったけれど、今では彼女への愛が深まるばかりだ。「ご用件は？」。しばらくしてから、彼女が言った。「それで？」。また間があってから、「あら、ほんとうですか？」と訊く。さらに数秒してから、「なんですって、『幽霊』？」と続けた。そして最後に、「わかりました。訊いてみます」と応じる。

それからドリスは送話口を手で覆い、私にささやいた。「変わった人よ。幽霊屋敷がどうのこうの、って。ずいぶん興奮しているみたい」

私は不平を言いかけた。カジノのオーナーが相手なら、彼らはすぐにかっとなるかもしれないけれど、少なくともお金のことはわかるし、常識もある。けれど、迷信を信じていて、幽霊屋敷を怖がる変人となると、話は別だ。ところが、私が断る暇がないうちに、ドリスはつけ加えた。「明日、キャンセルがあったでしょう。だから、一日空いているわ。せめて、話を聞いてみるぐらいなら、いいんじゃない？」。いつものとおり、分別がある。だから私は、翌日の朝、自分のオフィスで彼に会うことになった。

彼は約束の時間きっかりに現れた。フラクタルの凸包よりもだぶだぶのジャケットを着て、自信なさそうにびくびくしている。マギーと名乗った。「エルム・ストリートに大きな家を持っていまして」と哀れっぽい声で言う。「少々暮らしの足しにするために、何部屋か貸しています。シンプルそのもののプランに思えたんですが、ひどいことが起こり続けているんです、ミスター・スペード。ほんとうにひどいことが！」

　さて、私は運についてはそれなりに知っている。運は悪いときもあれば良いときもある。一部の人の願いには反するけれど、たいていは何も特別な「意味」はない。だから、どこかの家でいくつか不運な出来事があったからといって、それがどうしたというのか？　そんなものは、いつ起こってもおかしくはない。何の証明にもなっていない。見るべきものなど、ありはしない。「いいですか、マギーさん、わざわざ来てくれて、ありがとうございました。でも、じつは、私にできることは何も――」

　そう言いかけた私の目の前で、マギーは札束を振って私を制した。「依頼料を前金で二〇〇〇ドル払いますから」と言う。

「どうぞ、かけてください」と、大きな笑みを浮かべながら、私はただちに椅子を勧めた。「さあ、全部話してくれますか」

　マギーはお金を手渡し、私はすぐにそれをポケットにしまった。それから彼は、とりとめなく語りはじめた。瓶が割れた話、足首をくじいた話、手首を骨折した話、間借り人が腹を立てた話、怒りに満ちた口論の話……。とうとう私はついていかれなくなった。「いいですか、ここでは埒が明きません。その家に行きますよ、ええと……」と私はカレンダーを確認した。「木曜日に。行って、徹底的に調べてみます。間借り人たちにも全員、いてもらってください」

　たちまち木曜日が来て、私はエルム・ストリートの、大きいけれどごく普通に見える郊外住宅のベルを押していた。マギー本人がドアを開け、すばやく中へ招き入れた。私はすっかり感心した。明るい色に塗られた壁、豪華なシャンデリア、意匠を凝らしたタイルの床、風に揺れるカーテン。何から何まで気が利いている。「去年、家をそっくりリフォームしました」とマギーは誇らしげに言った。「間借り人のために、立派に見えるようにしたかったんです。きちんと管理していますよ、ミスター・スペード。それなのに、近頃、何もかもがとても……とてもひどすぎます。この家は呪われているんですよ、ほんとうに。呪われているんだ！」

　私はひととおり見て回った。一階には共用のキッチンとリビングルーム、そしてマギー自身のバスルーム付きのベッドルーム。二階にはベッドルームが二つとバスルーム、そして小さなランドリールーム。この階も同じぐらいきれいにリフォームされていて、壁は明るい黄色、精巧な木造部の装飾、きらめく虹色の床、ピカピカの水栓、大きくて深いバスタブ。三階はもっと狭くて飾り気がなく、小さなベッドルームが二つ。どちらも天井には勾配があり、壁は質素な板張りだった。未仕上げの地下室は照明が暗く、階段はギシギシ音がするし、クモの巣だらけで、散らばったたくさんの段ボール箱は湿気のために少しずつふにゃふにゃしてきていた。壁には石膏ボードが打ちつけられ、ところどころに釘が飛び出ている。不快感にうんざりして、私は地下室を後にし、リビングルームに戻ると、マギーがすでに間借り人たちを呼び集めていた。

「いいですか」と私は話しはじめた。「事実が知りたいんです。ここで、ひどいことが起こっているそうですね」。間借り人たちは、ほとんど一斉に熱をこめてうなずいた。「わかりました」と私は続けた。「では、話を聞きましょう。マギーさん、まず、あなたから。このあいだこぼしていたこと――あれはみんな、あなたに起こったんですか?」

「いや、その、まあ、そういうことでは」と彼は答えた。「私自身にではありません。幽霊たちは直接私につきまとっているわけではないんです。そうではなくて、うちの間借り人たちを襲うんで、それでもう、みんな出ていこうとしています。そうしたら、家賃が入らなくなるので、破産してしまいます。幽霊たちは、間借り人を一人ずつ狙います。物を壊したり、人を転ばせたりして、災難を見舞います。やつらは――」

「待った!」と私は厳しく遮った。「あなたは、ほかの人の話に対する、自分の印象をただ繰り返しているだけです。それでは『偽りの報告』につながりかねない」。マギーが私をにらみつけたので、私は「気を悪くしないでください」とつけ加えたけれど、彼の態度は少しも和らがなかった。

私はもう少し穏やかに続けた。「私はただ、こう言っているんです。実際に経験した人から話を聞こうじゃありませんか」

誰もが賛成し、痩せた背の高い男がまず口を開いた。「カールソンといいます」と高慢な声で言った。かすかにイギリス訛りがある。「二階に住んでいます。あの大きなベッドルームに」。自分の部屋の広さが、やたらに自慢らしい。「ワインの鑑定家です」と続けた。「香りを嗅いだだけで、高級なワインと平凡なワインを区別でき、三度口に含めば、いったいどれが次の年にいちばん売れるか、言い当てられる。これまで、私の論評は主要紙のすべてに掲載されました。ワイン投資ビジネスを始めるところで、ほどなく想像できないほどの金持ちになるでしょう」

　もし金持ちなら、下宿暮らしなどするものか、と私は思った。彼は私の胸の内を見透かしたに違いない。すぐに、こう言い足した。「笑いたければ、ご自由に。ですが、まもなく笑うことになるのは私ですよ。間違いなく」

　私は話を先に進めることにし、なぜここが幽霊屋敷だと思うのですか、と尋ねた。「ああ、それは」と彼の声が大きくなった。「お話ししましょう。先月、極上のアリアニコを試飲しました。どこのかは、言いません」と言って、悪戯っぽくウインクした。「ですが、小さな小さなブドウ園で作られたものです。まったく無名の。主要な目録に載ってさえいません。それでも、きっと来年までには、ナポリからナパまで、世界中の裕福な愛飲家たちが、私のもとに押し寄せてくるようになるでしょう。私が過半数を所有するまでになった後で。ハッハッハッ！」。そう言って大声で勝ち誇ったように笑ったので、美しくしつらえられたリビングルームの窓のガラスが割れそうなほどだった。

「それで、幽霊は？」と私は苛立ちをにじませながら尋ねた。

「ああ、そうそう」と彼は現実の世界に戻ってきた。「じつは、そのワインを見つけて、あれほど完成された製品を味わったまさにその晩、お気に入りのワイングラスを洗いに行きました。いつもどおり、特製のスポンジブラシで、もちろん洗剤は使わず、いつもと同じやり方でこすりました。すると突然、この私の指のあいだで粉々になったんです。破片が周り中に飛び散りました。私は手を切ってしまいました！　よりによって、私が素晴らしいワインを見つけたまさにその後に、どうしてグラスが割れるなどということがあるでしょう？　邪悪な幽霊が私の邪魔をしようとでもしていないかぎり」

私はその説明に礼を言おうとしたけれど、その暇もないうちに彼は続けた。「しかも、それだけではありません。割れたグラスを片づけようとしたときに、飲みかけのワインボトルを倒してしまい、ボトルは二つに割れ、中身がキッチンの床一面にこぼれました。まったく、ひどいありさまだった。紫色の染みは、まだ落ちきっていません！　幽霊どもが、私の計画を台無しにしようとしているのです。けれど、そうはさせません！」。彼はもう、ほとんどヒステリックなまでに興奮してしまったので、私は彼を座らせて黙らせるのが精一杯だった。「そして、片づけにかかったときに、手にひどい切り傷ができているのに気づいたのです」と、彼は悲しげな声で締めくくり、ようやく黙り込んだ。

次はティーナの番だった。背が低い、褐色の髪のかわいらしい女性で、二階の小さいほうのベッドルームで暮らしていた。右腕に大きなギプスをしていた。「夜遅くまで論文を書いていて——私はイギリス文学の博士課程に在籍しているんです——それで、お腹が減ってきました。書くのをやめたくなかったし、ピザもほしくなかったので——体にとても悪いですから——通りの先のヴィーガンの店に、グルメサラダを注文しました。三〇分後、コンピューターの前でじっと考え込んでいると、ドアベルが鳴るのが聞こえました。何度も、何度も。それから、ドアをノックする大きな激しい音がしました。それで私は、階段を下りようとした途端、転んで頭から前のめりに倒れました。落ちるのを止めようとして必死で手を突いたら、右の手首を骨折してしまいました！　おかげで、あと六週間、ギプスをしていなくてはならなくて、タイプも片手でしかできません。悪い幽霊たちが、私の論文を遅らせようとしているんです。でも、そうはさせません！」

私は礼を言うと、次の間借り人のほうを向いたけれど、ティーナはまだ話しおえていなかった。「足をひきずりながら、見るからに痛そうにドアのところまで行くと、配達人は、どうしたんですか、とも訊きません。ぶっきらぼうにサラダを手渡すと、クレジットカードの利用伝票にサインさせて――幸い、私は左利きなんです――さっさと帰ろうとします」。私がうなずくと、彼女は続けた。「あまりに無礼なんで、私は呆れて何か言ってやろうと思いました。それなのに、彼はそのまま歩き続け、なんと、私のことを笑いはじめました。冷たくて、残酷で、意地の悪い、悪魔のような笑いです。彼は悪霊に取り憑かれていたんです。間違いありません。取り憑かれていたんです！」

「わかりました」と私が話しはじめたのに、彼女はまた口を開いた。「そして、朝方、私が眠ろうとすると、ときどき聞こえるんです。変な、ゆっくりした、きしむ音が。ギシ、ギシ、ギシ、って！　邪悪なものがあたりに漂っています！」

私は、同情するような、それでいて彼女の証言を終わらせるような表情を見せようとした。それでも彼女は、最後にもうひと言、言わずにはおかなかった。「片手でタイプしようとしたことがありますか、ミスター・スペード？　その大変さときたら！　幽霊たちは私をあざ笑っています。このままでは、ぜったいに論文を書きおえられません。どうにかしてくれないと！」

ようやく私は次の間借り人にたどり着いた。彼はコンダーという名前だった。大柄で屈強な大学生で、教室よりもグラウンドで過ごす時間のほうが長いことは明らかだった。「猛練習なんか、ちっとも怖くないよ、ミスター・スペード」と彼は始めた。「去年は、フットボールと野球とバスケットボールをやって、おまけに陸上でも優秀選手に選ばれたんだから。どのスポーツでも、一回だって練習をさぼったことがない。監督に訊いてみればいいさ！」

私は監督には、非加法的測度空間ほどには興味がなかったから、彼は続けた。「で、先月、フットボールの練習に行こうと思って、いつもどおり、部屋を出た。それなのに、玄関のドアまで行くとき、半分ぐらい来たら、何か変なことになった。足が滑って、ぐっと回って、引っ張られる感じがして、めちゃくちゃ痛かった」。そう言って立ち上がると、左の足首を見せてくれたので、私は彼が少しばかり足を引きずっているのに初めて気づいた。「医者には捻挫(ねんざ)だって言われた。あと三週間も走れない。これじゃ、ホームでの開幕戦に出られないじゃないか！　ちっともフェアじゃない！」

今度も、あっさりは終わらなかった。「それで、足首を診てもらってから、やっと帰ってきて、落ち着くために牛乳を一杯飲もうとしたら、酸っぱい味がする。完全に腐っていた。胸糞(むなくそ)悪い。まったく！　なんで幽霊どもは、俺をこんな目に遭わせるんだ？」

ほとんど間を置かず、彼は続けた。「ああ、それから大晦日(おおみそか)に、恐ろしくひどい咳が出て、どうにも止まらない。まともに息もできなかったよ、三週間ぐらい！」

それから腰を下ろしかけたけれど、何か別のことを思い出した。「ああ、それだけじゃない。休みのあいだは、大学のジムが閉まってたから、ドリブルの練習を地下室でやるしかなかった。それで、ある日、ジム用のバッグを隅に放り投げたときに、どっから出てきたのか、でっかい金属の釘に脚がぶつかって、ズボンが裂けて、ふくらはぎから血が出て、痛いのなんのって」。これで終わりかと思ったら、彼はもうひと言つけ加えた。「休み中でよかった。どう頑張っても、ろくに走れなかったから」

コンダーは用心深くまた腰を下ろし、四番目の間借り人がようやく口を開いた。彼女は華奢な老人で、つややかな銀髪をぎゅっと丸めて結っていた。ミセス・スチュアートと名乗った。「私は普通なら不平は言いません、ミスター・スペード」と彼女は軽いスコットランド訛りで話しはじめた。「この三階に暮らして何年にもなりますが、これまで何の問題もありませんでした」と私のほうを向いてにっこり微笑んだけれど、その目に恐れが宿っているのが見て取れた。「もう昔ほど若くはないですから、階段を上るのが少し遅いですけれど、時間がかかっても気になりません。ともかく、二、三週間ほど前まではね」

そこで黙り込んだので、私は続けるように身振りで促さなければならなかった。「ある火曜の晩、ブリッジのゲームから帰ってきたときには、長い一日だったので、くたびれ果てていました。そこで、ゆっくり、静かに部屋へ上がっていきました。いつものように、杖を突きながら」と、先が四叉になった茶色い大きな杖を持ち上げた。「すると突然、この杖がひったくられて、すっ飛んでいってしまったんで、もうお手上げ！　危うく階段を転げ落ちるところでした、ほんとうに。下手をしたら、首の骨を折っていました。死んでいたかもしれません！」

語りはじめたときは穏やかだったけれど、話すにつれて興奮してきた。「もう若くはありませんから、ミスター・スペード。あっちこっちで転ぶような危ない目に遭うわけにはいかないんですよ。これ以上、幽霊屋敷で暮らすような危険は冒すわけにはいきません。出ていかなくては、ミスター・スペード！　幽霊たちには、いじめるんだったら誰か別の人にしてもらわないと。まったく！」

これを聞くと、ほかの間借り人たちもみな同意した。「そのとおり」と一人が叫ぶ。「そうだ、これではたまらない」と別の一人がつけ加えた。「私たちは何一つ悪いことをしていないのに」と誰かが苦情を言った。「それならどうして、こんなことを我慢しなければいけないんです？」「この家には幽霊たちが取り憑いている」と、誰かが繰り返して強調した。すると、残りの人々もそれに倣った。「幽霊が取り憑いている」「取り憑いている」「幽霊だらけだ」

だいぶややこしくなってきたので、私はちょっと失礼して、玄関先のポーチに出た。そこで頼りになる黒いノートを取り出すと、覚えていたことを書き留めた。この家では、やたらに大げさな発言が飛び交っていた。幽霊だの、取り憑いているだの、邪悪だのといった、怒りに満ちた言葉が。だから私は、そこから事実を抜き出そうとした。実際には、どんな悪いことが起こったのか？

私のメモは、以下のようになった。

カールソン
　グラスが割れる
　ワインボトルが割れる
　床に紫色の染み
　手を切る

ティーナ
　やかましいノック

階段から落ちる
手首を骨折
無礼な配達人
意地悪な笑い声が聞こえる
配達人が悪霊に取り憑かれているように見える
奇妙なきしみ音

コンダー
足が滑る
足首を捻挫
酸っぱい牛乳
ズボンが裂ける
ふくらはぎの出血
しつこい咳

ミセス・スチュアート
杖がすっ飛ぶ

私はこのリストを何度か注意深く読み、考えはじめた。この好ましくない経験はみな、何を意味するのか？　この家はほんとうに幽霊屋敷なのか？　それとも、ただ、ランダムなひどい運を経験しているだけなのか？　はたまた、ほかの要因が働いているのか？　家の中では、マギーと間借り人たちが全員興奮状態にあり、正の強化式の機械バネのように、恐れをかき立て合っていた。何か良い手を思いつかないといけない。それも、すぐに。

まず頭に浮かんだのは、リストの項目のいくつかが「よく組み合わさる事実」で、一つにまとめられるということだ。たしかにカールソンは手を切ったけれど、それはワイングラスが手の中で割れたからにすぎない。そして、たしかに床の紫色の染みを目にしたけれど、それはワインボトルを割って、中身をこぼしたからにすぎない。まだある。ティーナが聞いたやかましいノックと、癪(しゃく)に障る、人を馬鹿にした笑いと、配達人は悪霊に取り憑かれているという印象は、どれも配達人の無礼さが直接引き起こしたものだ。また、手首を骨折したのは、階段から落ちた直接の結果だ。同様に、コンダーの捻挫は、彼が足を滑らせた結果で、ズボンが裂け、ふくらはぎから出血したのは、ともに同じ釘が刺さったからだ。

こうして項目をまとめると、次のようなリストができ上がった。

カールソン
　グラスが割れる（それで手を切る）
　ワインボトルが割れる（それで床に染みができる）

ティーナ
無礼な配達人（やかましくノックし、意地悪に笑う）
階段から落ちる（それで手首を骨折）
奇妙なきしみ音

コンダー
足が滑る（それで足首を捻挫）
酸っぱい牛乳
釘が刺さる（それでズボンが裂け、ふくらはぎから出血）
しつこい咳

ミセス・スチュアート
杖がすっ飛ぶ

まだだいぶあるから、問題なしとしてあっさり片づけるわけにはいかなかったけれど、できることは依然として残っていた。カールソンは、グラスを割って手を切ったすぐ後にワインボトルを割った。そして、この二つの事故は両方とも、アリアニコで一攫千金（いっかくせんきん）という計画で興奮しきっていたときに起こった。そういう心理状態のときに、物を壊してもあまり意外ではない。私は、あの晩のワインにまつわるカールソンの不手際には、これ以上注意を払わないことにした。

同様に、コンダーに釘が刺さったのも、あれほど暗くて散らかった地下室では意外ではない。それに、咳が出たのもおそらく、あの石膏ボードがむき出しの地下室でバスケットボールをドリブルしているときに、汚い湿った空気をたっぷり吸い込んだ直接の結果だろう。どちらについても、地下室の状態を「それ以外の原因」と考えれば、完全に理にかなっている。だから、彼のこうした災難は、地下室についての明白な警告にはなっていても、それ以外の問題とは関係ない。だから、これから先の分析には含めないことにした。

ああ、それからティーナの聞いた奇妙なきしみ音は？　これも、驚くほどのことではない。古い家はたいてい、徹底的にリフォームした後でさえ、ところどころ床板がきしむものだ。それに、彼女の部屋はミセス・スチュアートの部屋の真下にある。あの老婦人は、晩には疲れてしまうと言っていた。もしミセス・スチュアートが早起きで、少しでも歩きまわるとすれば、まあ、それでたちまち、きしみ音も説明がつく。だから、これもリストから外そう。

あといくつかの項目も同じように無視できる。無礼な配達人にときどき出くわしたことのない人などいるだろうか？　ヴィーガンの人ならなおさらだ！　無礼な人はどこにでもいるものだから、何の証拠にもならない。コンダーの酸っぱい牛乳は、まあ、彼はスポーツに熱中している忘れっぽい大学生だから、リーマン予想を証明しようとする人が出てくることよりも、彼の牛乳が酸っぱくなることのほうが多いだろう。賭けてもいい。そこで私は、これもさっさとリストから消去した。

最後に残ったのは、以下のとおり。

ティーナ
　階段から落ちる（それで手首を骨折）

コンダー
　足が滑る（それで足首を捻挫）

ミセス・スチュアート
　杖がすっ飛ぶ

パターンがはっきりしてきた。いったん無関係な項目を取り除いてしまったら、残ったのは三つの物理的な事故だけだ。そして、どれもが何かの形で滑るか転ぶかに関連している。偶然の一致だろうか？　そうかもしれない。けれど、そこには何かがあって、説明が見つかるのを待っているかもしれない。

私はさらに考えてみた。この三つの出来事は、どこで起こったのか？　ティーナは二階に住んでいて、階段を下りはじめたちょうどそのときに転んだと言っていた。だから、一階と二階のあいだの階段のいちばん上にいたに違いない。

ではコンダーは？　彼は三階に住んでいる。玄関のドアまで行くとき、半分ぐらいのところで足が滑ったと言っていた。では、三階のベッドルームから玄関のドアまでで半分ぐらいのところとはどこか？　それは、まあ、二階のどこかだろう。これは面白い。

それからミセス・スチュアートだ。家に戻ってきて、部屋に入ったときに事故が起こった。いや、入ったときではなくて……部屋に「上がって」いくときだと言っていた。だから、階段をいくらか上がってから、杖が滑ったに違いない。けれど、どこまで上がったときだろう？　確かめなくては。

私は大きな音を立てながら、玄関のドアを通って中に入った。間借り人とマギーはあれこれ話し合いながら、自分たちに共通の不運にいよいよ腹を立てていた。彼らは振り向いて私を見たけれど、この世のものではない彼らの悪霊たちに私が何かできるだろうと、楽観している様子はなかった。

私はずばり訊いた。「ミセス・スチュアート！」。私の声があまりに大きかったので、彼女は飛び上がった。「杖が滑ったとき、あなたはどの階にいましたか？」

ミセス・スチュアートは落ち着きを取り戻して考えた。「えーと」と彼女は口を開いた。「上着を脱いで、ゆっくり階段を上がりはじめて……」。そして、しばらく考えてから続けた。「たぶん、二階まで上りきっていたと思います、ほとんど、なぜなら――」

「やっぱり！」。ミセス・スチュアートが言いおえるのも待てずに私は叫んだ。「では、事故は三つとも一つめの階段のいちばん上あたりで起こったんだ！」

私は勝ち誇ったように言ったのに、期待していたような効果はなかった。それどころか、誰もが異議を唱えはじめた。

「事故じゃありません。邪悪な幽霊たちの仕業です！」

「三つの事故？　いや、三つどころじゃありませんよ！」

「家全体に幽霊が取り憑いているんです、一か所だけじゃなくて！」

　私はそれをいっさい無視して説明を続けた。「そして、最初の階段のいちばん上には何があるでしょう？　それは、虹色の床です。違う材料と違うペンキと違う仕上げでできた違う色の。そして、そのうちの一つが」と私は有罪判決を下した。「背理法よりも捉えどころがなくて滑りやすいんです」

　みんなはしばらく、私のたとえにとまどっていたけれど、すぐに肝心の問題に戻った。「滑りやすい？　それはどういうことですか？」とマギーが語気鋭く尋ねた。「何のために、あなたにお金を払っているると思っているんですか？　いいですか、私は去年、大枚をはたいてリフォームしたんですよ。そこに手抜かりがあるはずがない！」

「見てみましょう」と私は答え、すぐ近くの階段を駆け上がった。上まで来ると、問題の床に踏み込むかわりに、腰をかがめて指で撫ではじめた。鮮やかな黄色の部分はしっかりしている。鈍い赤の部分もやはり問題ない。ところが、斜めに走っている深いオレンジ色の小さな細長い部分は、妙に滑らかで、そこには何一つぴたりととどまりそうにない。足でも、靴でも、杖でも。

「これだったんです！」と、私はそのオレンジ色の部分をマギーに示しながら断言した。彼は疑っているようだったけれど、自分も触ってみて、思っていたよりもずっと滑りやすいことを認めた。

「何があったかというと」と私は説明した。「サラダを受け取るためだろうと、フットボールの練習に行くためだろうと、楽しいブリッジのゲームから部屋に戻るためだろうと、ここを通りかかった間借り人は、ときおりこのオレンジ色の部分にたまたま全体重をかけていたんです。ただ、運が悪かっただけですよ」と、私はウインクしながら続けた。「そして、体重をかけた途端、踏ん張りがまったく効かなくなって、それが原因で滑ったり、捻挫したり、倒れたりしたんです。そして、それこそがみなさんの問題の原因なのです」

「私の場合は違います」とカールソンが異議を唱えた。「グラスとボトルが割れて手を切ったとき、そのオレンジ色の床のそばにさえいなかったんですから」

「そう、あなたの場合は違います」と、私は認めた。「あなたの災難の一部は、不運のせいです。興奮したワイン投資家が少しばかり強くこすりすぎたり、ヴィーガンの配達人の機嫌が悪かったり。そして、ほかのいくつかは地下室の問題が引き起こしたものです。これはすぐに解決しないと」と、私はつけ加え、マギーをにらみつけた。「しかし、ほんとうに驚くべきなのは、偶然だけによっては起こりえない出来事で、それはオレンジ色の捉えどころのない滑りやすさの物語の中に包み込まれていたんです」

カールソンは感心した様子は見せなかったけれど、マギーはもう、がらっと態度を変えていた。「あなたは天才だ、スペード」といって、私の手を握った。「このオレンジ色のところを、もっとざらざらした仕上げにして、滑りにくくさせます。そうすれば、みんなそろって前の幸せな日々に戻れます。わかっていましたよ、確率探偵こそが私たちの幸せのカギだって」

しばらくして、マギーは相変わらず喜びに包まれたまま、また私を見て認めた。「そうそう、地下室も直さないといけませんね」

長かったけれど満足のいく一日を終えて、その晩家に戻ると、ドリスがちょうど、幼い愛娘（まなむすめ）を寝かしつけているところだった。「どうでした？」とドリスは訊いた。

「うまくいったよ」と私は笑顔で答えた。「こう言って間違いないだろう。運のロジックを使って、幽霊屋敷事件はすっかり解決することができた」

そのとき、デニースが小さな頭を枕から持ち上げ、おかしな表情を顔に浮かべながら私のほうを向いた。「馬鹿なことを言わないで、パパ」と彼女はかわいらしい鼻をひくひくさせながらおかしそうに笑った。「みんな知っているでしょう。幽霊屋敷なんてないんだから！」

第一一章　運に守られて

私たちの世界は危険に満ちている。いつ犯罪者に金品を奪われてもおかしくない。テロリストが爆弾を炸裂させるかもしれない。乗っている飛行機が墜落するかもしれない。子供が誘拐されるかもしれない。じつに多くの悪いことが起こり、ひどい結果になりかねない。それに対して、私たちにはいったい何ができるのか？

まあ、ある程度まで、用心することはできる。ドアに鍵をかけ、暗い裏通りは避け、戦場には近づかず、子供からは目を離さないことは可能だ。それでも、こうした手立てで自分たちを守ろうとしても限度がある。幸い、トラブルを避けるには別の方法もある。運だ。

満ちあふれる正直さ

映画『ナショナル・ランプーンズ・ヨーロピアン・ヴァケーション』で、チェヴィー・チェイスはビデオカメラを通りがかりの人に渡し、パリの噴水のかたわらで家族との一シーンを撮ってくれるように頼む。するとその男は、靴を脱いで噴水の中に入ったらどうかと言うので、一家は勇んでそうする。あいにく、それは策略で、男はカメラを持ち逃げしてしまう（そして、これはチェヴィー・チェイスの映画だから、盗まれたカメラに写っていた彼の妻のひとコマが、ローマの屋外広告板に登場することになる……けれど、そんなことはどうでもいい）。ああ、なんという不運、と私たちは思う。

とはいえ、私に言わせれば、この場面は非現実的だ！　一家はその男に、カメラで撮ってくれるように頼んだ。その場合、その男がじつは不正直だったなどということになる可能性は極端に低い——少なくとも、現実の世界では。それはなぜか？　理由は単純だ。ほとんどの人はたいていのとき、おおむね正直だからだ。もしあなたが誰かをランダムに選んだら、あなたはたいてい運に恵まれ、その人は正直で、泥棒ではなく、何一つ盗むことなくあなたのものを守ってくれるだろう。

一方、もしあの男が一家のカメラで撮影してあげようと持ちかけたのだったら、あの場面にはもっと納得がいっただろう。その場合には、男はたまたま通りかかった正直で親切な人かもしれない。けれど、盗みを働こうとしている泥棒だったとしても、少しもおかしくない。

これは、「バイアスのかかった観察」という運の罠がかかわる状況だ。いたるところにいるあらゆる人のうちには、泥棒はほんのわずかしかいない。けれど、撮影してあげましょうと持ちかける人が泥棒である可能性は、それよりもずっと高い。それはなぜか？　手助けを申し出るような人は、泥棒か、ずばぬけて親切で外向的な人だからだ。人々の、このはるかに小さいサンプルには、泥棒のほとんどが含まれているけれど、正直な市民全員のうちのごく一部しか含まれていない。だから、この小さなサンプルでは、泥棒の割合がずっと大きくなる。[注1]もし誰かに、あなたの持ち物を見ていてあげましょうと言われたら、その人は親切で外向的な人かもしれないものの、泥棒である可能性もあり、あなたは前者だけにしか出会わないほど運が良くはないかもしれない。

だから、先ほどの映画では、一家がたまたまあの男を選ぶかわりに、撮影してあげましょうと男に持ちかけさせるように、単純な編集を行なったほうが、あの場面ははるかにもっともらしいものになっていただろう。ここからは、二つの教訓が得られる。まず、ランダムな運を使えば、正直な人を見つけて泥棒を避ける助けになる。そして次に、ハリウッドの映画製作者はいつも、脚本コンサルタントとして統計学者を雇うべきだ。

この問題は、映画だけで起こるわけではない。あるトラベルライターは、『ナショナルジオグラフィック』誌に、独り旅の面倒について書いている。「たとえば、旅の道連れに見ていてもらえないので、空港でトイレに行くときにも荷物を全部運び込まなければならない」[注2]。けれど、このライターはあわてて結論を下しすぎたのかもしれない。もし誰かに荷物を見ていてあげましょうと言われたら、ほんとうに疑ってかかるべきだ。相手は泥棒で、良からぬ動機から申し出てきたかもしれない。けれど、自分でランダムに誰かを選んで荷物を見ていてもらうことにしたら、ほぼ確実に、運良く正直な人を見つけて頼むことができるだろう。

もっとも私は、これについて実際の保証や約束をしているわけではない。それどころか、もしこの本の読者全員が空港で見知らぬ人に荷物を見ていてもらったり、通りがかりの人に高価なカメラを手渡したりしたら、どのみち誰かがどこかで厄介な目に遭う可能性は十分ある。そして、私は、どれほどロジカルで幸運な推論をしたとしても、あなたが厄介な目に遭ったら、その責任はとれない（この一文は、私の弁護士たちに書き加えさせられた。いや、もし私に弁護士がいたら、そうさせられていただろう）。

失われた無邪気さ

私たちは、殺人について耳にしたときほど、うろたえることはない。人殺し、それもとりわけ身の毛もよだつようなものやぞっとするようなものはとくに、ニュースの冒頭で取り上げられ、しきりに話題にされる。そんな形で愛する人を失った人の痛みは、想像さえできない。

多くの恐ろしい殺人事件の犠牲者のあいだに、真実があるように見える。たとえば、二〇一七年、ドナルド・トランプ大統領は保安官の一団に、「我が国における殺人発生率は、過去四七年間で最高だ」[注3]と述べた。これは、自国の「犯罪とギャングとドラッグがあまりに多くの命を奪い取り」、「アメリカにおける殺戮（さつりく）」[注4]を引き起こしているという、大統領就任演説のときの発言と一貫している。

この大統領の主張には、一つだけ問題がある。それは何か？　この主張は完全に間違っているのだ。じつは、二〇一六年にはアメリカでは一〇万人当たり五・三件の割合で殺人があった。二〇〇九年から二〇一五年までの七年は、四・四件から五・〇件のあいだで推移していたので、若干増えたことになる。とはいえそれは、一九六六年から二〇〇八年までのどの年よりも少ない。その四三年間は、五・六件から始まって一〇・二件でピークに達し（一九八〇年）、その後は五・四件まで減っている。[注5]だから、もしトランプがネガティブな発言をしたかったのなら、二〇一六年の割合は過去八年間で最高（かろうじてだが）だと言っていればよかった。それなら正しかったから。あるいは、もう少しバランスのとれた発言をしたければ、二〇一六年は過去五一年間で八番めに低かったと言うことができた。けれど、こうした本当の主張のどちらも、彼がかわりにした偽りの主張ほど心に訴えなかっただろう。

私は犯罪の発生率の誇張については、直接の経験がある。頻繁にニュースの解説を頼まれていた頃、私の住む町（たいていはとても安全だ）で、殺人事件が急増した。その時期は、たちまち「銃の夏」というレッテルを貼られた。[注6]ある刑事は、町が「無邪気さを失った」と言いきり、[注7]ある新聞のコラムニストは、「人々は出勤の途中で警察の立ち入り禁止テープや銃弾を何発も受けた死体につまずいてばかりいる」と書いた。[注8]ほんとうに恐ろしい時期だった。

では、これについてのマスメディアの問い合わせに、私はどう対処したか？　実際の数字を見てみた！　前の年と比べて、殺人事件の件数はたしかに増えていた。けれど、どれだけ？　調べると、二五パーセントで、一〇万人当たりの割合では二・六件から三・二件に上がっていた。[注9]これは重大で、見過ごすわけにはいかないし、もちろん、それぞれの犠牲者と遺族には、なんとも悲劇的だった。けれど、それはマスメディアが与えていた印象ほどの大幅な増加ではなかった。この新しい割合は、一九九一年に記録された三・九件という割合[注10]より、依然としてずっと低かったし、アメリカのたいていの都市や、ほかの多くのカナダの都市で見られる割合には及びもつかなかった。そのうえ、その年、私の町の殺人事件の発生率はカナダの全国平均よりも低いことがわかり、それがとどめとなった。殺人事件が急増したとされたその年でさえ、ランダムに誰かを選んだら、私の町の中のほうが外よりも、その人にとって安全だったのだ。それなのに、警察やマスメディアが与えた印象はそうではなかったことは言うまでもない。

（これと少しばかり似ているのだけれど、二〇〇一年にアメリカは「サメの夏」についてのマスメディアのおおげさな報道に右往左往していた。三人のアメリカ人が続けざまにサメに襲われて亡くなり、映画『ジョーズ』の封切以来の、サメへの恐れの高まりにつながったのだ。実際には、全世界でのサメによる襲撃とその死者の数は、二〇〇〇年よりも少なかったというのに）

けれど運は、殺人のような重大な災難から私たちをほんとうに守ることができるのか？　できる。ある意味では。一〇万人当たり五・三件という殺人の発生率は、約一万九〇〇〇人当たり一人の割合だ。だから、一万九〇〇〇人の人をランダムに選んでくれれば、そのうち一万八九九九人は、その年、殺人の犠牲者にはならない。これはずいぶん高い可能性だ（対照的に、殺人よりも自動車事故で亡くなるアメリカ人のほうが二倍以上いるのに、トランプ大統領は、今のところそれを「殺戮」とは呼んでいない）。つまり、特別用心しなくても、あなたやあなたの愛する人々は、依然としておそらく十分運が良いので、殺害されないで済む。もちろん、これで個々の殺人の悲劇性が少しでも軽くなるわけではない。けれど、自分が置かれた状況に対する一つの視点が得られ、運そのものがかなり優れた保護を提供してくれていることがわかる。

ああ、それから、その後の年月には私の町の犯罪に対する恐れはどうなったか？　じつは、殺人の件数は翌年、一二・五パーセント減り、それ以来ずっと、低いままだ。[注16]だから、あの殺人の急増は、新しい傾向の始まりではなく、ただのひどい不運にすぎなかったらしい。そして、もし町があの年に「無邪気さを失った」としたら、それからの年月に、その無邪気さを取り戻しただろうか？　それはなんとも言い難い。マスメディアの「バイアスのかかった観察」のせいで、それについての新聞記事は事実上皆無だったからだ。

ラッキーな自転車

天気がまずまずだと、私はよく自転車で町を走り回る。会合に出かけたり、人を訪ねたり、運動をしたり、美しい湖岸の光景を楽しんだりする。途中で自転車を止め、建物に入ったり、散歩をしたり、買い物をしたりすることもある。ところで、私の町はたいてい安全だけれど、自転車泥棒は多い。[注17]だから、自転車を止めるときには、いつも用心のために看板や輪っかや柱にチェーンでつなぎ、泥棒に持ち去られないようにする。

いや、いつも必ず、というわけではない。チェーンでロックしたり、それを外したりするのは、少し面倒だ。たとえば飲み物を買ったり、ＡＴＭからお金を引き出したりするために、店や建物に束の間入るとき、運が良いと感じていると、ロックしないで歩道に自転車を置き去りにすることもある。

私は向こう見ずなことをしているのだろうか？　そうかもしれない。なにしろ、ロックしていない自転車なら、泥棒は一瞬で飛び乗って走り去ることができるから。少しでも背を向けていれば、私が気づきもしないうちに、自転車とともに消えてしまうことさえ可能だろう。そうなったら、追いかけようもないので、自転車は二度と戻ってこないだろう。

とはいえ、私がわずか一分だけ離れているあいだに、その自転車を泥棒にたまたま見つけられてしまったとしたら、それはほんとうに運が悪い。なにしろ、私が自転車を離れるときには、たいていあまり多くの人は周りにいないから。そして、もう知ってのとおり、たいていの人は正直で、盗みを働いたりしない。そのうえ、私の自転車はやたらに高価なものではないから、ほんとうに世慣れた自転車泥棒なら、わざわざ私をつけ回して、隙を窺ったりはしないはずだ。では、私がロックしないで自転車を離れたときに、たまたま泥棒が通りかかる可能性はどれだけあるのか？　ほとんどない！

もちろん、私が自転車を放置する時間が長いほど、泥棒が通りかかる可能性は高まる。時間が長ければ、一種の「特大の的」を提供することになるからだ。それに、私が自転車を放置する回数が多いほど、リスクが増す。「下手な鉄砲も……」の効果で、泥棒は盗む機会が増えるからだ。だから私は、一度にほんのわずかな時間だけ、ごく稀にしか自転車を放置しないようにしている。そして、これまでのところ、戻ってきたときにはいつも自転車はそこで待ってくれている。

さて、私は自分の習慣について書くことで、新しいリスクを生み出している。もしこの本が大人気になったら、いたるところの自転車泥棒が、私の危ないやり方に注目するかもしれない。彼らは私の動きをもっと注意深く調べ、つけ込む機会を探しはじめかねない。そうする泥棒が増えるほど、私の自転車は大きな危険にさらされる。「大勢の人」が盗もうとするからだ。その場合、もし私がこれまでどおりの行動を続ければ、いつか必ず自転車を盗まれるだろう。

その一方で、もしこの筋書きが現実になれば、そのときは私は良い自転車を間違いなく新たに買うことができる。本の印税がたっぷり転がり込んできているはずだから。

ありそうもないことを称えよ

宝くじでジャックポットを勝ち取ることなど、どれほどありそうにないかを人に伝えるのは、ちっとも面白くない。大当たりを願って、大金についてあれこれ夢見て、何に使おうかと考え、抽選の日が近づくにつれて、興奮してくる人々がいる。そこへ私がやって来て、当たる確率が極端に低いことを指摘して、楽しみに水を差すわけだから。

それでも、私の視点には良いところもある。悪いことのうちにも、やはりとてもありそうにないことがたくさんあるからだ。それは良いことではないか！

飛行機を例に取ろう。私は以前、飛行機に乗るとき多少不安になった。気流の乱れがあるたびに、肘掛けをぎゅっと握り、窓の外を見て、まだ翼がついているかどうか確かめたものだ。けれど、もうそんなことはない。それはなぜか？　確率のおかげだ！

毎年、ごく一部の飛行機が墜落することは確かだ。[注18] 悲惨な事故になり、多くの人が亡くなることもありうる。そんなときは、たいてい大きな見出しがつき、ニュースでしきりに報じられ、多くの人が心配する。とはいえ、アメリカだけでも毎年のべ一〇億人近くが飛行機に乗る。[注19]そして、そのほぼ全員が、たいした問題もなく無事に目的地に着く。実際、民間のフライトでは、死亡事故は五〇〇万回に一回しか起こらないと推定されている。[注20]そして、どの便に乗っていても、亡くなる確率は三〇〇〇万分の一ほどでしかない。[注21]乗客にとっては、とてもありがたい確率だ。

要するに、次に飛行機に乗ったときには運良く生き延びることはほぼ間違いなく、心配する理由はない（心配したければ、到着の遅れを心配すればいい。五回に一回以上の割合で遅れるから[注22]）。

住宅への侵入や子供の誘拐、突然の爆発、テロ攻撃など、恐ろしい見出しになる事件についても、同じことが言える。どれもひどい悲劇だ。けれど、なぜそれがニュースになるかと言えば、ほんとうに稀だからにほかならない。そのような悲惨な出来事の犠牲になりえた無数の人のうち、実際にそこまで不運な目に遭う人はほんのわずかしかいない。残りの人は、運良く安全無事に日々の暮らしを送り続ける。ありそうもないことというのは、私たちの味方なのだ。

この本を書いているときに、ハイキング仲間に、美しいロッキー山脈でハイキングするのを断られたと友人がぼやいているのを耳にした。なぜ断られたのか？　クマに襲われるのが怖かったからだという！　クマによる襲撃はきわめて稀なので、ほんとうは心配する価値がないのに、とその友人は言っていた。そのとおりだ。[注23]あの無敵のハイイログマでさえ、運の力にはかなわないだろう。

核のニアミス

　私たちの世界には現在一万を超える核兵器があり、かつては六万四〇〇〇以上あった[注24]――知られているかぎりだけでも。そのどれもが、とても恐ろしい。けれど、一九六一年には、二発の核弾頭がそのなかでも最も恐ろしいものになりかけた。この二発のせいで、何百万もの命が奪われることもありえた。そしてそれらの命がかろうじて救われたのは、そう、幸運のおかげにほかならない。

　一九六一年一月二四日火曜日。ノースカロライナ州東部のゴールズバラ近くを飛んでいた一機のB52爆撃機が、右の翼から燃料漏れを起こし、不安定になった。機は空中分解して墜落したけれど、搭乗員は無事脱出した。一つだけ問題があった。この爆撃機は、二発の核爆弾を搭載しており、そのそれぞれが数メガトン級の爆発力を持っていた。これは、一九四五年に広島と長崎であれほど多くの人命を奪った爆弾の何百倍もの威力だ。[注25]

　爆弾の一発は、パラシュートで落下し、野原に生えた木に引っかかっているところを発見された。[注26]間一髪で爆発するところだった。六つの安全用の連動装置のうち、五つまでもが解除されていた証拠を目にしたと、二人の専門家が主張しており[注27]（じつは、四つの連動装置のうちの三つだったと言う人もいる）[注28]、残るわずか一つの装置が爆発を防いだのだった。もう一発はパラシュートなしで地面に落ち、のちに、ぬかるんだ、泥沼のような状態の土の中でばらばらになっているところを発見された。[注29]回収チームの一人は、爆弾の七つの起爆ステップのうち、六つまでがすでに起こっていたと回想している。[注30]詳細の一部は今なおあやふやなままだけれど、それらの説明に強く異を唱えるある核兵器管理者さえもが、最近になって機密扱いを解かれた一九六九年の覚書の中で、「単純なダイナモ技術の低電圧スイッチが、合衆国と一大惨事とのあいだに立ちはだかった」と明言している。[注31]

要するに、爆弾は二発とも、もう少しで起爆し、大爆発を起こして死の灰を降らせ、何百万もの人の命を奪うところだったのだ。[注32] もしどちらかの爆弾が起爆していたら、外国による攻撃だと誤解され、本格的な核戦争を引き起こしていたかもしれない。どちらの爆弾も、おそらく安全装置のほとんどが無効になっており、想像を絶する規模の爆発を生み出す一歩手前まで行っていた。

では、そのどこに運が入り込む余地があるのか？　それはまあ、どちらの核爆弾も起爆のためにはいくつもの手順を踏まなければならなかったのは幸運だった。不運にも、そのうちの多くが起こってしまったとはいえ、それでも全部が起こる可能性は依然として低かった。その一方で、グローバルに考えてみると、地球上には何千何万発も核爆弾があるのだから、「下手な鉄砲も……」の効果で、この種の核の事故が起こる機会は多く、いつかそのような事故が起こる可能性は増す。これではろくに安心できない。

けっきょく、一九六一年のあの運命の日に、あの爆弾が両方とも起爆しなかったのは、ほんとうに、ほんとうに、運が良かっただけにすぎないのだろう。

安心させてくれる運？

運が私たちを守ってくれていることや、犯罪の発生率は、世間で言われているよりも低い場合が多いことについて私が書いたり話したりしても、誰もが喜んでくれるわけではない。たとえば、ある批評家は次のように書いている。「マスメディアは犯罪の発生率が急上昇していると頻繁に声を上げるものの、［ローゼンタールは］冷静に数字を眺めながら、それが間違いであることを指摘する。だが、数字のところで歯切れが悪くなる。なぜなら、定量分析は冷たいという印象を与え、犠牲者の家族にはほとんど慰めにならないからだ[注33]」

これを読んだ私は、「歯切れが悪くなる」という言葉に、当然、気分が良くなかった。とはいえ、それより重要なのだけれど、この種の批評のせいで、私は「冷たい」分析や犠牲者の「慰めになる」といった点について、考えざるをえなくなった。人を慰めるのが定量分析の役割なのだろうか？　もしそうなら、どうすれば慰められるのか？

ある意味では、その批評家のコメントは馬鹿げて見える。もちろんどんな統計も、重罪の被害者の家族をほんとうに慰めることなどとうていできない。たとえば、誰かの子供が殺害されたなら、統計分析は遺族にとっていったい何の助けになりうるというのか？　犯罪の発生率が一般に下がっていることを指摘しようが[注34]、じつは上がっているという誤った主張をしようが、その子供が亡くなったことに変わりはない。しいて言えば、定量分析によって犠牲者への敬意を示す最善の方法は、正確かつ正直に事実を報告することに違いない。私たちにほんとうに達成することが望めるのは、せいぜいそれぐらいだろう。

けれど、そのコメントにはうなずけるところもある。重大な犯罪や命にかかわる事故、テロ攻撃、破壊的な戦争などを通して、運が深刻なまでにネガティブな形で襲いかかってくると、きちんと手順を踏んで行なう分析では不十分なのかもしれない。安心させたり慰めたりする方法を探すことが、ほんとうに大切なのかもしれない。けれど、どうやって？

意外な献辞

私は確率やランダム性についての講演をしているおかげで、これまでさまざまな人に出会い、彼らの視点を知ることができた。そのなかでも、とりわけ印象に残っている出会いが一つある。

あるとき私は、高校の体育館で開かれた科学教育支援の催しで八〇〇人近い聴衆を前に、一般向けの講演をした。[注35] 世論調査や宝くじ、殺人の発生率、カジノの利益、ゲーム戦略、偶然の一致などの背後にある確率を取り上げた。講演の後、ロビーに案内され、私の本の愛読者たちに会って、ランダム性について束の間、言葉を交わした。それから、主催者が、この催しの常連だという、いかにも優しそうな高齢の夫婦を紹介してくれた。

ここまでは、何の問題もなかった。ところが、それから思いがけない展開になった。主催者の説明によると、この夫婦は、最近癌で息子を亡くしたという。これは想像を絶するほど悲劇的な状況だ。

それにもかかわらず、その夫婦はすぐに言い添えた。息子は最後の日々に、なんと、よりによって確率に関する私の著述を読んで、おおいに慰められていました、と！　読むことで、自分の癌が、その、ランダムだとわかったのだそうだ。それは、罰ではなかった。彼の過失ではなかった。彼がしたことや、しなかったことのせいではなかった。彼が悪い人間だったからでも、死んで当然だったからでもなかった。そうではなくて、ただのランダムな（そして、とても、とても悪い）運にすぎなかった。

私はこれを聞いて、たまげてしまった。亡くしたばかりの子供について、親にどう話していいのか見当もつかなかった。確率の考察が彼らの役に立つとは、思ってもみなかった。それなのに、現に役に立ったのだ。ランダム性が、ずっと彼らの味方だったとは。運について考えることで、この一家は信じ難いほどつらい時期をどうにか乗り切ることができたのだ。驚いた！

私はこの夫婦に、息子のために本に献辞を書いてくれるようにとさえ頼まれた。こんなことは初めてだったし、その後もない。私はぎこちない思いで、彼の感動的な話と勇気に感謝する、短い言葉をしたためた。私は死後の生を信じてはいないけれど、この不運な若者と彼の体験に、不思議で特別なつながりをたしかに感じた。彼の記憶と勇気が永遠に生き続けますように。

私はこの話のおかげで、運はさらに別の形でも私たちを守れることに気づいた。つまり、何かが私たちの過失ではないとき、そうと気づく助けとなりうるのだ。私たちは、自分の不運には特別な意味がないと悟ることができれば、その不運について自分を責めるのをやめられるかもしれない。好ましくない状況のもたらすものに取り組まなくてはならないことに変わりはないとはいえ、少なくとも、過失を問われることはないから。

私はまた、「静穏の祈り」と、その運バージョンが頭に浮かんだ。「自分にはコントロールできない運を受け入れよ」。まさにそのとおりだ。あるいは、受け入れないにしても、せめて、ありのままに認めよう。それは、冷たく、馬鹿げていて、無意味で、無慈悲な、ただの運なのだ、と。

第一二章　統計学の運

私は、データを分析する科学である統計学の教授だ。私にとっては幸運にも、データ分析というテーマは、今ではかつてないほど重要だ。現代のコンピューター時代には、金融取引からインターネット利用や医療、人口動態の傾向といったものまで、とても多くの事柄でますます多くのデータが手に入る。だから二〇一七年に、統計学者の仕事が、CareerCastというウェブサイトであらゆる職業のうちで第一位にランクされ[注1]、『USニューズ&ワールド・レポート』誌で最高の企業職とされた[注2]のかもしれない。医療研究から金融、ソフトウェア開発、市場分析、コンピューター・イノベーションまで、じつに多くの分野の会社が、「データ・サイエンティスト」を探し求めている。データ・サイエンティストとは、統計学を理解し、さまざまな種類のデータに応用できる人だ。そして、それらの会社はいつも、統計学を専攻する学生のうちでも最も優れた人を雇おうとしている。

統計学は、何世紀にもわたって人命を救ってきた。ごく初期の一例は、フローレンス・ナイチンゲールだ。一九世紀なかばのクリミア戦争中、イギリス兵の死亡率が高いことを懸念した彼女は、二年をかけて、兵士の死因についての詳細な表で埋め尽くされた八三〇ページの報告書をまとめた。そして、前より簡単に理解できるように、データを図表形式で示す新しい方法を開発した。[注3]彼女の研究によって、兵士の死因の第一位が、敵の銃砲撃ではなく、軍の病院内の不衛生であることが明らかになった。衛生状態が悪かったために、腸チフスやコレラなど、防ぐことができる病気を招いていた。彼女の勧めでイギリス軍は衛生委員会を特設し、衛生状態の改善にあたらせ、その結果、死亡率は大幅に下がった。ナイチンゲールは、近代的な看護の創始者としてだけではなく、応用統計学界の屈指の草分けとしても、正しくその功績を認められている。彼女は一八五九年に王立統計学会の会員に選ばれた。女性としては初の快挙だった。

このように、統計学は素晴らしく、役に立ち、重要で、発展中の領域だ。ただし、一つだけ小さな問題がある。誰もが大嫌いなのだ。

私は大学時代の勉強と初期の研究では、数学を対象としていた。若い頃、何をしているのか訊かれると、数学者です、と答えていた。すると、いちばんよく返ってくるのが、「数学の授業は大嫌いでした」という言葉だった。だから、私は数学が大好きだとはいえ、誰もが同じように考えてくれているわけではないという現実に、渋々慣れていった。その後、キャリアを重ねるうちに、統計学科に所属し、研究の関心は少しずつ、統計にかかわる事柄に移っていった。この時点で、何をしているのか訊かれると、今度は、統計学者です、と答えるようになった。すると、いちばん一般的な反応は何だったか？　「統計の授業はほんとうに大嫌いでした」だった。そうなのだ。そんなことがありうるとは思えなかったけれど、ほとんどの人は、数学が大嫌いなばかりか、それに輪をかけて統計学が嫌いなのだ（ときどき、そういう答えの後に、「ああ、でもあなたが教えていてくれたら、きっと、統計学の授業をもっと好きになっていたでしょう」といったことをつけ加えてくれるときもあった。けれど、後からそんなことを言われても手遅れだし、埋め合わせにもならない）。

もし統計学が重要で、これほど良い職につながるのなら、なぜ誰もがこれほどまで嫌うのか？　まあ、統計学の授業が専門的になりすぎることが多いのも一因だろう。二項確率やF分布、カイ二乗検定、正規表、回帰係数、仮説検定などにかかわる難解な公式の泥沼にはまり込み、統計の重要性や意味が細部に紛（まぎ）れて見失われてしまうのだ。学生は木のせいで森が見えなくなり、この科目の価値をたいして感じられないまま、期末テストに受かるだけのテクニックを暗記しようと悪戦苦闘する。

けれど、それは残念な話だ。なぜなら、統計学は本来、たった一つの単純で直感的で重要な疑問、すなわち、それはただの運なのか、という疑問についての学問なのだから。

まぐれ当たり？

統計学のエッセンスは、たった一つの考え方に煎じ詰めることができる。たとえば、患者が何かの薬を服用した後に前より元気になったとか、世論調査によると、ある候補者が別の候補者よりも人気があるとかいった、何かしらの結果が出たときにはいつも、統計学は単純な疑問を一つ投げかける。それはほんとうに何かの結果なのか、それともただの運なのか？　つまり、そのデータは、薬を服用したとしなかったときの、ほんとうの違いや、二人の候補者の人気の、ほんとうの違いを示しているのか？　それとも、観察された違いは、ただのランダムな運で、何も意味していないのか？

言い換えれば、統計学の仕事は、「まぐれ当たり」という運の罠から私たちを守ることに尽きる。それは、応募者が射撃の名手のように見えるものの、じつは一度だけたまたまとても運が良かったにすぎないという罠だ。統計学では、データを分析して、どれがほんとうの結果を示していて、どれがただのまぐれ当たりなのかを判断する。

たとえば、ある病気の致死率が四〇パーセントだったとしよう。つまり、感染した患者一〇〇人につき四〇人が亡くなるということだ。やがて、ある製薬会社が、その致死率を下げるという新薬を発表する。効果を調べるために、その薬が患者一〇〇人に投与されたとしよう。もし、そのうち一二人しか亡くならなかったら、それは予想される四〇人に比べると大幅に少ないから、この試験からは、その薬がよく効くという証拠が得られる。一方、四〇人以上の患者が亡くなったら、その結果は、薬を服用しなかったときに見込まれる結果に優(まさ)るわけではないことは明らかなので、試験は失敗に終わる。

ところが、今度は三六人の患者が亡くなったとしよう。これは、薬を服用しなかったときに見込まれる四〇人の死者を少し下回る。けれど、ほんの少しだけだ。そんなとき、統計学者は問う。このわずかな減少は「有意」なのか、それとも、ただの運なのか？　つまり、その薬は実際のところ致死率を下げるのに貢献したのか、しなかったのか？　別の言い方をするなら、もしその後、もっとずっと多くの患者にその薬を投与したら、その四割未満の人しか亡くならないと、自信を持って言えるか？

それとも、その薬を服用してもしなくても、同じ数の人が亡くなる可能性のほうが高いか？

統計学者ならこの疑問をもっと正式に調べるために、p値（有意確率）を計算するだろう。この場合のp値は、薬にまったく効果がなかったときに、たんに運だけでそのような致死率の低下が起こったであろう確率だ。つまり、p値は、もし薬に何の効果もなく、したがってどの患者も亡くなる確率がまったく同じ四〇パーセントであるにもかかわらず、偶然、一〇〇人のうち三六人以下が亡くなる確率に等しい。すると、その確率はほぼ二四パーセントに達する。これは、四回に一回近くは、運だけによってそのような良い致死率を示す結果を達成する可能性があることを意味する。この可能性は十分高いので、たいていの統計学者なら、致死率の減少は有意ではなかったと言うだろう。一方、p値がはるかに低く、たとえば五パーセント未満だったり、一パーセントにさえ届かなかったりしたら、致死率の減少は統計的に有意とされるだろう。つまり、致死率の減少は、ただの運だけによって見込みうるよりも大きかったということだ（p値のほかにも、ベイズ推定など、ほかの統計的アプローチもあるけれど、どれもけっきょく、真の結果とランダムな運を区別することが目的だ）。

かいつまんで言うと、統計学とはそういうものだ。薬を投与したときの致死率の減少といった結果を観察し、それからその結果は本物か、それともただの運かを突き止めようとする。それなのに、いったいどうしてそれが大嫌いなどという人がいるのだろう？

p値のロマンス

私はときどき、学生たちとp値を使う。ある入門講座で、学生にアンケート調査をした。[注4] 項目の一つは、今恋人がいるかどうかだった。クラスの男子学生の三四パーセントが、はい、と答えた。けれど、女子学生で、はい、と答えたのは二八パーセントだけだった。ああ、これは男子のほうが女子よりもよく恋をすることを示している。

待った！　このアンケートに答えたのは新入生だけだった。だから、女子よりも男子のほうが恋愛をしている可能性が高いのは、一年生だけかもしれない（この差があるのは、パートナーがまだ高校にいたり、すでに大学を卒業していたりするからかもしれない）。あるいは、その結果は、もっと限られたもので、女子よりも多くデートするのは、統計学を専攻する一年生の男子学生だけかもしれない。たとえば、その多くが、文学専攻の女子学生とつき合っているとか。まあ、どうだかわからないけれど（私が学部生だった頃、文学専攻の女子学生が科学専攻の男子学生にそれほど興味を持っていたかどうか、覚えていないので）。

じつは、ほんとうの理由はそれよりもはるかに単純だった。学生アンケートの結果は、ただの運だったのだ。運の罠の観点に立つと、男子の恋愛率の高さは「まぐれ当たり」だった。ただのランダムな偶然のせいで、たまたまこのクラスでは、女子よりもわずかに多くの割合の男子が恋愛をしていた。別のクラスで調べたら、逆の割合になっていた可能性は十分ある。

なぜ私にそんなことがわかるのか？　それはまあ、p値を計算したからだ！　標準的な統計的検定を行なうと、p値は七四パーセントになった。[注5] これは、男子と女子のデートのパターンにほんとうは違いがなくても、私のクラスでの調査結果のような男女差が約七四パーセントの確率で起こりうることを意味する。この確率はあまりに高いので、アンケートの結果は、じつはほんとうの違いがあるという証明にはまったくなっていない。三四パーセントと二八パーセントという数値はかなり近く、サンプル（男子四一人、女子三九人）も小さかったので、アンケートの結果は統計的に有意ではなかった。現実には、一年生の男子と女子は同じようにデートをしていたり、じつは女子のほうが多くデートしていたりするかもしれない。この学生アンケートに基づいて、はっきりした結論を出すことはできないのだ。

まあ、少なくともロマンスについては。背の高さについてとなると、違った話が見えてきた。平均すると、私のクラスの男子学生のほうが女子学生よりも五インチ（約一二・七センチメートル）近く背が高かった。今度は、標準的な統計的検定を行なうと、*p*値はおよそ一二〇〇万分の一という、極端に小さな値になった。[注6] だからこの場合は、ただの運ではなかった。男子学生のほうが背が高いというのは、統計的に有意で、したがって、正真正銘の違いだったのだ。だから、（意外ではないにしても）平均すると大学の男子学生は女子学生よりも背が高いと、私は自信を持って結論できた。けれど、現実の世界でと同じで、ロマンスはもっと複雑な疑問だった。

医学研究での *p* 値

p値を使う統計的アプローチは、医学研究では日常的に使われ、大きな効果を上げている。[注7] 統計学を利用してランダムな運を真の事実と見分けて人間の健康への理解を深めるのを助ける研究はありふれているので、ありとあらゆる種類のものが簡単に見つかる。

二〇一六年に、なぜこれほど多くの子供が喘息(ぜんそく)やアレルギーに苦しんでいるのかを調べる研究が行なわれた。[注8] この研究は、インディアナ州のキリスト教アーミッシュ（アマン派）農業コミュニティの子供三〇人と、サウスダコタ州のキリスト教フッター派農業コミュニティの子供三〇人を比較した。二つのグループは、背景も生活様式もかなりよく似ていたのに、喘息については大きな違いが見られた。アーミッシュの子供は一人も喘息ではなかったのに対して、フッター派の子供のうち六人が喘息だった。この違いはとうてい見過ごせなかったので、研究者たちは原因を探った。そしてついに、アーミッシュ・コミュニティの家の埃(ほこり)には、はるかに高いレベルの内毒素（細菌などが死んだときに出る毒素）が含まれていることがわかった。家畜小屋が家の近くにあり、子供たちは小屋の中で動物のそばで遊ぶことを許されていたからだ。この埃の違いで、喘息の発生率の違いが説明できるのか？

研究者たちは、この仮説をマウスで試すことにした。それぞれ一二匹のマウスから成る二つのグループを用意し、まったく同じように扱ったものの、一方のグループだけには二、三日ごとにアーミッシュの家の埃の抽出物を与えた。そして三〇日後、喘息を引き起こす、免疫グロブリンEという抗体のレベルを測定した。抽出物を与えなかったグループの平均レベルは一四五八だった（「国際単位パー・ミリリットル」で測定）だったのに対して、与えたほうのグループは平均で八五九にしかならなかった。この違いのp値を計算すると、わずか三・一パーセントだったので、十分小さく、この違いは有意だった。つまり、おそらくただの運ではないということだ。アーミッシュの家の埃は、喘息を引き起こす抗体の数を現に減らしていたのだ（それにひきかえ、フッター派の家の埃には、そのような効果はなかった）。この研究結果は、権威ある『ニューイングランド・ジャーナル・オブ・メディシン』誌に掲載され、今後、喘息を減らすうえで大きな影響を与えるかもしれない。

別の例を挙げよう。二〇一六年のある研究は、皮膚炎用のデュピルマブという新薬の有効性を検査した。[注9]「SOLO1」という治験では、ランダムに選んだ二二四人の患者にプラシーボ（偽薬）を与えると、二三人（一〇・三パーセント）は症状が大幅に軽減した。別の二二四人の患者にはデュピルマブを隔週投与すると、八五人（三七・九パーセント）は症状が大幅に軽減した。第三のグループの二二三人の患者には、デュピルマブを毎週投与すると、八三人（三七・二パーセント）は症状が大幅に軽減した。では、この結果はどう解釈できるのか？

まあ、驚くまでもないが、「隔週」（三七・九パーセント）と「毎週」（三七・二パーセント）の違いはあまりに小さすぎて有意ではない。私の学生のロマンスについての差と同じだ。だから、薬を毎週投与するか、隔週投与するかには、違いがないように思える。けれど、治療グループとプラシーボグループとの違いはどうだろう？　治療グループの症状の改善は有意だったのか、それともただの運だったのか？　研究者たちは統計分析を行ない、この違いのp値は〇・〇〇一未満（一〇〇〇回に一回未満）と結論した。これは十分小さいので、結果はおそらくただの運ではなく、むしろ、薬を服用したおかげでほんとうに症状が改善したことを示している。彼らはその後、「SOLO2」という別の研究でこの結果を再現でき、同じ結論に至り、研究結果はなおさら説得力のあるものとなった。

それを受けて、アメリカの食品医薬品局はデュピルマブに、一般使用を認めるための「優先審査ステータス」を与えた。

「女性の健康イニシアチブ」は大規模な調査を行ない、閉経後の女性に対するホルモン補充療法のリスクを考えた。[注10] 彼らはエストロゲンとプロゲスティンを組み合わせた一般的な治療を八五〇六人の患者に施し、プラシーボを投与された八一〇二人の患者と比べた。予想どおり、治療を受けた患者のほうが、骨折が少なかった。けれど、彼らのほうが結果が悪かったものもあった。たとえば治療を受けた患者のうち三三人（〇・三九パーセント）が心血管疾患で亡くなったのに対して、プラシーボ患者は二六人（〇・三二パーセント）しか亡くならなかった。この差は統計的に有意なのか？　違う。統計分析をすると、これはただの運かもしれなかったことがわかった。その一方で、治療を受けた患者のうち六九四人（八・二パーセント）が心血管疾患全般を引き起こしたのに対して、プラシーボ患者は五四六人（六・七パーセント）しかそうならず、この差は有意だった（サンプルが大きかったからだ）。だから、治療を受けた患者の結果が悪かったのは、ただの運ではなく、ホルモン補充療法の弊害であることが示唆された。同様に、治療を受けた患者のうち一五一人（一・八パーセント）が静脈血栓塞栓症（静脈に血栓ができて肺動脈を塞ぐ症状）を起こしたのに対して、プラシーボ患者は六七人（〇・八パーセント）しか起こさなかった。この違いも統計的に有意で、ただの運ではないことがわかった。その結果、この研究は、ホルモン拡充療法は、（少なくとも心血管疾患の予防のためには）「開始したり継続したりするべきではない」と結論した。これは潜在的に大きな重要性を持つ発見だった。

もちろん、それは一つの研究にすぎないし、いくぶん違った結論に行き着いた研究もいくつかある。[注11] そして、ほかのあらゆるものと同じで、医学研究もみな、隠れたデータのせいで起こる「バイアスのかかった観察」や、一部の結果に対して考えられる「それ以外の原因」、研究者のバイアス、再現にまつわる問題（これについては、のちほどさらに取り上げる）など[注12]といった運の罠のリスクがある。それでも、こうしたさまざまな研究は、複雑な医学の疑問を解くのに統計分析が威力を発揮し、重要であることを示してくれる。統計学がなければ、明確な結論はけっして引き出せない。どの治療がほんとうに役に立ち、どれがランダムな運のおかげで役に立つように見えているだけかを、想像するしかなくなるだろう。

投資家の運

この本の原稿を推敲しているとき、『ウォール・ストリート・ジャーナル』紙に、「あなたの株を選んでくれる人は運が良いのか優秀なのか?」という鋭い問題を提起する題の記事が載った。[注13] その中で、一流投資家のヴィクター・ハガニは、有能なファンドマネジャーを見つけるのは、世間で思われているよりも難しいと警告している。彼はそれを説明するために、二枚のコインを想定した。一枚はフェアなコインで、五〇パーセントの確率で表が出るけれど、もう一方は偏りがあり、六〇パーセントの確率で表が出る。両方のコインを何度放り上げれば、どっちがどっちか、九五パーセントの確信を持てるだろうか？

ハガニと彼の同業者たちは、まさにこの疑問をオンライン調査で投げかけた。すると、何がわかったか？　じつは、半数の人が、四〇回放り上げれば十分だと考えた。それどころか、たった一〇回で十分だと思う人も三分の一いた。ところが、念入りに確率を計算してみると、正しいコインを九五パーセントの確信を持って選ぶためには、一四三回放り上げなければいけないことがわかった。[注14]これはまた、大変な回数だ。投資について言えば、ファンドマネジャーのリターンをとても長い期間にわたって調べなければ、その能力について明確な結論を引き出せないということだ。たとえば、ある投資家が全体の六〇パーセントのときに正しく、もう一方の投資家が五〇パーセントのときにしか正しくないとしたら、その違いは、二人に一四三回、別個に判断を下させなければ明らかにならない。それには、とんでもなく長い時間がかかりかねない。

ある投資家が二、三回素晴らしいリターンを得たり、あるスポーツチームが二、三試合に勝ったり、ある薬で二、三人の患者が治ったりといった、良いことがわずか数回だけ起こったとしても、その効果が本物であることや、その傾向が続くことを、必ずしも意味しない。十分な回数の観察を行なわなければ、それまでに目にした成功は、ただのありきたりの、無意味な運以外の何物でもない可能性が高い。

アンラッキーな気候

近頃は、地球温暖化や気候変動がしきりに話題に上る。地球温暖化とは、端的に言えば、今、地球は以前よりも大幅に気温が上がっているということだ。たとえば、気候変動に関する政府間パネルによる第五次評価報告書は、「気候システムの温暖化は明白で、一九五〇年代以降、観察された変化の多くは、過去数十年から数千年にわたって前例がない」[注15]と総括している。アメリカの元副大統領アル・ゴアのクライメート・リアリティ・プロジェクトは、次のように述べている。「気候科学者の九七パーセントが、人間の引き起こした気候変動が現実のものであることに同意している。我々は、それが起こっていることを知っているし、その理由も知っている。炭素汚染が我々の惑星を温暖化し、極端な旱魃(かんばつ)や洪水、森林火災、巨大暴風雨といった、気候の乱れによる現象を引き起こしているのだ。そして、我々はみな、人命や生計、食物と水の欠乏など、想像できるありとあらゆる形で、その代償を払っている」[注16]。そして、アメリカの地球変動研究プログラムは、以下のように書いている。「気候変動は現在進行中である。アメリカも世界も温暖化し、世界中で海面が上昇しており、何種類かの異常気象現象はしだいに頻繁で苛酷になりつつある。こうした変化はすでに、我が国のあらゆる地域と経済の多くの部門で広範な影響を及ぼしている」[注17]

ところが、気候変動が起こっていることをまったく信じない人もいる。彼らは、世界の気温は実質的に安定したままで、わずかな上下動があっても、それはランダムな偶然以上のものではないと考えている。そして、それに反する主張は、隠された動機がある、あからさまな嘘として切り捨てる。たとえば、ドナルド・トランプ大統領は、「地球温暖化という考えは、アメリカの製造業の競争性を奪うために、中国によって中国のために生み出された」とツイートした。[注18] 一九九四年以来アメリカの上院議員を務めるジム・インホフは、地球温暖化はでっち上げにほかならないという内容の本を、まる一冊書いている。[注19] そして、映画制作者のマーティン・ダーキンは、ドキュメンタリーをまる一本制作して、気候変動を「嘘」で「現代における最大のペテン」と呼び、「狂信的なまでに反産業主義的な環境保護主義者によって生み出され、資金援助を追い求めるために恐ろしい話を売り歩く科学者たちによって支持されている」としている。[注20]

気候変動については、重要で込み入った疑問がたくさんある。たとえば、何がそれを引き起こしているのか、それはどれほど厄介なのか、将来どうなるのか、それについて何をするべきなのか、何をしてはならないのか、などだ。けれど、地球温暖化がほんとうに起こっているのかどうかについては、どうなのか？　もちろん、実際の日々の天気は、毎日大きく変化するから、予想するのがとても難しい。けれど、長期的な傾向は違う。たとえば、アメリカ航空宇宙局（ＮＡＳＡ）は、一八八〇年から二〇一六年にかけての、地表の年間平均温度の変化率を詳しくまとめている。[注21] そのグラフは、一九八〇年頃から地球の平均温度が着実に上がりはじめ、以前よりもはるかに高いレベルに達したことを示している。実際、彼らが指摘しているとおり、この一三六年間で温かい年の上位一七年は、一九九八年と二〇〇一年～二〇一六年で、最上位の三年は（低いほうから順に）、二〇一四年、二〇一五年、二〇一六年となっている。

それでも私たちは、これはただの運なのか、と問うことができる。平均気温が年ごとにいくぶん変動することはわかっている。ひょっとしたら、私たちが近年、これほどの暑さを経験しているのはたんなる不運なのかもしれない。これを調べるためには、年ごとの気温の変化が十分大きくて明白で、統計的に有意かどうかを判断する必要がある。そして、そうするためには、p値を計算する必要がある。私がＮＡＳＡのデータを使って計算すると、一九八〇年から二〇一六年までの三七年の平均温度は、一八八〇年から一九一六年までの三七年間の平均温度よりも〇・七四℃高いことがわかった。これはかなり大きな違いだ。けれど、それは統計的に有意だろうか？　有意だ！　この場合のp値（この差が運だけによって起こる確率）は、一〇〇〇兆分の一に満たない。だから、ただの運でないことは確実だ。[注22] 同様に、平均すると、地球の温度はこの期間を通して年に約一四〇分の一℃、合計で一℃近く上がっていて、そのp値もまた、一〇〇〇兆分の一を下回る。これらのp値はほんとうに小さいので、年ごとの地球の温度の上昇が統計的に有意そのもので、けっしてただの運ではないことを、合理的疑いの余地がないまでに証明している。

気候変動と私たちの惑星の将来や、どういう行動をとるべきか、あるいはとってはならないか、その将来の結果はどうなるかについては、議論するべきことは依然としてたっぷりある。けれど、過去一三六年間に地球の温度が上がったかどうかという疑問の答えは、明白そのもので否定のしようがない。あれほどp値が小さいのだから、ただの運ではない。温度の上昇は現実なのだ。

バックギャモンのペテン師？

このコンピューター時代に、バックギャモンというゲームは一種の復活を果たした。オンラインで広くプレイできるようになったからだ。[注23] けれど、一つ問題がある。オンラインでは、コンピューター プログラムが「サイコロを振る」必要があるのだ。少なくとも、コンピューターに組み込まれた疑似ランダム性を使ってサイコロの目を決めるという意味では。そして、それをフェアにやってもらえると思うほどコンピューターを信頼していない人は多い。それどころか、多くのバックギャモンのディスカッションフォーラムでは、コンピューターが人間の対戦相手よりも自分のために有利になるサイコロの目を選んで、いかさまをしているという苦情がよく出てくる。[注24]

状況があまりにもひどくなったので、バックギャモンのソフトウェア各社は、不正行為という非難から自らを守らざるをえなくなった。[注25] ある会社は、自社のニュースレターに、不正行為についての記事を載せることまでした。[注26] その会社が偉かったのは、運の罠を使って主張を展開した点だ！　具体的には、同社はコンピューターは人間のプレイヤーよりも多くゾロ目が出るという苦情を考察した（ゾロ目はバックギャモンではとても有利だ。それぞれの目を二回使うことができるからだ）。この会社は、模擬利用者二〇万人にそれぞれバックギャモンを一〇ゲームさせ、シミュレーションを合計二〇〇万回行なった。すると、コンピューターがゲームで出たゾロ目の六〇パーセント以上（運だけによって得るはずの五〇パーセントをはるかに超えている）を得るという苛立たしい状況を、模擬プレイヤーのうち六二七九人が経験したことがわかった。

では、けっきょくこのコンピューターは不正をしていたのか？　いや、違う。ここにも運の罠が絡んでいた。「大勢の人」の罠だ。苛立ちを覚えた先ほどの六二七九人のプレイヤーは、二〇万人のプレイヤーのたった三・一四パーセントにすぎない。そのうえ、それぞれのユーザーはゾロ目を約七六回、目にした（利用者が戦ったすべてのゲームで、プレイヤーと対戦相手のコンピューターに出たゾロ目の回数の合計）。これに基づくと、コンピューターがゾロ目の六〇パーセント以上を得て、利用者が四〇パーセント未満を得る確率は、約四・二パーセントだった。[注27] これは、不正行為がまったくなくても、ただの運で約四・二パーセントの利用者がそのような苛立たしい結果を目にするのが見込まれることを意味する。だから、この問題を実際に経験した人の三・一四パーセントという数は、運だけによって私たちが平均すると見込むであろう数よりも、わずかに少ない。けっきょくコンピューターは、ゾロ目を過剰に得てはいなかったわけだ。

これは、コンピューターが不正行為をしていなかったことの、かなり説得力ある証拠に見える。その一方で、これでもまだ六〇〇〇人以上の利用者が依然としてコンピューターは不正を働くと「考え」かねないことを、この会社は指摘した。そして、それらの利用者のわずか一パーセントが苦情を投稿しただけでも、同社は不正行為に対する六〇件超の非難を処理する羽目になる。それこそ、各自が自分のサンプルを持っている「大勢の人」全員を考慮に入れず、たった一つのサンプルに基づいて結論を下すことの弊害だ。厖大なサンプルのなかには、自分のサンプルよりもはるかに公平に見えるものもあるだろうに。

逸話の解毒剤

統計分析の価値を見て取る最善の方法は、それを正反対のもの、つまり逸話と比べることだ。人は、ある治療法が効いたようだとか、ある決定が報われたようだとかいった、一つの事例、あるいは二、三の事例について耳にし、それに基づいて、その治療法や決定は優れたものに違いないと結論することが多い。けれど、それは必ずしも正しくはない！

代表的な例となるのが、「代替医療」の治療法だ。代替医療の治療法には、リラックスしたり、運動をしたり、きちんと食べたり、良い気分になったりするための、多くの分別あるテクニックがある。とはいえ、重大な健康問題のための従来の治療法を避け、より「自然な」治療法をとろうとする試みも、たくさんある。

そうした治療法の多くに共通する特徴が、そう、逸話だ。代替医療についてのウェブサイトの大半には、その代替医療に命を救われ、健康を取り戻したという、実際の患者たちのものと称する証言のページがある。[注28] そうした証言は、ほんとうの経験をしたほんとうの患者のものなので、信頼できる。そうだろう？　いや、必ずしもそうではない。そこには運の罠が絡んでいるかもしれないから。

運の罠の候補には、たとえば「偽りの報告」がある。ひょっとしたら、それらの証言は完全な偽りで、読んだ人をだまして製品を買わせるために、会社がでっち上げたものかもしれない。けれど、じつは会社はそんなひどいレベルにまで身を落とす必要はない。もっと根本的な罠が、「バイアスのかかった観察」から手に入るからだ。

まず、会社はどの証言を公開するかを選べる。満足しなかったり、冴えない結果しか出なかったり、健康が改善しなかったりした患者は、報告を会社のウェブサイトに載せてもらえない。もしすべての患者の報告が公開されていれば、価値がずっと高まるだろう。

さらに悲しい話だけれど、生き延びられなかった患者は、自分の経験を他人に語る機会をもらえない。だから、もし病気が重くて、命を脅かすもので、代替治療に効き目がなければ、患者は亡くなり、その人の健康状態がたどった道のりは、たちまち忘れられてしまうかもしれない。そうした大勢の患者の一人が、ミカエラ・ヤクブチク＝エッケルトで、彼女は二〇〇一年に乳癌になった[注29]。最初は化学療法を受け、腫瘍がかなり小さくなった。ところが、その後彼女は、癌は精神的葛藤に起因し、純粋に心理的な手段によって治癒できると（証拠なしに）信じる、代替医療のドイツ人医師に鞍替えした。その結果、化学療法をやめ、癌は悪性度を増し、彼女は二〇〇五年に亡くなった。科学ブロガーで医師のデイヴィッド・H・ゴルスキが指摘しているように、「不幸にも、ミカエラのような患者は、狂信者たちの証言に対抗する証言をすることができない。それを絶対忘れないでほしい[注30]」。

私の友人にも同じようなことが起こった。彼女はとてもエネルギッシュで活発で、スキーに行ったり、ダンスをしたり、ランニングをしたりと、果てしなく動きまわっていた。ところが、四〇代で乳癌と診断された。従来の医療は不誠実で信頼できないと思い込んだ彼女は、代替医療による治療に頼った。自分の病気に打ち勝つには極端なまでに激しい運動をするのがいちばんだと確信し、やる気満々でそれにとりかかった。ある日私は、会ってランチをとったとき、彼女が一時間以上かけて何キロメートルも走ってきたと知って仰天した。それもすべて、彼女の信じ難い体力のおかげであり、また、運動療法の一環だった。けれど、彼女がどんな逸話を聞いたにしても、乳癌は運動では治療できない（早期に発見して現代医学で治療すれば、実際、生存率はとても高いのだけれど）[注31]。二年ほど後、彼女のフェイスブックのページに、彼女が亡くなったというメッセージを家族が投稿した。愉快でエネルギッシュで社交的な彼女がもういないのだと思うと、私はとても悲しかった。そして、もし彼女が逸話に耳を貸さずに、ほんとうに科学的な証拠に従ってさえいたら、適切な治療を受けられ、あと何十年も生きられたかもしれないと思わずにはいられなかった。

だから、医療やそのほかの重大な問題について考えるときには、ただの運だけの結果かもしれないような逸話や話や証言に頼ってはいけない。そうするかわりに、適切な科学的実験から得られ、念入りな統計分析を使って解釈された、信頼できる証拠を探すといい。耳にした逸話や、事実であってほしいと自分が期待していたり願っていたりすることではなく、事実であると明確に証明されていることに基づいて判断をしてほしい。それであなたの命が助かるかもしれないから。

第一三章　繰り返される運

もし私たちが運の罠を思い出して結果を適切に解釈すれば、たった一つの話や実験や観察からも、有益な情報が得られる。けれど、繰り返しを通してしか、ほんとうにはわからないときもある。

何年か前、私は休暇向けのリゾートで、ある友人とウォーターバスケットボールをすることになった。[注1] そのときの一瞬が、今でも頭に残っている。私の側のバスケットから遠く離れたところで、私はその友人を完全にマークし、彼はにっちもさっちも行かなくなっていた。やけになった彼は、バランスを崩したまま、ろくに狙いもしないで、私の頭上をはるかに越えるボールを投げた。ボールはどんどん飛んで、プールの端に近づき、なんと、私のバスケットに入り、大きな音を立てて水に落ちた。友人に二点！　そのときには、この思わぬ展開がおかしくて、おかしくて、私たちは身をよじりながら大笑いした。なぜか？　それは、友人が途方もなく運が良かったからだ。

けれど、誰にそんなことが言えるだろう？　どうして友人のシュートは技能ではなく運の結果だったのか？　ひょっとしたら、じつは彼は第二のステフィン・カリーで、このバスケットボールの名選手と同じように、事実上どんな状況でも驚異的な精度で信じられないシュートを決められるのかもしれない。では、なぜカリーのシュートは技能とされ、その一方で私の友人の一投は、なんと運が良いのかと、大笑いを引き起こしたのか？　あるいは、別の言い方をすれば、私の友人の離れ業が、ただのまぐれだったのか、それとも技能のおかげなのかを厳密に判断するには、いったいどうしたらいいのか？

答えは「繰り返し」だ。友人の腕を評価するには、同じシュートを何度も繰り返すように頼むべきだ。もし毎回、あるいはかなりの割合でもいいのだけれど、バスケットにボールが入れば、彼は高いレベルの技能を持っている証明になる。逆に、その後二〇回続けて失敗すれば、最初にバスケットに入ったのはたんに運が良かっただけで、ほんとうの能力を示してはいないことになる。そのあいだの成績、たとえば、二〇回中五回入れば、最初のシュートにはある程度のレベルの技能が、ある程度の運と組み合わさっていたことが窺われる。

同じような推論は、じつにさまざまなことに当てはまる。たとえばあなたが今まで行ったことのなかった町に着いて、真っ赤な高級スポーツカーが通りかかるのを目にしたとしよう。それは、この町が高級車だらけであることを意味しているかもしれない。あるいは、運だけによって、最初に目にした車が高級車だったことを意味しているのにすぎないかもしれない。確かなことを知るには、もっと車が通りかかるのを待ち、そのパターンが続くかどうか調べるしかない。繰り返しが多いほど、証拠は説得力を増す。

ジェームズ・ボンドの映画に出てくる悪役のオーリック・ゴールドフィンガーは、この原理を別の文脈で心得ていて、次のように言っている。「一度なら意外な出来事。二度なら偶然。三度となると、敵の行為だ」。どうやらミスター・ゴールドフィンガーは隠れ統計学者だったらしい。

ギャンブルの繰り返し

私たちは繰り返しのおかげで、統計的な運と本物の傾向とを見分けられる。これを見て取るには、ギャンブルという昔ながらの活動に注目するといい。

もう一度、クラップスというギャンブルのゲームを考えてほしい。このゲームでは、六面あるごく普通のサイコロを二個振って、出た目の合計を使う。最初のロールで目の和が七か一一になったらあなたの勝ちで、二か三か一二になったらあなたの負けだ。たとえば五のように、ほかの数になったら、それと同じ数になる（そして勝つ）か、七になる（そして負ける）までサイコロを振り続ける。こんな複雑なルールができた理由は一つしかない。勝つ確率を四九・三パーセント、つまり五〇パーセントをわずかに下回る数にするためだ。

これでカジノ側がほんの少しだけ有利になるのだけれど、このわずかな差がほんとうに違いを生むのだろうか？　そう、現に生む。ただし、長い目で見たときにだけだけれど。たとえば、あなたがクラップスで、最初の所持金を倍にするか、すっかり失うかするまで、一〇ドルずつ賭け続けたとしよう。もし、初めに一〇ドルしか持っていなかったら、一回だけ賭けることになり、そのときに勝つ

（そして合計二〇ドルを手にする）確率は、先ほどと同じ四九・三パーセントだ。けれど、一〇〇ドル持っていたら、少なくとも一〇回（おそらく、もっと多い回数）賭け、あなたが勝つ（この場合には、所持金が全部なくなる前に、合計が二〇〇ドルに達する）確率は約四三パーセントで、一回だけ賭けるときの四九・三パーセントよりもいくらか低くなるけれど、それほど悪くはない。

ところが、仮にあなたが最初に一〇〇〇ドル持っていて、今度も一〇ドルずつ繰り返し賭けたとしよう。お金を使い果たす前に二〇〇〇ドルに達する確率は、どれだけあるだろうか？　わずか、五・六パーセント、つまり、一八回に一回ほどの可能性しかない。この先は、なおさら悪くなる。もし五〇〇〇ドルから始めると、お金を使い果たす前に倍増させる可能性は、一四〇万回に一回しかない。そして、もし一万ドルから始めたら、一〇〇〇兆分の一まで減ってしまう！

肝心なのは、賭けを重ねれば重ねるほど、わずかなカジノ側の優位性が物を言う点だ。一回一回のロールの結果はランダムでも、そのランダム性は重要ではなくなり、全体的な傾向、つまり平均するとあなたが損をする傾向が支配的になる。賭けの回数が増えるほど、その傾向はランダム性が薄れ、確実性を増し、あなたは必然的にお金を失う羽目になる。この現象が、「大数の法則」の基盤だ。この法則によると、ギャンブルのようなランダムな実験では、繰り返し行なっているうちに、やがてあらゆるランダム性の中に真のパターンが見つかるという。何回か賭けただけでは、何が起こってもおかしくない。けれど、長い目で見ると、あなたは勝つよりもはるかに多くのお金を失う。そして、カジノの視点に立てば、多くの客がいて、したがって、全体として多くの賭けが行なわれるから、長い目で見ればカジノが利益を上げることは保証されている。

別の視点から眺めることもできる。あなたがカジノのセキュリティ部門で働いていて、ルーレットのホイール（回転盤）のところにいる五人の客の一人が不正行為をしているのではないかと疑ったとしよう。不正行為をしているのが五人のうちの誰なのか、どうやって判断したらいいのか？　その五人がみな、繰り返し赤に賭けているとしよう。その場合、勝つ可能性は毎回三八分の一八（約四七・四パーセント）ある。アニーは毎回五〇〇ドル賭け、これまで三〇回賭けたうち、一六回（五三パーセント）勝って一四回負け、正味で一万ドル稼いだ。ビルは毎回一〇〇ドル賭け、これまで一〇〇回賭けたうち、五五回（五五パーセント）勝って四五回負け、正味一〇〇〇ドル稼いだ。カーラも毎回一〇〇ドル賭け、これまで五〇回賭けたうち、二九回（五八パーセント）勝って二一回負け、正味八〇〇ドル稼いだ。デビーも毎回一〇〇ドル賭け、これまで二〇回賭けたうち、一三回（六五パーセント）勝って七回負け、正味六〇〇ドル稼いだ。そしてエヴァンも毎回一〇〇ドル賭け、これまで二〇〇〇回賭けたうち、一〇〇一回（五〇・〇五パーセント）勝って九九九回負け、正味二〇〇ドル稼いだ。それを表にまとめると、次のようになる。

あなたは誰が不正行為をしていると思うか？　そして、それを突き止めるために、統計分析はどう役立つか？

さて、利益の点からすると、アニーがいちばん多く勝っている。しかも大差で！　とはいえ、不正行為をしている人を見つけるとなると、賭け金や儲けの額は関係ない。勝つ確率に影響がないからだ。だから金額はそっくり無視するに限る。金額を無視し、アニーが勝った回数だけを数えると、三〇回中一六回勝っていて、これは半分より少し多いけれど、大幅に多いわけではない。だから、けっきょ

	賭け金	回数	勝ち	負け	勝率	正味の利益
アニー	五〇〇〇ドル	三〇回	一六回	一四回	五三%	一万ドル
ビル	一〇〇ドル	一〇〇回	五五回	四五回	五五%	一〇〇〇ドル
カーラ	一〇〇ドル	五〇回	二九回	二一回	五八%	八〇〇ドル
デビー	一〇〇ドル	二〇回	一三回	七回	六五%	六〇〇ドル
エヴァン	一〇〇ドル	二〇〇〇回	一〇〇一回	九九九回	五〇・〇五%	二〇〇ドル

く彼女は無実なのだろう。

一方、勝つ割合からいくと、デビーが群を抜いている。毎回四七・四パーセントしか勝つ確率がないのに、彼女は賭けのうち六五パーセントで勝った。これはたしかに怪しいのではないか？　とはいえ、デビーは二〇回しか賭けていない。そのうちの一三回で勝っても、それほど変には思えない。彼女も無実なのだろう。

というわけで、不正行為をしている人を見つけるには、金額や、勝率にさえ注目しない。肝心なのは、賭ける回数だ。金額には関係なく、運だけによっては妥当とは思えないほど多く勝っているのは誰か？

それを突き止めるためには、p値を計算しなくてはならない。この場合のp値は、不正を働かずに、ただの運で、ルーレットで特定の回数だけ勝つ確率だ。これは、「二項分布」を使って計算できる。[注2]やってみると、アニーのギャンブルでの勝ちのp値は、三一・八パーセント、ビルのp値は七・七パーセント、カーラが八・六パーセント、デビーが八・七パーセント、エヴァンが〇・八七パーセントとなる。そこから何がわかるのか？　そう、五人のギャンブラーのうち、最初の四人のp値はみなそれなりに大きく、少なくとも五パーセントを超えていて、したがって、統計的に有意ではなく、彼らが不正行為をしたというはっきりした証拠はないことになる。一方、エヴァンのp値は一パーセントに届かない。これは、もしあなたがルーレットで二〇〇〇回賭けたら、半分程度の確率で勝つ可能性は、一〇〇分の一もないことを意味する。

だから、もしあなたのカジノで誰かが不正を働いているとしたら、それはおそらくエヴァンだ。たしかに、彼の儲けはたいした額ではない。けれど、これだけ何回も賭け、しかも、毎回彼に不利になるようにできているのに、少しでも儲けが出ているのだから、すでに十分怪しい。これこそ繰り返しの力というものだ。

ある意味で、保険証券（財産保護、延長保証などを含む、さまざまなもの）は、一種のギャンブルで、加入者に不利にできていて、長い目で見ると、加入者は受け取るよりも多く払う。保険証書を買う人があまりに多いので、保険会社は繰り返しの恩恵を受ける。だからあれほど儲かっているのだ（私は保険ブローカーの年次会合に招かれてランダム性の役割について講演したときに、この事実を思い知らされた。彼らはどこでこの年次総会を開いたか？　ハワイのマウイ島のビーチリゾート[注3]だ！）。

もちろん、長期的な利益だけがすべてではない。保険は物的な損害や設備の故障、賃金の損失といった不運から私たちを守ることによって、ランダム性をコントロールするために使われる。保険に入るのは、壊滅的な損失から身を守るためには名案であることさえある。けれど、いつも加入者に不利にできていて、保険はみな、平均すると損な賭けであることは、覚えておいてほしい。もしあなたが保険証券か保証オプションを選んだら、ほんとうに運が良いのは保険会社だけであり、それは、繰り返しの魔法のおかげで保険会社は利益を上げることが事実上保証されているからだ。

医療効果の検証

繰り返しの問題は、統計的研究でもある程度は出てくる。たとえば、特定の薬がある病気に効くと主張する研究があったとしよう。その研究は、しっかり企画され、注意深く行なわれ、結果は適切に分析されたことを願おう。そして、十分小さな p 値が出て、結論が統計的に有意だったとしよう。それでもなお、結果が運だけによって生じた可能性は、依然として残っている（研究者たちが、結論に達するまでに、多くの仮説や薬を試した場合にはなおさらで、それは、一種の「散弾銃効果」が生まれるからだ）。

では、どうしたらいいのか？　答えは単純だ。繰り返せばいい！　別の研究チームに、別の患者を対象とする独自の研究を行なわせ、独自の結論を出してもらうのだ。もしそのチームも薬が有効だと判断したら、その結果は説得力を増す。もし、第三、第四のチームも研究を行なって、やはり同じ結論が出たら、その結果はほぼ確実になる。

この問題の恰好の例となったのが、ｘｋｃｄというウェブサイトのコミックで、そこには、お菓子のジェリービーンズがニキビの原因となることを証明しようとしている科学者たちが描かれている。彼らは、次から次へと調査を行ない、さまざまな人にさまざまな色のジェリービーンズを与えては、ニキビのレベルを測定する。紫色のジェリービーンズでは、これといった効果は見つからないし、茶色もピンクもだめだった。ところが、二〇もの色を試した後、ついに、ある色――緑色――のジェリービーンズには、ニキビと「有意の」つながりがありそうに見えた。[注4] もちろん、これは現実にはただの「散弾銃効果」で、十分多くの実験を行なえば、いずれ一つぐらいからは、ただの運だけによって、意味がありそうな結果が得られるものだ。ところがこのコミックでは、そんなことにはおかまいなく、翌日の新聞には「緑のジェリービーンズ、ニキビとの関係判明！」という見出しが派手に載る。まったく。

　不正確な研究が報じられても、ときにはその後、状況が改められることもある。悪名高い例が、アンドリュー・ウェイクフィールドらの一九九八年の研究で、彼らは、麻疹（はしか）と流行性耳下腺炎（じかせんえん）（おたふく風邪）と風疹の混合ワクチン（ＭＭＲワクチン）を子供に接種すると、自閉症に似た行動障害が起こると主張した。[注5] そのせいで、イギリスでは予防接種に対する嫌悪感情が高まり、多くの親が子供に予防接種を受けさせず、そのため、新たな麻疹の流行が起こった（イングランドとウェールズで確認された麻疹の症例は、一九九六年から二〇〇五年にかけては、毎年平均で一六三件だったのが、二〇〇六年から二〇〇九年にかけては毎年平均で一〇六一件になった[注6]）。とはいえ、ほかの科学者たちは、ウェイクフィールドらの結果を再現できなかったし[注7]、問題もたくさん見つかったので、彼らの論文は二〇一〇年に撤回された。[注8] イギリスの医事委員会は調査を行ない、ウェイクフィールドは「不誠実で無責任な医師」であり、「職務上の重大な違法行為で有罪」と認めた。[注9] 同委員会は、ウェイクフィールドが国内で医療を行なうことを禁じた。その後、『ブリティッシュ・メディカル・ジャーナル』誌に載った論説は、ウェイクフィールドが「自らの主張を擁護するために、患者たちの病歴にまつわるおびただしい数の事実を改竄（かいざん）」し、「その結果起こったＭＭＲワクチンへの恐怖につけ込んで金銭的利益を得ようとした」、彼の手口は不正確であるばかりか不正でもあった、と結論した。[注10]

それにもかかわらず、予防接種に反対する「セーフマインズ」という団体は、予防接種は危険であると主張し続け、霊長類を使ったさらなる研究に資金を提供した[注11]。ところが、その研究でさえ、次のように結論している。「予防接種を受けた動物たちには、何の行動の変化も観察されなかった。……本研究は、チメロサールを含有するワクチンとMMRワクチンの一方あるいは両方が自閉症の病因に関連する役割を果たすという仮説を支持しない[注12]」

というわけで、十分な数の研究と繰り返しがあったおかげで、真実――この場合には、ワクチンがけっきょく自閉症を引き起こしたりしないこと――が最終的に判明した（あいにく、ワクチンが自閉症を引き起こすと、相変わらず主張し続けている人もいる。今ではそういう事実はないことが明らかであるというのに）。

ときには、研究者が後になって自分自身の研究の結論を訂正することもある。現在続いている議論の一つに、グルテンをいっさい摂取しないほうが健康に良いかどうか、というものがある（この議論からは、セリアック病の人は除外されている。彼らにはグルテンを避ける必要があることが、しっかりと実証されているからだ）。二〇一一年に発表されたある医学研究論文は、健康に良いとしていた[注13]。執筆者たちは、三四人を対象にした実験を行ない、「グルテンを接種した患者たちは、一週間のうちに、全般的な症状、苦痛、膨満、便の硬さの満足度、疲労感が大幅に悪化した」と結論した。この論文は、これらの症状のそれぞれについて、五パーセント未満のp値を報告しており、疲労感のp値は〇・一パーセントと、とても小さかった。これで問題解決というわけだ。そうだろう？　いや、必ずしもそうではない。二年後、追跡調査の論文が発表され、正反対の結論が示された[注14]。研究者たちは三七人をテストした後、「胃腸に対するグルテン特有の影響は再現されなかった……［そして］グルテンの具体的な影響も、摂取量次第の影響も、その存在を示す証拠は発見できなかった」。では、何が最も素晴らしかったか？　その研究者たちのうち二人が、もう一方の論文の執筆者でもあったのだ。自分自身の研究を再現することさえ、難しい場合があるというわけだ。

病原体に注意

繰り返しはとても役に立つ手段だけれど、難問にもつながってしまう。すなわち、新しい結果が受け入れられ、事実として認められるまでに、どれだけの証拠を必要とするべきなのか、という問題だ。

病原体説の歴史が、興味深い代表例を提供してくれる。今では広く知られているとおり、風邪やインフルエンザから水疱瘡（みずぼうそう）や天然痘（てんねんとう）まで、さまざまな病気が感染性であり、接触によって、該当する病原体（たいていは細菌かウイルスで、顕微鏡で見ることができる）がうつり、広がる。だから、私たちはみな、頻繁に手を洗ったり、ほかの人との過剰な接触を避けたり、手で口に触れないようにしたりするように促されるのだ。

ところが、昔からそうだったわけではない。病原体が見えるほど強力な顕微鏡ができる前は、病気は神のなせる業だとか、正義の鉄槌（てっつい）だとか、何の原因もない純粋にランダムな出来事だとか考えられていた。では、なぜ私たちは考えを変えたのか？

この方向転換をもたらすことになる初期の研究の一部は、ドイツ系ハンガリー人の医師センメルヴェイス・イグナーツが行なった。彼は一八四七年頃からウィーンの病院で、とくに死体解剖をする研修医を対象に、手指消毒の手順を導入した。[注15] すると、産褥熱（さんじょくねつ）による死者が、たちまち五分の一に減った。彼は指導している学生たちとともに、すぐに論文を発表してこの結果を公表した。

こうした新しい発見は、前より優れた医療行為と、病気の減少につながっただろうか？ ただちにはそうならなかった。ほかの医師たちは、センメルヴェイスの主張を疑わしく思っていた。その多くが、古代ギリシアの「悪液質」説に従い、病気は体液の不均衡によって引き起こされ、手指消毒ではなく瀉血（しゃけつ）が治療のカギだと信じていた。彼らはセンメルヴェイスの研究結果を受け入れたり、（このほうが、なお良かったのだけれど）再現しようとしたりするかわりに、はねつけ、やり方を変えなかった。そして、多くの患者がそのつけを払わされた。

それからおよそ一五年後、フランスの生物学者ルイ・パストゥールが独自の発見をした。彼の実験から、ビールや牛乳といった飲み物が悪くなるのは、中に入っている特定の微小な生物が増殖するせいであることがわかった。さらに彼は、その飲み物を熱すると、それらの生物を死滅させ、飲み物を保存できることも発見した。この加熱過程は、彼の名をとって、「パスチャライゼーション（低温殺菌法）」として今では広く知られている。[注16]

医学界と科学界は、またしても懐疑的だった。パストゥールのライバルだったフェリックス・アルシメード・プーシェは、飲み物の腐敗は生物の侵入がなくても空気との接触の後に自然に起こると主張した。[注17] ところがこのときは、ほかの科学者たちがもっと注目し、この問題を解決する決意を固めた。

フランスの科学アカデミーは、議論の的となっているこの問題に新たな光を投げかけた人なら誰にでも賞金を出すことを発表した。それに応じて、パストゥールは新しい実験を行なった。彼はフラスコに入れた肉汁を沸騰させてから空気にさらしたものの、フィルターを使って粒子を侵入させなかった。するとフラスコを割るまで、肉汁は腐敗しなかった。アカデミーは納得し、パストゥールは一八六二年に二五〇〇フラン（今日の約二万八〇〇〇ドルに相当）という、そこその賞金を受け取った。[注18] パストゥールは、いくつかのワクチンの開発など、これに関連した成功を多く収め、彼の研究は、世界中でより安全な慣行や、病気の減少につながっている。[注19] パリのパストゥール研究所は、彼の栄誉を称えてその名がつけられた。

では、この話は私たちに何を教えてくれるのか？　センメルヴェイスが最初に致死率の減少に気づいたとき、その減少は実際、ただの運だったかもしれない。当初、医師たちが慎重な反応を見せたのは正しかった。センメルヴェイスの説は常識に反していたので、医師たちが疑ったのは、なおさら適切で、理解できる。とはいえ、その後も次々に実験結果が明らかにされたのだから、医学界はそれに注目し、センメルヴェイスの実験結果を調べて再現しようとするべきだった。適切な手指消毒の習慣が定着するまでにあれほど時間がかかった事実は、当時の医学界に大きな汚点を残した。それでも、彼の説をさらに支持する新しい実験をパストゥールが積み重ねると、医学界もついに態度を変え、彼の実験結果を受け入れて、それに応じた行動をとった。

医師たちが病原体の存在を信じる前に、もっと確かな証拠を要求したのは適切だった。新しい説が科学の常識からかけ離れていればいるほど、それを受け入れるにあたっては誰もが慎重であるべきだ。

これは、「途方もない主張には途方もない証明が必要だ」という形で表現されることもある。パストゥールの時代には、病気が微小な病原体によって起こされるというのは、間違いなく途方もない主張だった。だから、一つの実験によって新しいことが証明されたと一人の医師が主張したというだけで、科学者たちが病気に対する見方をそっくり変えたがらなかったのは正しい。科学者たちが納得したのは、パストゥールが証拠を提供し続けられた、つまり最初の結果を再現し続けられたからにほかならない。

繰り返しの危機？

研究者はたえず新しい実験を行ない、医学や心理学、人間の行動など、さまざまな事柄に関する興味深い新事実を見つけようとする。たいていは、実験は失敗に終わり、新しいものは何も観察されない。けれど、たまにデータが何かの効果を示し、統計分析によって、その効果が有意であることがわかる。つまり、p値が五パーセントを下回るのだ。その場合には当然、研究者はすぐに著名な学術誌に結果を発表する。

ところが、だ。観察された結果は、正真正銘の新しい効果が観察されたものかもしれないけれど、そう、純粋な運の結果かもしれない。ランダムな偶然で、ある治療を受けていた患者が、治療そのものにはまったく効果がなかったのにもかかわらず、受けていなかった患者よりもたまたま速く回復した可能性がある。専門家が注意深く行なった研究で、そんなことがほんとうに起こりうるのか？　そのとおり。それどころか、p値の性質そのもののせいで、真の効果がまったくなくても統計的に有意であるという結果は五パーセントの場合に依然として観察されるのだ。

これは、一部の研究は——一流の研究雑誌に掲載されたものでさえ——「ほんとうは」まったく何も証明していないことを意味する。その観察は、ただの運によって生じたかもしれないのだ。もしそれがたまに起こるのなら、それほど深刻ではないかもしれない。ところが、すでに指摘されているように、もし真の結果を見つけるのが難しいなら（医学や社会科学などでは、たしかにそうだ）、研究者たちは正しい仮説を見つけるまでに、間違った仮説をたくさん試しているわけだ。[注20]だとすれば彼らは、ほんとうに正しいからというよりも、ランダムな偶然によって、一見すると興味深い結果を得ている可能性のほうが高い。ある調査で、一〇〇の心理学の実験を再試験してみると、その四七でしか、最初の実験の結果と一致する結果が得られなかったことから、この問題の大きさが明らかになった。[注21]

ある意味では、すでに誰もがこれを知っている。だから、ある年に与えられた医学のアドバイスが、翌年には覆されることがあるのだ。一例を挙げよう。あなたの鼻汁や痰（たん）の色から、風邪の状態がわかるだろうか？　私がこの文章を書いている時点では、Healthline.com というウェブサイトでは、気管支炎、肺炎、鼻炎などに対応する色を示す便利な図表を見ることができるし、[注22]クリーヴランド・クリニックは、「緑——あなたの免疫系は本格的に反撃中」といった情報を教えてくれるインタラクティブなツールを提供している。[注23]一方、あるハーヴァードの医師は、「鼻汁の色や粘度に基づいてウイルス性副鼻腔感染症と細菌性副鼻腔感染症とを区別できないことは確証されている」と大胆に言い放っているし、[注24]あるオーストラリアの生物医学教授は、「緑や黄色の分泌物がある人は他者に病気を感染させると、医師たちからさえ、しばしば言われる。だが、それは正しくない」と断言している。[注25]これは再現可能性の欠如以外の何物でもない！

同様に、コーヒーは体に良いか悪いかという疑問をめぐっても、研究の結果が揺らいできた。[注26]そして、デンタルフロスを使うと虫歯や歯周病を減らす助けになるかどうかについても、研究結果はまちまちだ。[注27]また、ある大規模なプロジェクトでは、まったく同じデータを使って、サッカーの審判は肌の色の濃いプレイヤーにレッドカードを多く出すかどうかという疑問を、二九の異なる調査チームに調べさせた。各チームは異なる統計分析法を使い、ずいぶん違った答えを出した。二〇チームは多く出すとし、残る九チームは出さないと答えたのだった。[注28]

あるいは、もっと重大な医学の例を挙げるとすれば、二〇〇九年にイタリアの医師パオロ・ザンボーニが変性疾患の多発性硬化症の治療法として推奨した「解放セラピー」を考えてみよう。[注29]多発性硬化症の患者は、症状の進行を抑えたり、逆転させたりさえして、新たな人生に踏み出すことを期待して、たちまち世界中を飛びまわり、何千ドルも払ってこの治療を受けようとしはじめた。ただし、一つだけ問題があった。それは何か？　ほかの研究者たちが、ザンボーニの研究結果を再現できなかったのだ。最終的には、十分な数の研究が積み重なり、この治療法が「虚偽であることを決定的に暴いた」という宣言がなされた。[注30]

これを「危機」と呼ぶ人もいた。[注31]そして、この一件のせいで科学の研究結果に対する一般の信頼が損なわれてしまった。あるとき私のところに、苛々したラジオのニュースプロデューサーから電話がかかってきて、この再現性の欠如を前にして、医学研究をどう報道したらいいか、アドバイスを求められた。[注32]「現代医学をあっさり無視して、いいかげんな迷信に逆戻りすることになるんですか？」と、少しも皮肉を感じさせない調子で彼は尋ねた。私は冷静な口調で彼を絶望の淵から救い出し、医学は研究上の難題をあれこれ抱えてはいるものの、私たちの生活を改善するうえで、大成功を収めてきたことを思い出してもらわなければならなかった。

もっと穏やかな視点に立っても、この問題は残っている。もし、発表されても、後で間違っていた（あるいは、少なくとも再現できない）ことが判明する研究が多いのなら、研究というものをどう捉えたらいいのか？　そして、この問題を解決するためには、何ができるのか？

再現問題の解決

これまで挙げた話は、科学研究における再現可能性の欠如を物語っていた。その欠如は、おおいに気がかりだ。この懸念に応じるには、どうするべきなのか？

理想的には、研究者は結果を発表する前に、念入りに裏付けや確認をするべきだ。けれど、彼らはいつもそうするとはかぎらない。ある心理学の論文には、愉快な話が載っている。ある研究をすると、なんとも興味深いことに、極端な政治的見解を持っている人ほど、見せられた文が印刷されているグレーの濃淡を識別するのが苦手であるらしいことがわかった。つまり、研究者たちの言葉を借りれば、

「政治的に過激な人は、比喩的にも文字どおりにも、世の中を白と黒のどちらかで認識している」のだ。[注33] 彼らはこの研究を発表する前に、念のため最後に再現実験をしてみることにした。ところが、二度めの実験では、まったくそのような結果は得られなかった。だから、けっきょく彼らは研究の成果を発表できなかった。その直後の反応は、「私たちはいったいなんでまた、再現実験などやらかしたのか?」だったと彼らは説明している。学者たちはなるべく多くの論文を発表するようにプレッシャーをかけられていることを考えると、私もその立場にあったなら、きっと同じような反応を見せただろう。

そして、この問題はなおさら悪くなることもある。研究者たちが、発表できるような何らかの結果(おそらく間違っているだろうというのに)につながるような何らかの実験がとうとう見つかるまで、変数やアプローチを繰り返し調整し、pハッキング(p値の意図的な操作)をしたときだ。実際、FiveThirtyEight.com のウェブサイトは、共和党と民主党の政治家と、経済への彼らの影響について、ほとんど何でも証明することを可能にする、愉快なインタラクティブなツールを提供している。どの政治家(大統領、知事、上院議員、下院議員)を調査に含めるかや、どの景気測定基準(就業率、インフレ率、GDP、株価)を使うか、強力な地位ほど重視するかどうか、景気後退期を除くかどうかなどを選ぶことで、それが可能になる。[注34] どの場合にも、さまざまな選択肢や調整を試すことが「下手な鉄砲も……」の運の罠につながり、ありもしない結論を示す結果をひねり出すことができる。

これに対して、一部の統計学者は、p値の基準を五パーセント(二〇回に一回の割合)から、もっと小さな値、たとえば〇・五パーセント(二〇〇回に一回の割合)まで下げることを提案してきた。[注35]

どの研究も、発表前に独立した再現実験をしたり、あるいは、ベイズ推定のような異なる統計手法をかわりに使ってみたりするべきだとか、それ以外の形で科学研究の構造を抜本的に変えるべきだとかいった提案も、なされてきた。[注36]ある心理学の雑誌は実際、誌上での p 値の使用を完全に禁止することまでし、[注37]統計学者のあいだで盛んな議論を巻き起こした（気分を損ねた人もいたけれど、この措置がきっかけで、より高度な統計分析が使われるようになることを期待する人もいた）。[注38]けっきょくこの措置は、ほんとうの結果と無意味な運とをどうやって正しく区別するかという問題を迂回したにすぎなかった。

けれど、もっと直接的な方法で前進できるかもしれない。多発性硬化症の解放セラピーを例に取って考えてみよう。このセラピーが無効とされたために、いたるところで多発性硬化症の患者はがっかりした。とはいえ、それは科学的なプロセスについて何を語っているのか？　それもまた「危機」と呼ぶ人がいるかもしれない。ところが、その治療法が当初考えられていたほど効果がないことが最後にはわかったのだから、私は、けっきょくシステムがうまく機能していたのだと考えたい。その後に医学雑誌『ランセット』に載った論文が総括しているとおり、「多くの専門家が、仮説を早まって提唱しないように警告し、追跡研究には客観性と懐疑的な態度を求めている」。[注39]

この提案は、私には良いアドバイスのように思える。実際、再現性の危機に対する私自身の解決策（それで私が同業の統計学者たちの全員に敬愛されることにはならないかもしれないけれど）は、これはけっきょく、ほんとうに「危機」なのではないと宣言することだ。たしかに、研究者たちは「効果」と謳（うた）うものを公表する前に、もっと念入りにチェックするよう促されるべきで、その効果が常識に反するときにはなおさらだ。そして、p値の捏造は断じて許されるべきではない。けれど、たとえそうだとしても、再現できない結果がたくさんあるのは意外ではない。それ以外に何を期待しろというのか？　医学と心理学は難しい分野で、人を惑わす誤った手掛かりに満ちている。どの研究論文も、たとえ一流の雑誌に掲載されたものでさえも、たんなる予備評価として扱い、さらに実験を行なって、のちに立証したり反証したりするべきだ。

発表された論文をすべて、ただの予備評価と見なせば（そうするべきだ）、それは、再現あるいは反証が科学のプロセスのとても重要な部分であることを意味する。多くの人が指摘してきたとおり、研究者には自分のデータとコンピューターコードを公開して、自分の主張をほかの人が確認できるようにすることを義務づけるべきだ。[注40] そして、こちらのほうがなお重要なのだけれど、この現実を反映するように、科学の報奨システムを調整するべきだ。科学者は昔から、何か新しいものを発見すると、とても高く評価される一方、すでに誰かほかの人が発表した結果をただ確証するだけでは、ほとんど功績を認められなかった。これは変える必要がある！

過去の結果を再検討することが、とても価値のある科学的貢献として評価されれば、科学者はほとんどの研究結果を再現したり反証したりし、どの結論がほんとうに再現可能で、どれがそうではないかを、最終的に突き止めるだろう。すると、そのおかげで、杜撰な実験や不十分な検証やp値の捏造から得られた不正確な結果がいずれ暴かれ、いいかげんな科学者の評判が落ち、ついには、あらゆる研究者が自分の主張にもっと慎重になるよう、動機づけられるだろう。

これでめでたく問題解決となる――いずれは。

第一四章　くじ運

私はマスメディアのインタビューを受けたり、一般向けの講演をしたりするときには、ランダム性と確率についてや、それがギャンブルからスポーツや世論調査、医学研究そのほかまで、さまざまなテーマにどう当てはまるかについて、ありとあらゆる種類の質問を受ける。けれど、何よりも多く訊かれるテーマが宝くじだ。「私がジャックポットを勝ち取る可能性は？」「多くの賞金を勝ち取る可能性を高めるためには、どの数字を選べばいいですか？」「毎週同じ数を選び続けるべきでしょうか？」などなど。

数学者の視点に立つと、こうした質問への答えはどれも、単純そのものだ（極端に小さいです、そんな数はありません、選び続けても続けなくても関係ありません、などなど）。宝くじの抽選は、完全にランダムで、私たちのコントロールが及ばないようになっているから、予想したり影響を与えたりすることはまったくできない。けれど、この単純な事実では狂信的な人を満足させることも、一部の人を諦めさせることもできない。人は決まって（すでに紹介した、私の友人のガールフレンドのように）、自分の勝ち目を増やす方法はないかとか、自分の最新の「システム」が勝利を保証できるかとか質問する。

だから私は、おもに夜のニュースの短いインタビューで、宝くじについての質問に答えるために、持ち時間のほとんどを使う。けれど、ある日受けた宝くじについての質問が、何百万ドルも絡んだ不正と腐敗についての一面記事につながるとは、夢にも思っていなかった。

宝くじが当たりますように

ほとんどの宝くじは、入れ物の中のボールを使ったり、コンピュータープログラムに作らせたりして、一連の数を選んで当たりを決める。ジャックポットを勝ち取る（あるいは山分けする）ためには、自分の券の数が全部、抽選で決まった数と一致していなくてはいけない。とはいえ、ランダム性が不完全な可能性もある。ボールに重りや磁石が仕込まれていたり、コンピューターに欠陥があったり、何かしらの不正行為があったりしかねないからだ。たとえば、アメリカの複数州宝くじ協会の情報セキュリティ責任者だったエディ・ティプトンは、ひそかにコンピュータープログラムをインストールして二〇一〇年の抽選を不正操作し、一四三〇万ドルの賞金を獲得したとして、二〇一五年に有罪判決を受けた。[注1] 彼は二〇一七年に自分の犯罪計画の詳細を自白した。それは、コロラド州やウィスコンシン州、カンザス州、オクラホマ州の宝くじにまで及ぶものだった。[注2] とはいえ、たいていの場合、くじの抽選は適切に行なわれるので、選びうる数のどれにも、選ばれる可能性が同じだけある。だとすれば、あなたがジャックポットを獲得する確率は、考えうる数の組み合わせの総数分の一に等しい。

問題は、考えうる数の組み合わせがとても多く、巨額の賞金を勝ち取る確率がとても小さい点にある。たとえば、アメリカのパワーボールという宝くじを考えてみよう。そのジャックポットは一五億ドルを超えたことがある。[注3] これはまた気が遠くなるような額で、多くの都市の年間予算を上回る。[注4] ジャックポットを勝ち取る（あるいは山分けする）には、1から69までの数のうち五個と、さらに、1から26までの数の一つ（「パワーボール」として知られている赤いボールに記された数）を的中させる「だけ」でいい。あいにく、六九個のボールから五個のボールを選んだときの組み合わせは、とてもたくさんある。じつは、約一一二〇万通りあるのだ。これに、赤いボール二六個分を掛けると、合計で二億九二〇〇万通りを少し超える結果が考えられる。だからパワーボールの券を一枚だけ買ったとしたら、ジャックポットを勝ち取る（あるいは山分けする）可能性は、およそ二億九二〇〇万分の一あるわけだ。

さて、二億九二〇〇万分の一というのは、とても、とても、とても小さい。それに対して、ランダムに選んだアメリカ人が今年雷に打たれて亡くなる可能性はその約二八倍ある。[注5] あるいは、ランダムに選んだアメリカ人がいつの日か大統領になる可能性はその九倍ほどある。[注6] または、宝くじ券を買いに、町の反対側まで車で出かけているときに自動車事故で亡くなる可能性は、そのおよそ四二倍ある。[注7] はたまた、ランダムに選んだ妊娠可能年齢の女性が次の一・七秒間に出産する可能性とほぼ等しい。[注8]

別の言い方をすれば、もしあなたがパワーボールの券を毎週一枚買えば、平均するとだいたい五六〇万年に一回の割合でジャックポットが当たる。[注9] あまり頻繁ではない！

けれど、これほど分が悪くても、多くの人がかまわず券を買う。「運が良い」と感じたり、きょうこそは何かの必然の運のおかげで大勝ちすると考えたりしているのかもしれない。あるいは、何か別の幸運に恵まれたので、きょうは勝てそうだという自信が湧いたのかもしれない。彼らは分の悪さをものともせずにジャックポットを勝ち取る力を持っているように感じる。あるいは、自分の人生の物語が小説のように書かれているような気がして、きょうこそ勝って「当然」の日だと決めつけるのかもしれない。

メアリー・チェイピン・カーペンターの歌「アイ・フィール・ラッキー」では、彼女は一一〇〇万ドルのジャックポットを勝ち取ったり、二人の魅力的な男性が彼女の愛を得ようと競い合ったりしている。どうしてこんなことが起こるのか？　きょう、ラッキーに感じているからだ！　彼女は、もしコインを放り上げたら、表が出ても裏が出ても勝つとさえ言い放つ。どんな確率のルールをもってしても、彼女を止めることはできない。

私には、それで幸運に恵まれますように、としか言いようがない。こうした思いや気持ちのどれ一つとして、実際にあなたが勝つ確率を変えたりしない――ほんのわずかでも。ジャックポットをせしめる可能性は、あなたがどう感じていようと、極端に小さいままであり続けるのだ。

ある切れ者のテレビのニュースプロデューサーが、宝くじ券を買う人に、当たらないと私が「納得させる」よう試みるという企画を立てたことがある。[注10] 彼はカメラを後ろに従え、宝くじ券の売り場に並んだ人々に向かって私を近づいていかせた。私は手にした小さなホワイトボードに、彼らが当たる確率についての式を書き、賞金を勝ち取る可能性がどれだけ小さいかを説明するというわけだ。けれど、買いに来ていた人々は興味を示さなかった。勝ち目についてなど聞きたがらなかった。券を買って、大きな夢を見たがるばかりだった。私の方程式について聞く耳は持たず、カメラはむなしく回り続けた。

科学とジェリービーンズ

もっと「科学的な」アプローチをとって、「もっと可能性の高い」数を選んで勝とうとする人もいる。たとえば、あるウェブサイトは、勝つ可能性を高めるために工夫されたさまざまなルールを紹介している。「必ず、全部の数が奇数あるいは偶数にならないようにすること」「数の合計が一二一から二〇〇の範囲に収まるようにすること」「一桁の数を選ぶなら、二つまでにしておくこと」といった具合だ。[注11]「いつも同じ数を選ぶこと。そうすれば、おそらくぜったいに二度と現れない数の組み合わせを一つ排除できることになるから」といった名言を含む「メソッド」を使って何百万ドルも稼いだと主張する人もいる。実際、もし私が、宝くじで何百万ドルも勝ち取る方法についてのアドバイス一つにつき一〇セント硬貨を一枚もらえたら、現に何百万ドルも稼げるだろう――一〇セント硬貨だけで。

そのような「科学的な」説を信じる人がいる理由は、簡単に見て取れる。なんと言おうと、ほとんどのジャックポットの当たりは、奇数と偶数が交ざっているし、一桁の数は三つ以上ない。だから、あなたが選ぶときにも、それに倣ったほうがいい。そうだろう？　いや、違うのだ！

たとえを使うとわかりやすいかもしれない。一〇〇個のジェリービーンズのうちの一個の中に真珠が隠されているとしよう。あなたは一個選ぶことができ、もしそれに真珠が入っていれば、大金持ちになれる。どれにその真珠が入っているかはわからないから、どれを取っても、それが特別なジェリービーンズである可能性はまったく同じで、一〇〇分の一だと、あなたは計算する。

ところがその後、一〇〇個のジェリービーンズのうち、九五個は緑で、五個だけが赤なのにあなたは気づく。そこで、緑のジェリービーンズの一つを選ぶのが、じつに賢いことだと、あなたは判断する。なにしろ、真珠が緑色のジェリービーンズに入っている可能性は九五パーセントあるのだから、それに賭けない手はないという理屈だ。

では、あなたはほんとうに賢かったのか？　緑色のジェリービーンズを選ぶのが、抜け目ないことだったのか？　あるいは、直感に逆らって、赤を選ぶほうがよかったのか？　じつは、それはまったく関係ないというのが、その答えだ。

仮にあなたが赤いジェリービーンズを選んだとしよう。真珠が赤いジェリービーンズに入っている確率は一〇〇分の五だ。けれど、たとえ赤いジェリービーンズに入っていたとしても、あなたが選んだジェリービーンズに入っている可能性は五分の一しかない。だから、全体として、真珠が出てくる可能性は、５／１００×１／５で、それは……一〇〇分の一だ。

では、緑色のジェリービーンズを選んだらどうなるか？　さて、真珠が緑色のジェリービーンズに入っている確率は、一〇〇分の九五もある。ところが、もし緑色のジェリービーンズに入っていたとしても、あなたが選んだジェリービーンズに入っている可能性は九五分の一しかない。だから、全体として、真珠が出てくる可能性は、95／100×1／95で、それは……相変わらず一〇〇分の一だ。

要するに、多いほうの色を選べば、正しい色を選ぶ可能性は高まるものの、真珠が見つかる可能性は、高まりもしなければ、低くもならず、依然として一〇〇分の一にすぎない。どの色のジェリービーンズを選ぼうと、あなたには勝ち目を変えることはまったくできないのだ。

そして、宝くじについても同じことが言える。実際、たいていの宝くじでは、当たりの数が奇数と偶数の組み合わせになる（全部奇数だったり、全部偶数だったりしない）確率は、とても高い。そして、一桁の数が二つ以下しか選ばれない確率も、とても高い。けれど、それは関係ない。そのような組み合わせを選ぼうと選ぶまいと、あなたがほんとうのジャックポットの数を全部的中させる可能性は、相変わらず完全に同じで、信じられないほど低いままだ。どんな「システム」を使おうと、あなたには勝ち目を変えることはまったくできないのだ。

この項を書いているときに、パワーボールでジャックポットを「勝ち取る可能性を高められる方法」を提供すると主張する書き手と出会った。[注12] そして、彼の素晴らしい方法とは、どんなものだったか？　彼は幅広い範囲から数を選ぶように勧める。「選ぶことができる数の範囲で、なるべく分散させるように」と。へーえ、そうか、それで大金が手に入るというのか。それで幸運に恵まれますように。

賢い宝くじの数？

では、宝くじの数を選ぶときに「賢い」方法などというものが、いったいあるのだろうか？　まあ、あると言えばある。ジャックポットの数を全部的中させる可能性を変えることは、まったくできない。けれど、極端なまでにありそうにないとはいえ、仮にあなたが的中させた暁に、ほかの人とそのジャックポットを山分けしなくてはならない可能性を減らすことはできる。どうすればいいか？　ほかの人が選びがちな数を避ければいい。

多くの人は、クイックピックという機能を使い、自分の宝くじの数をコンピューターにランダムに選んでもらっている。これは、じつはとても良い作戦だ。なぜなら、ランダムに選んだ数は、たいてい「典型的な」数ではないから、ほかの人が同じように選ぶ可能性が極端に高くはない。逆に、「2、4、6、8、10、12」といった明らかなパターンは、選ぶ人が多いかもしれない。だから、そういう数を選ぶと、ジャックポットを勝ち取る可能性は変わらなくても、たまたまジャックポットを獲得したときには、山分けしなくてはならなくなる可能性が高まる。

同様に、自分の家族や友人の誕生日に基づいて、宝くじの数字を選ぶ人も多い。一例を挙げよう。カナダの宝くじ、ロト6／49では、二〇一六年四月六日のジャックポットの数は1、3、5、8、13、31で、これは驚くべき数の組み合わせだった。全部が31以下で（したがって、月の日にちに対応しうる）、四つが12以下（したがって、月に対応しうる）だったからだ。そのため、大当たりの数は、誰かが三人の誕生日を組み合わせて選ぶことが可能だった。一月八日、三月一三日、五月三一日とか、八月三一日、五月一三日、三月一日とかいった具合に。

そのせいで、何か違いが出ただろうか？　間違いなく、出た。二〇一六年四月六日のジャックポットは特別多くはなかったので、売れた宝くじ券の枚数も、ふだんより多くはなかった。ところが、ジャックポットの獲得者がいないことや、一人か二人ということもよくあるというのに、その日のジャックポットは八人での山分けとなった。[注13]　それはなぜか？　獲得者の多くが、誕生日に基づいてくじの数を選んだからに違いない。

この情報は、どう活かすことができるか？　単純な話だ。どうしても宝くじ券を買わなければならないとしたら、何があろうとありふれた数の選び方だけは避ければいい。コンピューターのクイックピック機能に頼ったり、明らかなパターンには従わずに選んだりするのだ。そして、ついでに、31を超える数をたくさん含めること。そうした数は、誕生日に対応していないからだ。

このアドバイスに従って宝くじの数を選んだとしてさえ、ジャックポットを勝ち取る可能性は相変わらず極端なまでに低い。けれど、万一勝ち取ったときには、おそらく誰とも山分けにしないで済むだろう。なんとラッキーなことか！

宝くじ売りのスキャンダル

私はすでに、これまでに受けてきた宝くじの確率にまつわる多くの疑問や、ジャックポットを勝ち取る可能性がとても低いこと、あれこれ違う数を選んでも勝ち目を増やせないこと、自分の可能性を高めるというさまざまな「システム」がじつは効果がないことなどを説明した。正直に言うと、途中でそうした説明に、少しうんざりしてきた。そんななか、このテーマについて言えることはもうすべて言い尽くしたと思ったちょうどそのときに、宝くじのおかげで、これまでいちばん劇的な形で運の評価をすることになった。それは、新聞の一面記事や立法の議論、二人のCEOの解雇、数件の刑事訴訟、懲役、合計二〇〇〇万ドル以上の支払いが絡む事件だった。[注14]

始まりはごくありきたりだった。ある宝くじの記事に関する、またしても統計学的な問題について問い合わせがあった。このときに連絡してきたのは、時事問題を取り上げるカナダのテレビ番組「フィフス・エステート」のプロデューサー、ハーヴィー・カショアとリンダ・ゲリエーロだった。私はそれまでに、宝くじについてのテレビニュースのインタビューは嫌というほど受けていたし、忙しくて、まもなくヨーロッパに飛ぶことになっていた。だから最初は依頼を断って、誰かほかの専門家を見つけて、かわりに疑問に答えてもらってほしいと言った。ところが、私にとっては幸運にも、代役が見つからなかった。私がヨーロッパから戻った後、二人はもう一度連絡してきたので、とうとう私は詳しい話を聞くことにした。けっきょく、そうしてほんとうによかった。

プロデューサーたちの話の中心は、オンタリオ州のコボコンクという小さな町に住む、ボブ・エドモンズという名の、穏やかな話し方をする高齢の紳士だった。ミスター・エドモンズは宝くじで毎回同じ数を選んだけれど、（多くの購入者と同じで）当たったかどうかを店員に確認してもらっていた。ある日、彼の券の一枚は二五万ドル当たったのに、店員はそれを知らせず、後で自分が賞金を受け取った。その後、ミスター・エドモンズは地元紙で宝くじの当選数字を目にしたときに、たちまち何があったかを悟った。彼は三年をかけてようやく宝くじ会社を説得し、獲得賞金（のほとんど）を支払ってもらえた。ただし、その合意は内密にしておくという、厳しい条件がついていた。

テレビのプロデューサーたちは、宝くじ会社が内密にすることにこだわるのは、ほかにも似た事例があって、それを隠しておきたいからではないかと疑っていた。だから、私に統計の観点からこれについて調べるように依頼したのだ。数は何を物語っていたか？　宝くじ券の販売者は、見込まれていたよりも多く賞金を勝ち取っていたのか？　そして、もしそうなら、彼らは客の賞金を盗んでいたのか、それともたんに、まあ、運が良かったのか？

これを突き止めるためには、宝くじ券の販売者の総数、彼らが購入した券の数、彼らが勝ち取った大きな額の賞金の数を調べなければならなかった。やってみると、そのそれぞれが大変だった。宝くじの会社は、券が売られている場所の数は知っていたけれど、そこでどれだけの数の人が働いているかは知らなかった。そこで私たちは、調査に基づいて概算するしかなかった。そのうえ、宝くじの会社は、宝くじ券の販売者が平均的な市民よりも券を買う枚数が多いのか少ないのか、見当もつかなかったので、それも調査に基づいて概算せざるをえなかった（私たちは、平均すると、販売者は平均的な成人の約一・五倍の宝くじ券を買うと結論した。これは、のちにほかのさまざまな研究によっても、かなり正確であることが確認された）[注15]。最後に、宝くじの会社はアンケートを使って、おもな当選者に、宝くじ券を販売する会社で働いているかどうかを尋ねたものの、記録がいいかげんだったし、その答えが正しいかどうかを独自に調べてはいなかった。

それにもかかわらず、私は宝くじ会社のアンケートのデータと、テレビのプロデューサーたちの調査結果やさまざまな賞金のデータとを組み合わせ、いくつか結論を導き出すことができた。私は、特定の七年間にオンタリオ州内で支払われた、宝くじの「大きな」賞金（五万ドル以上）に的を絞った。そして、宝くじ券の販売者は、そうした賞金を合計で約二〇〇回獲得したと推測した。それから、手に入った情報のいっさいに基づいて計算すると、もし販売者たちがルールを守って不正行為をしなければ、平均で、合計五七回しか大きな賞金を獲得することが見込めないという結果に行き着いた。これは、約二〇〇回よりはるかに少ない。だから、彼らは現に、見込まれるよりも多く当たっていたわけだ。けれど、それならば次のように問う必要がある。彼らがこれほど多く当選していたのは、客の当たり券を盗んで不正行為を働いた結果なのか、それとも、「下手な鉄砲も……」と同じ効果を上げただけなのか？

幸い、この質問になら、私は答えることができた。販売者たちが運だけによってこれほど何度も賞金を獲得する確率に相当する p 値を計算すればいい。もし不正行為がなければ、販売者が大きな賞金を獲得する回数は、いたるところにいる販売者全員が買った宝くじ券の総数という、厖大な数の機会の結果となるはずだ。そして、そうした機会の一つひとつにはごくわずかな成功の確率しかない。たった一枚の宝くじ券で大きな賞金を得る可能性だ。こうしたランダムな数には、「ポアソン分布」

と呼ばれる数式に規定される確率があることを、私は知っていた。そこで私は、平均が五七回の賞金獲得であるポアソン分布が、実際に二〇〇回以上の賞金獲得になる確率を求めさえすればよかった。つまり、販売者が純粋に運で二〇〇回以上賞金を勝ち取る確率はどれだけになるか、だ。

最初、この確率はかなり大きいかもしれないと思っていた。なにしろ、二〇〇回というのは、五七回の四倍にも満たない。そして、誰もが知っているとおり、宝くじというのは幸運に恵まれることに尽きる。そうだろう？　だから、販売者の賞金獲得は、幸運の結果にすぎないこともありうるのではないか？

ところがどっこい、私は完全に間違っていた。計算をしてみると、販売者が大きな賞金を二〇〇回以上獲得する確率は、一兆×一兆×一兆×一兆分の一よりも小さかった。[注16]これは想像を絶するほど小さい確率なので、偶然だけによっては絶対起こらないはずだ。だから、販売者がこれほど多く当たる説明として、「下手な鉄砲も……」の効果は安心して除外できた。

次に、ほかの運の罠の可能性も確認しなければならなかった。多くの異なる可能性を探った挙げ句、ついに何か驚くべきものを発見するという、ある種の「散弾銃効果」は考えられないだろうか？　いや、ない。もし誰かが、何百万分の一という分の悪さを跳ね返してジャックポットを勝ち取ったとしたら、それは宝くじ券を買う「大勢の人」（何百万もの人）の効果で説明できる。けれど、この場合には、オンタリオ州の販売者が大きな宝くじの賞金を怪しいほど多く勝ち取っているかどうかという、たった一つの具体的な疑問を調べにかかり、実際に勝ち取っていると判断したのだ。私たちはほかの多くのグループ（販売者以外の人々）やほかの賞金（宝くじ以外）、何百万もの異なる個々の宝くじ券購入者、多くの異なる州（オンタリオ州以外）は考えていなかった。ここには「散弾銃」はなかった。

では、「特大の的」があっただろうか？　いや、なかった。ここでは、「的」は宝くじの大きな賞金であり、明確で不変で重要なものだった。「プラシーボ効果」はあっただろうか？　いや、宝くじの賞金を勝ち取ることの意味は明らかで、曖昧なところはまったくなく、心理的な観点の影響はいっさい受けない。「偽りの報告」は行なわれていたか？　まあ、多少は。宝くじの会社の記録管理がいいかげんだったため、販売者の厳密な数や、彼らが買った宝くじ券の正確な枚数、彼らが宝くじの賞金を勝ち取ったほんとうの回数はわからなかった。けれど、それについてはあまり心配しなかった。必要に応じて控えめな仮定をしながら、調査や推定に基づいてかなり注意深くこれらの数を概算したからで、そこで出た誤差はどれも、おもな結論を変えるほど大きいことはありえなかったからだ。

けっきょく、どの角度から見ても、販売者たちは運だけから合理的に見込まれるよりも多く、宝くじの大きな賞金を勝ち取っていた。

さあ、聞いてください

これらをすべて考え合わせると、宝くじ券の販売者による賞金獲得についての自分の分析が、かなりの詐欺行為の存在を示していることを確信できたので、私は自信たっぷりで報告書を書き、テレビの録画インタビューでもはっきりそう言った。ところが、思ってもいないことが起こった。私たちの結果が発表されると、信じられないほど注目されたのだ。番組が放送された途端、[注17]「宝くじ券販売者のスキャンダル」の話は全国でトップニュースになった。カナダのあらゆる新聞の一面に載り、すべてのニュース番組でトップ記事として取り上げられた。「一兆×一兆×一兆×一兆」という数は流行語になり、私はそれを数えきれないほどのテレビインタビュー（フランス語でのものさえ一回あった）で繰り返した。

反応は迅速で、興味深かった。宝くじ会社の職員は、私の分析が間違っていることを証明しようとし、エドモンズのケースは例外的だと言い張った。彼らはなんと、私が「はなはだ過度に単純化した数学の方程式を提示した」と主張した。[注18]そのうえ、統計コンサルタントたちを雇い、お金を払って報告書を書かせさえした。それらの報告書は、私の出した結果を疑問視するものだった。[注19]それから会社のCEOは、厚かましくも、私の分析は「販売者たちが宝くじを買う頻度を……取り違えている」と断言した。頻度に関しては、（たとえ、ニュース報道のほとんどで、とまでは言わないにしても）私の報告書には明確に取り上げてあったにもかかわらず、だ。

もっとも、会社側のこうした試みは、一般大衆の激しい怒り――もちろん、宝くじ会社に対する怒り――に圧倒され、かき消されてしまった！　人々は自分の宝くじ券に強い愛着を感じていたらしく、券の一部が販売者に盗まれていたと考えて、それを個人的な侮辱と捉えたようだ。彼らの怒りを受けて、州議会では野党の議員が州政府を猛然と非難し、私の名前と統計学的計算を挙げながら、州政府は宝くじ券の購買者を適切に守ってこなかったと主張した。[注20]その後、オンタリオ州のオンブズマンが調査を行ない、報告書を出し[注21]、宝くじ会社による監督業務の怠慢を厳しく攻撃した。州政府はそれに応じて、宝くじ会社のCEOを解任した（私の統計計算がその種の影響を及ぼしたのは、これが初めてだった！）。政府は、新しい手順も導入した。それにより、宝くじ販売店の端末は、当選した券をスキャンするたびに、大きなベルの音を出し、当選者にはっきりと知らせるようになった。また、購入者が券を販売店員に渡す前に、サインすることを義務づけた。サインしておけば、券の所有権を主張できるからだ。さらに、購入者が自分の券を販売店員に渡す前に、当たっているかどうかを知れるように、券を自動的に確認できる機械も導入した。全体として、じつに大きな影響があった！

しかも、話はそこで終わらなかった。警察が、いくつか疑わしい事例の捜査を始めたのだ。捜査がうまくいくかどうか、私には自信がなかった。統計学は、どれだけの不正行為があったかという問題を扱い、どの事例が不正だったかは対象としていないからだ。けれど、警察は根気良く捜査を続け、「疑わしい」賞金獲得を追い、尋問を重ねた。そしてとうとう、初の逮捕に至った。捕まったのは、購入者の券を横取りし、五七〇万ドルの賞金を受け取った販売者だった。その販売者は罪を認め、刑務所で一年間服役（ふくえき）した。いちばん目覚ましかったのは、本来の当選者四人に、賞金全額と利子が支払われたことで、それは合計で六五〇万ドルに達した。これはまた大金だ！

ほかにも数件が逮捕につながった。とくに面白かったのが、一二五〇万ドルの賞金が絡んでいた事例だ。この賞金を受け取った女性は、あるコンビニのオーナーの娘であることがわかった。彼女はどこでその券を買ったか「思い出せなかった」。警察は、怪しげに聞こえる会話を秘密で録音したりしながら数年間捜査を続けた後、その女性と父親と兄を詐欺の罪で起訴した。この事例では、誰がほんとうの当選者なのか、警察は見当がつかなかったので、正当な当選者を「捜している」ことをただ公表した。これだけのお金がもらえるというのだから驚くまでもないけれど、「電話が殺到」したので、それを篩にかけなければならなかった。警察は、宝くじ券を買う時間や場所、たいてい選ぶ数など、賞金請求者の一人ひとりの購入パターンを調べることにした。最終的に、七人の建設作業員のグループ（で、宝くじ券購入の常連）を正真正銘の当選者と認定し、満額と利子、合計一四八〇万ドルを支払った。たまげた！　たった一つの統計計算からこれほどの額のお金が生じるとは（ちなみに、私はそのお裾分けには与らなかった）。

そのあいだに、似たような宝くじ券販売者の詐欺問題が、ブリティッシュコロンビア州（ここでも宝くじ会社のCEOが解任された）、カナダ大西洋州やカナダ西部州でも暴かれた。その後、アメリカのアリゾナ州やテキサス州、フロリダ州、マサチューセッツ州、その他の州で、マスメディアによるそれぞれ別個の調査によって[注22]、関連の事例が明るみに出された。数人の購入者が運だけによってはとうてい説明できないほど多くの宝くじの賞金を勝ち取っていたのだ。これは、どの事例でも、販売者によるさらなる詐欺が行なわれていたか、あるいは、詳しく調べられるのを避けるために当たり券を他者に渡す、マネーロンダリング計画や脱税計画が行なわれていたことを意味する。いちばん痛快だったのがカリフォルニア州の宝くじ会社の事例で、この会社は大規模な囮捜査を行なった。捜査官が客を装い、宝くじの販売者に、自分の（偽物の）当たり券を確認するように頼み、販売者が人目につかないように確認する機会をたっぷり与えた[注23]。すると案の定、カリフォルニア州の販売者のうちかなりの数が「客」に券は外れだと言い、後で賞金を自ら受け取ろうとした――そして、その過程で逮捕された。

　この問題は北アメリカの外にまで広がっていた。イングランド中部に住む高齢の女性が、ユーロミリオンズの宝くじ券を一枚、地元のコンビニに持っていった。店員がその券を確認して、外れです、と告げた。そして親切そうに、捨てておいてあげましょう、とまで言った。けれど、店員の端末の表示画面には、その券にはじつは一〇〇万ユーロ（約一四〇万ドル）の価値があることを示していた。彼はこっそりその券をとっておいて、後で賞金を受け取ろうとした。けれど、宝くじ会社の職員はさすがだった。彼らは怪しいと思って調べた。やがて店員は虚偽の陳述による詐欺を告白し、懲役二年六か月の判決を受けた。一方、女性は遅まきながら賞金を与えられた。イギリスの国営宝くじは、将来同じような詐欺が起こるのを防ぐために、当たりくじ券がチェックされるたびに、音を立てて客に知らせる新しい装置まで導入した。ああ、その店員についてだけれど、「ラッキー」というのが彼のニックネームだった。[注24] なんとも滑稽なアイロニーではないか。

　それから何年もたった後でさえ、新しい事件が起こっては捜査が行なわれている。そして、どれもこれも、もとはと言えば、粘り強い調査報道と、少しばかりの統計分析と、運についての注意深い考察を行なったからなのだ。

第一五章　ラッキーな私

この本のほとんどは、運がほかの人々にどんな影響を与えるかを話題にしている。他人について論じているときには、彼らの話や主張をなるべく客観的に評価することができ、何が正しくてなぜそうなのかを突き止めることが望める。

けれど、私自身の運についてはどうなのか？　それに関して、何が言えるか？

私はたしかに、幸運なスタートを切れたことは承知している。幸運にも、良い家庭に生まれ、家族に守られ、支えられ、自信を与えられた。戦争も飢饉もない安全な国に暮らしていた。まずまずの健康と、考えたり学んだりする能力に恵まれた。すでに取り上げた、ウォーレン・バフェットのくじという観点からは、私は間違いなく良い紙片を引き当て、好ましい環境で人生を始めることができた。それは疑いようもない。

けれど、それから後の人生はどうなのか？　大人になって自立し、生まれ育つあいだに得た強みを手に、自分の道を歩みはじめてからはどうなったのか？　私は人生をどう生き、自分が成長するなかで運はどんな役割を演じたのか？

全般的に言って、自分の経歴はかなりの成功だと思う。就くことができた仕事は安泰で、給料も良いし、研究論文も数多く発表し、それによって学術的な賞もいくつかもらい、それなりに認められている。こうした成功の一部は、自分の勤勉さや周到な準備、粘り強さ、生まれつきの才能のおかげだと思う。だから、それに多少は誇りを持っていいと考えたい。

とはいえ、それで全部だろうか？　いや、けっしてそうではない。認めたくはないのだけれど、自分の成功の多くは、自分の能力や賢い行動の結果ではなく、ただの馬鹿げた運のせいだ。ほとんどの人の場合と同じで、私の成功はまったく保証されていなかった。恥ずかしい話かもしれないけれど、物事が違う展開になっていてもおかしくなかったことは何度となくあり、私の人生もあらぬ方向に進んで、ぜんぜんうまくいかなかった可能性は十分ある。

いくつか例を挙げよう。

最高のテーマ、最高のタイミング

何年も前、私はハーヴァード大学で純粋数学の分野で博士論文にとりかかった。ゴールはどこかの立派な大学で数学の教授になることだった。ところが、研究していたテーマ（数理物理学、場の量子論、ひも理論）はあまりに複雑で、十分学んで優れた論文を書くには何年もかかりそうに見えた。そのうえ、それらのテーマはとても専門的なので、どのみちどこの大学にも雇ってもらえる自信がなかったから、なお悪い。大学院での一年目に、必要な試験には全部合格したので、原則としては、自分の博士論文のための研究を始める準備は万端だった。ところが、いくらか絶望と苛立ちを感じ、このまま苦労して論文の執筆を目指し続けるべきなのかどうか、迷った。

私にとっては幸運にも、好奇心から、数学的確率論についての講座も聴講していた。私は年少の頃から、単純な確率がずっと好きだった。サイコロやトランプやゲームといったものだ。大学院の講座で扱う確率のテーマはもっとずっと込み入っているけれど、物理学の研究とは違って、相変わらず同じような楽しさや面白さを感じられるように思えた。だからまもなく、数理物理学から確率へと自分のテーマを変更することにした。そして、何か月か一生懸命取り組むと、研究がいくらか進み、おおいに手ごたえを感じた。

最初、博士課程での私の研究は、「コンパクト・リー群のランダムウォーク」という、そうとう専門的なテーマだった。そして、それについての研究論文を二つ三つ完成させた。それはそれでよかった。けれど、確率という一般的な分野に鞍替えしていたとはいえ、この、論文研究の第一段階は、依然としてかなり専門的だった。だから、この研究が大学での職やキャリアでの成功につながるかどうか、相変わらずはっきりしなかった。

次に起こったことは、なおさら幸運だった。私の博士論文の指導教官が、「マルコフ連鎖モンテカルロ（ＭＣＭＣ）」と呼ばれる最新流行の斬新なコンピューターアルゴリズムについて耳にし、それにかかわる新しい問題に取り組んでみてはどうかと提案してくれたのだ。そこで私は、それについて研究しはじめた。すぐにはわからなかったけれど、このアルゴリズムは、統計学と科学の研究のさまざまな部門で大変な人気を博そうとしていた。幸運にも、私はまさに最高のタイミングで、最高の場所に居合わせたのだ。

この特別なアルゴリズムについての私の数学研究は、最高のタイミングで発表されたので、ほかの研究論文で広く引用された。そのおかげで、私の研究者としての地位と評判が高まり、ついには、いくつもの大学から素晴らしい学究職を提示された。私はすぐに応じた。これで教授として順風満帆のキャリアが送れる。ラッキーだった。

では、あのときテーマをＭＣＭＣに替えていなかったら、どうなっていただろう？　今ほどのキャリアは残せず、もっとレベルの低い大学で、あまり重要ではない研究をしていたかもしれない。あるいは、ぜんぜん教授になれず、かわりに、低いレベルのコンピュータープログラマーとして働いていたかもしれない。確かなことは言えない。けれど、研究者として成功したのは、自分にとってまさに必要なときに、打ってつけのテーマにたまたま切り替えたことに負うところが大きい。要するに、運が良かったのだ。

単純なパーセンテージだって？

宝くじ券販売者のスキャンダルで統計分析をすることになって、自分がどれほど幸運だったかについては、すでに述べたとおりだ。このスキャンダルは世間におおいに注目され、さらに多くの機会を私にもたらしてくれた。そして、最初私はこの件にかかわるのを辞退したのに、テレビのプロデューサーたちが代わりを見つけられずに、もう一度声をかけてくれたのだから、なおさら運が良かった。

けれど私は、別の意味でも幸運だった。宝くじの話が評判を呼んだ後、警察に招かれて、詐欺捜査官たちの大規模な会合で九〇分の講演をすることになった。[注1] その一件と、関連する統計分析についてどう語れば、出席する何百人という警察官や政府の役人や政策立案者の興味を惹き、しかも彼らを楽しませることができるか、多少不安になった。それでも一生懸命準備し、プレゼンテーションの助けにするために、面白いスライドを作り、さまざまな例を考えた。

そして、けっきょくとてもうまくいった。聴衆は私のジョークに笑い、話を理解し、さまざまな確率について考え、私からの問いに答え、プレゼンテーションは大成功に終わった。よかった、よかった！

とはいえ、途中、もう少しで台無しという瞬間があった。私は確率が絡む筋書きを設定し、聴衆に、どれがどれの答えになっているか、当ててみるように頼んだ。ところが、手が上がるのを待っているあいだに、落ち着かない気分になった。スライドに写っている数の一つが、間違っているように見えたからだ。そして、もし間違っていたら、説明がまったく意味を成さなくなってしまう。

私はすばやく心を決め、自分の疑念をあっさり無視し、変更なしでプレゼンテーションを続けることにした。幸い、万事うまくいき、誰も私のミスに気づかず、異議を唱える人もいなかった。

その数時間後、私は自宅でこっそり計算を見直してみた。すると案の定、馬鹿げたミスをしていたことがわかった。確率の一つを計算して、〇・三〇二四五ほどになるという答えを出していた。これは正しかった。けれどその後、プレゼンテーションのために単純なパーセンテージに換算する必要があった。どんどん作業を進めながら、こんなものは簡単だと甘く見ていた私は、これはおよそ三パーセントに等しいと書いた。何たるミス。小学生でもわかるだろう。ほんとうはおよそ三パーセントではなく三〇パーセントで、大違いだった。そして、このミスのせいで、私の講演での主張は、完全には誤りではなかったものの、完全に正しくもなかったことになる。しまった！

私にとっては幸運にも、このミスに気づいた人はいなくて、誰もがあの講演は素晴らしかったと思ってくれた。そして、私はいつもならとても正直なのだけれど、このときばかりは正直は最善の策ではないと判断した。そして、スライドの間違いをさっさと直し、自分が犯したこのミスについてはあえて誰にもひと言も言わなかった。

まあ、今この瞬間までは。

キキーッ！

運に関係するいちばん古い記憶は、幼い頃までさかのぼる。たぶん、六歳か七歳ぐらいのときのことだろう。私たちは、安全で静かな地域に住んでいた。ある日、私は兄と何かのお使いに出かけた。途中、近くの大通りを渡ることになった。記憶はあやふやだけれど、信号が赤になる直前に、兄が先に急いで渡った。

　ところが、後をついていく私は、もたついて遅れていた。幅の広い通りや高速の車や信号に慣れていなかったので、周りの様子など目に入らず、ただ兄を追いかけた。そして、そのとき、音が聞こえた。

　キキーッ！　どこかで車が急停止した。それから男の人の声が、私を怒鳴りつけた。「死ぬ気か？」と、その人はきつい調子で言った。私は後戻りして、通りの中央の分離帯に飛び乗った。頭が混乱して、何が何だかわからなくなっていたけれど、ともかく危地は脱した。

　その後、その車は走り去ったに違いない。けれど、私の目にはそれは映っていなかった。私はとうとう、その声がどこから聞こえてきたのか、わからずじまいだった。その車がどこまで自分に迫っていたのかも、どこまで自分が通りに出ていたのかも、いつ信号が変わったのかも、よくわからない。

　それでも、どうなりえたかは、はっきりわかる。もう少しだけ通りに出ていたら、あるいは、その車がもう少しだけ近くまで来ていたら、はたまた、その車がもう少しだけスピードを出していたら、轢かれていてもおかしくなかった。けがをしたかもしれないし、骨が折れたかもしれないし、昏睡状態に陥ったかもしれないし、ひょっとしたら死んでいたかもしれない。プライドと自信を傷つけられただけで済んだ私は、ラッキーそのものとしか言いようがない。

　次に起こったことは、はっきり覚えている。おびえてはいたかもしれないものの、それでも、するべきことはわかっていた。兄への最初の言葉はお願いで、兄はそれをすんなり理解して、聞き入れてくれた。「ママに言わないでね」

ディール・オア・ノー・ディール？

私はマスメディアから、確率とランダム性について、ありとあらゆる種類の質問を受ける。たいていはそれほど驚くこともなく、うまく応じられるので、幸運にも、普通は問題ない。けれど、一度だけ不意を衝かれて困ったことがある。

テーマは、ホーウィー・マンデルが司会を務める「ディール・オア・ノー・ディール」というテレビのゲーム番組だった。この番組では、出場者はお金の入ったブリーフケースを一つ受け取るけれど、金額はわからない。番組が進むにつれ、出場者は繰り返しさまざまな金額の提示を受け、自分のブリーフケースを譲り渡すように言われる。出場者は毎回、提示されたお金を受け取る（ディール）か、断って（ノー・ディール）、もっと多くのお金が後で手に入ることを願うか、決めなければならない。ある新聞記者はまず私に、この番組のルールのもとで出場者が下すべき決断について、一般的なアドバイスを求めた。

そこで私は、一般的なアドバイスから始めた。最善の決断は、平均すると取り分を増やすことになるようなものだ。だから出場者は、提示された金額を、残りのブリーフケースに入っている金額の平均と比べ、それに基づいてその「ディール」を受け入れるかどうか決めるべきだ、と。私は、「効用関数」という、これに関連した原理とのつながりさえ示し、勝ち取れるかもしれない金額についてだけではなく、そのお金が出場者個人にとって実際にはどれだけの価値があるかも考えるべきであることも説明した。全体として、かなり良い回答だったので、マスメディアによるこのインタビューも、うまくこなせたと、自信があった。

ところがそこから予想外の展開になった。記者は、実際に番組で起こった四つの異なるケースを語った。どのケースについても、提示された金額と、残るすべてのブリーフケースに入っている金額も言ってから、私が出場者だったら、どんな決断を下していたかと尋ねた。これには参った！

私はそわそわしながら、それぞれのケースについて考え、平均を計算し、論理的に推論した。それから勇敢にも、自分の決断を記者に告げた。彼はそれを注意深く書き留めると、別れの挨拶をして、私のオフィスから出ていった。私はいったい何をしでかしたのか？　大恥をかくことになるのだろうか？

その記事が新聞に載ったのは、ようやく一二日後のことだった。はたして、それには四つのケースがすべて詳しく書かれていた。私は思わず息を呑んだ！

それで、私の決断は正しかったのだろうか？　「どちらが上回ったか？　ケースの一つでは、出場者と私は同じ決断を下したので、記事はありのままを書いていた。「どちらが上回ったか？　引き分け」。けれど、ほかの三つのケースでは、私の決断は出場者の決断とは正反対だった。勝負！　それで、判定は？

信じらない話だけれど、その三つのケース全部で、私の決断のほうが優っていた。新聞にはこうあった。この三つのケースのすべてで、「どちらが上回ったか？　ローゼンタール」。私の勝ちだった！　この記事は、新聞の芸能欄のトップニュースで、「ホーウィー・マンデルの番組に出るなら、ジェフリー・ローゼンタールを連れていくこと」という見出しがついていて、「親や彼らの決まり文

句を家に残し、数学者を連れていくように」とアドバイスし、四つのケースをみな詳しく説明していた。[注2]

これはどれも、数学にとっても、確率にとっても、そして私にとっても、素晴らしい宣伝になった（この本の出版社は、記事のコピーを額に入れて私に贈ってくれさえした）。けれど、正直に言っておかなければならない。この四つのケースで私が成功したのは、平均を求めるという賢い考え方が、ほんの少しうまくいったからにすぎない。完全に裏目に出ていてもおかしくなかった。四つとも勝ったのは、おもに、とてもラッキーだったからだ。

おかしな音楽

私は子供の頃、ピアノのレッスンを受けていた。そして、その後ギターも習った。大きくなると、人前でも少し演奏し、いつかロックスターになって大成功を収めることを夢見た。あいにく、同じ夢を持っている人がどれほどたくさんいるか、そして、自分の音楽がどれほど平凡か、すぐにわかった。たしかに、友人たちを楽しませたり、小さなクラブで合格点の演奏をしたり、会合の宴会で大勢の酔っ払った統計学者たちを満足させたりさえできたけれど、それがせいぜいだった。

何年かしてから、即興のコメディを始めた。生まれつきの才能はなかったものの、二、三年ワークショップに通うと、何の準備もなくその場で設定した場面を演じ、そつなく話を展開させ、登場人物に面白い言動をさせ、笑いも取れるところまでいった。即興コメディは、確率と多少関係してさえいた。舞台でのランダムな展開は、大学で私が研究していたランダム性に、似ていなくもなかったからだ。これはみな、胸がわくわくするようなことだったし、身につけた技能のおかげで、前よりも良い教師や講演者になれた。とはいえ、コメディのスターになろうとしている人も、音楽のスターになろうとしている人と同じぐらいたくさんいるのがはっきりしたし、この分野でも、私は特別秀でてはいなかった。

ところが、そんなある日、即興のショーで、出演者たちが伴奏者を探しているという話を耳にした。コメディアンたちのそばに座って、楽しい場面ではハッピーな音楽を、危険な場面では怖い音楽を、架空のスポーツイベントではそれにふさわしいオルガンサウンドを、という具合に、何でも演技の質を高める助けになる音楽や音をキーボードで奏でる人がほしいという。いつもの伴奏者が、その日は来られなかったからだ。誰か助けてくれないか？

私はそれまで、コメディのシーンに伴奏音楽を提供したことは一度もなかった。けれど幸運にも、基本的な技能のほとんどを備えていた。即興コメディを演じたことがあるから、感じはある程度わかっている。友人たちと即興演奏もかなりやってきた。そういう演奏では、ほかのミュージシャンに自分の音楽をすばやく合わせなければならない。幸運なことに、私はまたしても最高のタイミングで最高の場所に居合わせたのだ。私はその晩、そのショーで伴奏し、とてもうまくやってのけた。上演者たちは私の働きを認めてくれた。こうして私は仲間に迎え入れられた。

その後は、万事順調だった。ミュージシャンや即興コメディアンになりたがっている人は無数にいたとはいえ、その両方を合わせて即興伴奏家になれる人は、ほんのわずかしかいなかった。だから、長年ミュージシャンとしてほとんど無視され、即興コメディアンとしてもほとんど無視されてきた私は、気がつくと即興伴奏家として急に引っ張りだこになっていた。[注3] プロデューサーがショーで演奏してくれと、電話をかけてくるようになった。しかも、お金を払ってくれるという！　かつては私など見向きもしなかった熟練の有名即興家たちが、今では決まって私に伴奏を依頼する。ノーカットの演劇でミュージシャンとして舞台に出ずっぱりだったこともある。[注4] 出演するのはおもに小さなクラブの小規模なショーばかりで、一流のものではないけれど、積もり積もって、かなりの回数になった。私は抜群の才能には恵まれていなかったとはいえ、この専門分野に特化していたおかげで必要とされた。実際、この段落を書く前の週には、大劇場の大晦日のバラエティショーでも演奏し、[注5] じつに楽しいひとときを過ごした。

　自分に正直でいられるときには、私はこうした機会が、自分の実際の取柄のおかげだけで巡ってきたわけでないことを認めざるをえない。私は二流のミュージシャンで、二流の即興コメディアンにすぎない。たしかに、狭い会場を埋める気さくな人々を楽しませることはできる。けれど、私の個々の能力はたいしたことはなく、もっと才能のある人が大勢いるので、プロデューサーがわざわざ電話してきて、音楽の演奏や即興コメディの公演を依頼したりはしない。ところが、私にとっては幸運にも、私はこの二つの技能を組み合わせることで、多くのショーで必要とされているのにやれる人がほとんどいないものを提供する道を見つけた。だから、思いがけない幸運のおかげで、それなしではとうてい望みようもなかったほどの芸能のキャリアを積むことができた。

果物のジャグリング

私は教授として身分が安泰になった後、医師でテレビのパーソナリティのマーラ・シャピロがキャンパスで行なった講演に行った。話が終わると、お決まりの質疑応答の時間になった。けれど、五〇〇人ほどの聴衆の誰一人として、何も訊こうとしない。しばらく気まずい時間が流れてから、私はなんとかしなければと思って、マイクに歩み寄り、自分が質問することにした。

シャピロ医師は講演の中で、ワークライフバランスの問題を取り上げ、仕事から離れる時間をとって、家族や友人とリラックスするのに充てることの重要性を説いた。そこで私は、医師でメディアのスターでもあるシャピロ自身は、そうする時間が見つかるのか、どうやって見つけるのか訊いてみた。これは理にかなった質問に思えた。沈黙を破り、彼女にもう少し意見を述べる機会を与えることになるから。

ところが、私は知らなかったのだけれど、シャピロ医師はその手の質問を想定していた。彼女は待っていましたとばかりに、まさにこういうときのために演壇の陰に隠しておいた果物を三つ取り出し、全部私に手渡した。生活のバランスをとるのは、複数のものを宙にとどめておこうとするようなものです、と彼女は会場に集まっている人々に説明した。そして、それをはっきりさせるために、その三つの果物でジャグリング（お手玉）してみるように私に言った――この大勢の聴衆の前で！

私がしくじって、果物をみんな落として、みっともない姿をさらした後、さまざまな義務をいっぺんにバランス良く扱うことの難しさをあらためて説くつもりだったことは明らかだ。ところが、彼女は知らなかったけれど、私は若い頃、少しばかりジャグリングを練習したことがあった。たいていはテニスボール三個をうまく投げ上げ続けることができ、たまに一つ落とすぐらいの腕前だった。だから、けっして無理な注文ではなかった。

けれど、果物？　テニスボールとはわけが違う！　とくにこの場合は。その果物というのは、オレンジ一個（これは丸くて扱いやすい）と青リンゴ一個（これもほぼ丸い）とバナナ一本だった。当然ながら、バナナは丸くはない。ちっとも丸くない。リンゴやオレンジとは、見かけも手触りも動きも完全に違う。捕ったり投げたりするのが難しい。しかも、バナナのジャグリングなど、一度もやってみたことがなかった。

それでもどういうわけか、何百という見物人を無視して最善を尽くすことにした。右手にバナナとリンゴを、左手にオレンジを取り、すばやく重みを確認し、まず、リンゴを宙に放り上げた。それが落ちてくる直前に、左手のオレンジを放り上げて、リンゴをキャッチした。ここまでは順調だった。けれど、まだバナナという難題が待ち構えている。

オレンジが右手に向かって落ちてくるときに、私はバナナを投げ上げた。それから右手でオレンジをキャッチし、左手でリンゴを放り上げ、次に左手でバナナをキャッチした。うまくいった。ほんとうにジャグリングできていた！

続けているうちに、自信がついてきた。聴衆が視界から消えた。シャピロ医師も見えなくなった。

そこには、私という無骨な教授が、独りで三つの果物と向き合っていた。注意深く投げては受け止め、完全に集中して、へまをすることもなく、手際良く安定して果物をジャグリングし続けた。[注6] 一〇秒ほどかけて何度も放り投げてから、最後に果物を三つとも再び手に戻すことができた。これでよし。おしまい。私の勝ち。

聴衆がどっと拍手した。私が主役になっていた。シャピロ医師はそれでも自分の主張をしようとしたけれど、バランスをとるのは、ほとんどの人が果物をジャグリングしようとするようなもので、「この方（私のこと）がこんなに上手にやってのけたようには、うまくいかないかもしれません」と言うのがせいぜいだった。なんとも気分が良かった。

講演の後、これは仕組んであったんですか、と何人かに訊かれた。私が果物をジャグリングできることを、シャピロ医師は最初から知っていたんですか、と。いや、ぜんぜん、と私は答えた。シャピロ医師は私をまったく知らなかった。それに、私がうまくジャグリングできたからといって、少しも彼女の主張を裏づける役には立たなかった。断じてやらせではなかったのだ。

何百人もの前で私がジャグリングをするように言われたのは、あのときだけで、たまたま私は少しジャグリングの経験があったから、なんとか果物をうまく投げ、自信がついて、かつてないほど上手にジャグリングすることができただけだ。要するに、このときもまた、とても、とても、ラッキーだったにすぎない。

歩行者の危機？

宝くじスキャンダルの一件がようやく静まってきた頃、別の件で新聞各社が連絡してきた。歩行者の死という問題だ。わずか一か月のあいだにトロント地区で、ふだんよりもずっと多い一四人もの歩行者が自動車にはねられて亡くなっていた。当初のニュースの見出しは、恐ろしい展開を予測していた。これは新しい傾向の始まりに違いない、この町を歩くのは、これまでになく危険になっている、というのだ。そうではないか？

宝くじスキャンダルでの私の働きを見て、マスメディアは歩行者についても同じような警告を私が発することを期待していた。けれど、私は冷静にこの問題を考えてみた。そこには何か運の罠が絡んでいないか？

調べてみると、絡んでいることがわかった。

第一に、この一四人という死者の数は、トロントの都市圏全域のもので、実際に市内で亡くなった人は七人だけだった。この分析にほかの町の死者数を組み込むのは不適当に思えたし、どのみち、データが不十分なこともあって、これほど広い地域にわたる公平な比較をするのは難しかった。私はただちに、トロント市自体の中で起こった七件の死亡事故だけに的を絞ることにした。

次の疑問は、何と比べて、だ。この町にとって、どれだけの数の歩行者の死亡件数が標準的、あるいは普通と考えられるのか？　調べてみると、長い期間で考えた場合、市内の歩行者の平均死亡数は、毎年約三二人、月ごとに換算すると約二・六六人であることがわかった。それに比べると、七人は普通より多いけれど、それほど多くもなかった。

とはいえ、肝心の問題は、ある種の「散弾銃効果」があるかどうかだった。この場合、異なる「弾丸」は、異なる月に相当した。歩行者の死は長年記録されていて、数が多かったのは、このひと月だけだった。もし前の月かその前の月も同じぐらい多かったら、それについて耳にしていたことだろう。そして、ときにはこれほど死者が多い月があっても、それほど意外ではなかった。

実際、私は「ポアソン分布」という確率の方法を使って、これをもっと正確に計算することができた。すると、もし何か新しい力が働いたり特別な意味があったりしなければ、七人以上の死者が出る確率は、毎月約一・九パーセントあるという結果が出た。それはかなり低い確率だ。けれど、それほど死者が多い月は、偶然だけによって、およそ四・四年に一回見込めることを意味していた。ちなみに、偶然だけによってときおり通常より多い死者が出るような現象のことを、「ポアソン・クランピング」という。

だから私は、歩行者の死者数が多かったのは偶然だけの結果で、特別意外ではなく、今後は死亡件数はもっと「標準的な」レベルに戻るだろうと、大胆にも宣言した。私の分析はそのまま受け入れられ、新聞には「珍しいことが続けざまに起こるのはそれほど珍しくない、と教授」「この数字の陰にはおそらく何の意味もなく、ただの確率があるだけ」「一月の歩行者の死者数は、統計学上のしゃっくりのようなもの、と数学者」といった見出しが載った。[注7] こうした記事は、私にとっても統計学にとっても大きな宣伝になった。それ以上に重要なのだけれど、記事のおかげで事実関係が明らかになり、無用のパニックを防ぐことができた。ここまでは良かった。

ところが、それから私は心配になった。ひょっとしたら、自分は間違っているかもしれない。これはほんとうに新しい傾向の始まりかもしれない。歩行者の死亡件数がどんどん増え続け、新たな恐怖の波が町を呑み込む可能性がある。そうしたら、ただのランダムな一時的上昇にすぎないなどと考えた馬鹿な教授を、人は軽蔑の目で振り返るかもしれない。そんなことになったら、私は身の破滅だ！

だから私は不安な思いでその後の統計値が発表されるのを待ち、歩行者の死亡件数が翌月どうなるのかを見守った。あいにく、じつに長いあいだ、明確な情報が見つからなかった。ようやく二か月ほどたって、問題の月に続く、ひと月半の数字を手に入れることができた。その期間に見込まれるトロント市内の歩行者の死亡件数は、およそ四人だ。だから、実際の数はこの数字を大きく上回り、危険が継続していることを示すだろうか？

正反対だった。この期間の数値はたった二人で、普通の平均よりもいくぶん少なかった。だから、私は正しかった。前の月の大きな数値は、「ポアソン・クランピング」と一致する、ただのランダムな一時的上昇で、それ以上の何物でもなく、実際に危険が増していることの表れでは断じてなかった。私にとっては幸運にも、新聞各社に語ったことはほんとうに正しく、赤恥をかかずに済んだ。ああ、よかった！

ただ、一つだけ問題があった。それは何か？　数が平常に戻ったという記事を、どの新聞も載せなかったのだ。一紙たりとも。死亡件数が多くないと、マスメディアはたちまち興味を失ってしまうのだろう。不運にも、私は統計学の勝利をたった独りで祝わなければならなかった。

それはともかく、私は自分の出世には運がどれだけ重要だったかを、またしても思い知らされた。

適切な研究テーマにたまたま出会ったことから、誰にもミスに気づかれなかったことや、予想がたまたま当たったことまで、自分のキャリアでの成功には、ただの能力や勤勉さをはるかに超える要因があった。何度となく、運もまた、決定的な役割を果たしてきたのだ。

第一六章　ラッキーなスポーツ

どれであれプロのスポーツは、事実上どの国でもとても人気がある。人はプロスポーツを見たり、応援したり、期待をかけたり、夢を抱いたり、賭けをしたりするのが大好きだ。すでに見たとおり、ファンはスポーツの結果を、バンビーノの呪いといった超自然的な現象のせいにすることもある。けれど、もっとまじめな話、ファンは誰が勝ち、誰が負けるかについて入念な予想も好んでしようとする。

ときどき私のところにマスメディアから連絡があり、あるチームが試合に勝ったり、プレイオフに出場したり、選手権に優勝したりする確率を訊かれる。幸運のお守りやそのほかの迷信に基づいてそうした予想を立てる人もいるかもしれないけれど、私はいつもできるかぎり、実際の確率に基づくように努める。

もちろん、スポーツでは確率にできることには自ずと限りがある。けっきょく、どの試合もフィールドでの実際のプレイや、どちらのチームのプレイが上回るか、そして、まあ、どんな「運の要因」

が絡んでくるか次第なのだ。統計学者は、試合の結果を確信を持って予測することはできないし、確率がどれだけあるかさえ、ほんとうのところはわからない。だからと言って、試みることができないというわけではない。

三月の統計の狂乱

スポーツの運について私がいちばん本格的に取り組んだのは、全米大学体育協会ディビジョンIバスケットボールトーナメント、通称「マーチ・マッドネス（三月の狂乱）」だ。このトーナメントには六四のアメリカの大学チーム（「プレイイン」と呼ばれる予選ラウンドですでに四チームが敗退している）が出場し、優勝を目指す。約三週間にわたって勝ち残り方式で六三試合が行なわれ、最後まで残ったチームが優勝する。

このトーナメントにほとんど劣らぬほどの盛り上がりを見せるのが「ブラケットロジー」、すなわち、全六三試合の勝者を考えてトーナメントの対戦表を完全に予想する試みだ。信じ難い話だけれど、億万長者のウォーレン・バフェットはかつて、この対戦表を全部正しく予想できた人なら誰にでも一〇億ドル、そう、見間違いではない、一〇億ドル払うと申し出たことがある[注1]（ちなみに、一〇億ドル分の一ドル札を積み上げると、約一一〇キロメートルの高さになることを、親切に指摘してくれた人もいる）。

バフェットは気でも違ったのか？　いや、そうとは言いきれない。どの試合も二チームのどちらかが勝ちうるから、考えられるトーナメント（対戦表）の結果は、二を六三回掛け合わせた数と等しい。これは、九〇〇京（九〇億の一〇億倍）を超える。想像を絶するほど大きな数だ。言うまでもないけれど、対戦表全体を正しく予想するためには、ほんとうに、ほんとうにラッキーでなければならない。実際、誰もバフェットの一〇億ドルは勝ち取れなかったし、これまで対戦表全体を正しく予想できた人は一人もいない。

それでも、やってみようとする人はいる。毎年、無数のコンテストや賭けや競争が行なわれ、対戦表をできるかぎり正しく予想しようとする。たいていの予想は、スポーツの知識と、参加する選手の研究と、勘を使って行なわれる。二〇一三年三月、それとは違う観点を探すテレビのプロデューサーが何人かやって来て、実際のスポーツの知識や解釈はいっさい使わず、純粋に統計学的なアプローチで対戦表の予想をしてほしいと私に依頼した。

最初私はためらった。その頃、とても忙しかったし、さまざまな統計値を追いかけて、それなりの予想を立てるのは、そうとう骨が折れるのがわかっていたからだ。ところが、プロデューサーたちは一〇〇〇ドル払ってくれるというので、私はすぐにとりかかった。

いちばん大変なのは、多様なデータを整理することだった。調べてみると、大学のバスケットボールチームについての厖大な量の事実や数値がオンラインで無料で手に入ることがわかった。けれど、公開されている詳細はウェブサイト次第だし、ページごとにアプローチも違えば、チームの略称もさまざま、という具合だった。いろいろな数を編集したり調整したりして自分のコンピュータープログラムが正しく読み取れるフォーマットにまとめるだけで、ずいぶん時間をとられた。

それが済んだら、今度は予想の方法を考える必要があった。私は過去三シーズンのデータを使うことにした。そして、それぞれの年の（トーナメント前の）レギュラーシーズン中に、各チームがどれだけの割合の試合に勝ったか、最後の三試合でどんな成績を収めたか、オフェンスとディフェンスがどれだけ「効率的」だったか、相手チームがどれだけ強かったかなどを、一つのデータファイルにまとめた。次に、各チームが特定の年にレギュラーシーズンで上げた成績の統計値と、その年のマーチ・マッドネス・トーナメントでの成績との関係を調べた。「線形回帰」と呼ばれる単純なテクニックを使い、こうした情報をすべて取り込んで、トーナメントでのチームの成績をなるべく正確に予測した。


ついに、私は最終的な公式を導き出した。テレビ局の人は覚えやすい洒落（しゃれ）た名前を望んだので、私はそれを「ローゼンタール・フィット」と呼ぶことにした。この方法を過去のシーズンで試してみると、約七二パーセントの試合で勝者を正しく予測でき、これはトーナメントのシードのランキングに基づく予想（約七〇パーセントの精度）と、有名なレーティング・パーセンテージ・インデックス（約六七パーセントの精度）を若干上回った。これで準備良しだ。

それからこの公式を二〇一三年のシーズンに当てはめた。この計算から、各チームがトーナメントでどういう成績を収めるかについての、私の統計モデルの評価に呼応する形で、それぞれのチームに一つの数値が導かれた。一位はデューク大学で二四・一一五〇、次がルイヴィル大学で二三・七五五九……そして、最後が残念なグランブリング州立大学でわずか三・〇二二〇だった。

ここからは、自分の対戦表を埋めるのは簡単だった。次に行なわれる試合の一つひとつで、ローゼンタール・フィットに基づいて、対戦する二チームの数値を見比べるだけでいい。そして、数値の大きいほうが勝つと予測する。何の問題もない。

私は自分の方法と数値について短い記事を書き、それがテレビ局のウェブサイトに発表された。[注2] 自分の方法についてのインタビューも録画し、それが放送された。そして、あとは待つばかり！ 私の統計学的ランキングがどれほどうまくいくのか、見当もつかなかった。けれど、もし私の予測がほんとうによく当たれば、またテレビ局にインタビューされ、間違いなく富と名声がそれに続くことは承知していた。

ついにトーナメントが始まった。最初の頃の結果のほとんどは、意外ではなかった。一回戦では強いチームが弱いチームと当たるからだ。私の統計モデルはもちこたえたけれど、真価が問われるのはこの先だ。

そして、とうとう大きな番狂わせがあった。第一二シードのオレゴン大学が、第五シードのオクラホマ州立大学を破り、これにはほとんど誰もが驚いた。それなのに、信じ難い話だけれど、私の統計モデルは、この結果を予測していた！[注3] ローゼンタール・フィットの数値は、オレゴン大学が二一・九四〇七、オクラホマ州立大学がそれをわずかに下回る二一・五八八五だったので、私はオレゴン大学が勝つと予測していたのだ。凄い！ 私はこのとき初めて、自分の統計モデルがずば抜けた洞察力を発揮していることがありうるのか、と問いはじめた。ひょっとしたら、私はけっきょく統計を使ったバスケットボール予測者としてほんとうに富と名声を獲得するかもしれない。

残念ながら、成功は長続きしなかった。まもなく、また番狂わせがあり、ニューメキシコ大学が一回戦で敗れた。[注4]同大学は第三シードで、誰もが好成績を期待していた。そして、私の統計モデルも二三・五三二五というとても高い評価を与えており、私はこのチームが四連勝することを予測していた。それが一回戦で姿を消してしまったので、私の対戦表全体が急に前よりずいぶんぶざまに見えてきた。そして、私はたちまち気づいた。オレゴン大学による番狂わせを予想できたのは、まあ、「まぐれ当たり」にすぎなかったのだ。ローゼンタール・フィットで高く評価されたほかのチームも負けはじめ、私の予測はけっきょくごく平凡なものとなった。富と名声は私の脇を素通りしていった。テレビ局の人は、私の電子メールに返信することさえなくなった。

そして、この一件で何が最悪だったか？　ニューメキシコ大学が一回戦で負け、私の予測を台無しにしたときの対戦相手が、ハーヴァード大学だったことだ。そう、あのハーヴァード大学、私が博士号を取得した、まさにあの大学だったのだ！　しかも、ハーヴァード大学は一九四七年から二〇一一年にかけては、マーチ・マッドネスのトーナメントの出場資格さえ獲得できなかったし、出場した年もこれまでトーナメントでは一勝もしたことがなかった。[注5]それなのに、ようやく初勝利を挙げるときに、よりによってこの試合を選び、私のマーチ・マッドネスの対戦表をぶち壊しにしたのだった。まったく、ほんとうにありがとうございました、ハーヴァード。

プレイボール！

私の地元の野球チーム、トロント・ブルージェイズは、一九九二年と九三年にワールドシリーズを連覇した。けれど、それ以後はずっと、成績が振るわない。そのため、シリーズに少しでも手が届きそうになるたびに、町中が熱狂し、私のところには決まって、勝ち目を尋ねる電話がかかってくる。だから、二〇一五年九月二二日にも、あるテレビのプロデューサーが私に電話をしてきた。ブルージェイズは、手強いニューヨーク・ヤンキースにほんの数ゲーム差で地区の首位を走っていた。レギュラーシーズンはあと一二試合を残すのみで、そのなかには、まさにその晩のヤンキースとの一戦も含まれていた。というわけで、お定まりの質問が来た。ブルージェイズは今晩、勝ちますか？　地区優勝しますか？　ワールドシリーズを制覇しますか？　可能性はどのぐらいありますか？

私は一つずつ取り組んだ。その晩の試合は、じつは予想するのがいちばん厄介だった。野球の各試合には、とても多くの変数がかかわっているからだ。詳しく分析する時間はなかったので、単純なやり方に徹した。シーズンのその時点まで、ブルージェイズの勝率は五割七分三厘三毛、ヤンキースの勝率は五割五分三毛だった。そこで、勝つ可能性もこれと同じ割合だと仮定した。つまり、ブルージェイズはその晩、勝つ確率が57・33／（57・33＋55・03）で約五一パーセント、負ける可能性が四九パーセントということだ。

地区優勝に関しても、いくつか単純な仮定をして、両チームが残り試合のそれぞれに勝つ可能性を求めた。それに基づいて計算すると、ブルージェイズの勝ち数マイナスヤンキースの勝ち数から、シーズン終了の時点でも依然としてブルージェイズがヤンキースより上になることがわかった。そして、ブルージェイズが地区優勝する可能性は八八・五パーセントあるという結果になった。

ワールドシリーズの予測も難問だった。もしブルージェイズが地区優勝すると、プレイオフに進出し、全八チームでワールドシリーズ制覇を競うことになる。それら八チームはみな、同じような素晴らしい勝率を残しているだろうし、入念なスポーツ分析をしなければ、それぞれの可能性を見極めるのは難しい。だから話を単純にするために、どのチームにもワールドシリーズ・チャンピオンになる可能性がほぼ同じだけあると仮定した。すなわち、八分の一、一二・五パーセントの可能性だ。これはまた、あいにくブルージェイズがワールドシリーズに勝てない可能性が八七・五パーセントあることも意味した。

私の予測はその晩のテレビのニュースで放送されて誰もが目にし、[注6] かなりの注目とコメントを集め、そうとうリツイートされた。その時点で私は、運命――あるいは、少なくとも野球選手たち――がどんな結果をもたらすかを、ひたすら待ち受けるしかなかった。

それで、どうなったか？　その晩、ブルージェイズは四対六で負けた。[注7] それでもブルージェイズは頑張り続け、二週間ほどのち、ヤンキースに六ゲーム差をつけて地区優勝した。[注8] プレイオフでは、地区シリーズでテキサス・レンジャーズに勝ったものの、その後、アメリカンリーグのチャンピオンシップシリーズでは、悲しいかな、カンザスシティ・ロイヤルズに敗れた。残念なことに、ワールドシリーズ・チャンピオンにはなれなかった（ポジティブな見方もできる。ロイヤルズ自体はワールドシリーズで勝った。だから、ロイヤルズに負けたブルージェイズは、いわば二位になったようなものだ。

そうだろう?)。

　さて、私が予測した確率はどうだったか? ブルージェイズはその晩の試合に負け(確率は四九パーセント)、地区優勝し(確率は八八・五パーセント)、ワールドシリーズでは勝てなかった(確率は八七・五パーセント)。これらはみな、まあ、かなり高い確率だ。だから、私の予測はおおむね上出来だったと思う。たぶん。

行け、リーフス、行け!

　私の住むトロントには、野球だけではなく、バスケットボールやフットボールやサッカーなど、多くのプロスポーツの人気チームがある。けれど、カナダではホッケーほど大切なスポーツはほかになく、我が愛するトロント・メープルリーフスほど人気のあるホッケーチームはほかにない。すでに書いたとおり、メープルリーフスが最後にスタンレー・カップ・ファイナルで優勝したのは、私が生まれる五か月前で、それ以来、どのシーズンもいっそうのフラストレーションをもたらすばかりだった。

　二〇〇六年四月一二日、地元紙のコラムニストから私に電話があった。このときも、状況は絶望的に見えた。そのシーズンのその日まで、メープルリーフスは三八勝四〇敗(負けのうち八試合が延長戦)で、あとは四試合を残すだけだった。[注9] チームはプレイオフに進出できるだろうか? 所属するカンファレンスの上位八チームだけがプレイオフに出られる。六チームはすでにメープルリーフスのはるか上を行っているので、もう追いつけないけれど、続く三チームとの差はわずかだった。残る出場枠に滑り込むためには、メープルリーフスはその三チームのうち、少なくとも二チームを抜いてシーズンを終えなければならない。それをやってのけられるだろうか？　その可能性はどれだけあるのか？

私はその後の対戦予定を調べ、計算を始めた。すると、すぐに明らかになったのだけれど、もしメープルリーフスがタンパベイ・ライトニングを追い抜いたら、アトランタ・スラッシャーズも打ち負かせることはほぼ確実で、プレイオフに進出できる。けれど、タンパベイ・ライトニングを抜けなければ、チャンスはないに等しい。だから、煎じ詰めれば、すべてはメープルリーフスがタンパベイ・ライトニングを追い抜けるかどうかにかかっていた。その時点で、タンパベイ・ライトニングは四二勝三二敗（負けのうち五試合が延長戦）だった。リーグは、一勝につき二ポイント、延長戦での一敗につき一ポイントを与えるので、タンパベイ・ライトニングは八九ポイント、メープルリーフスは八四ポイントだった。残り試合が少なかったので、メープルリーフスはタンパベイ・ライトニングよりも約三試合多く勝たなければ、プレイオフには進めなかった。

それだけ勝てるだろうか？　おそらく無理だ。いくつか単純な仮定を使って計算すると、メープルリーフスがタンパベイ・ライトニングを抜くか、同点でレギュラーシーズンを終える確率は約五・八パーセントで、これは一七回に一回をわずかに下回る割合だった。これはずいぶん分が悪い。またしても良くない知らせのもたらし手になることを百も承知で、私は自分の計算結果を新聞のコラムニストにきちんと送った。翌日、彼のコラムが新聞に載った。そこには私の計算や解説に加えて、人はそれまでの失敗よりも成功を多く記憶にとどめがちだから、この「バイアスのかかった観察」のせいで、ファンは応援しているチームの可能性を過大評価することが多いという説明も含まれていた。[注10] 町中を落ち込ませるのは気が引けたものの、確率と運の罠を、自分の目に映るとおりに報告しないわけにはいかなかった。

それで、どうなったか？　メープルリーフスは残り四試合のうち、三試合に勝ったけれど、それでも足りなかった。タンパベイ・ライトニングが二点差で逃げきり、メープルリーフスはプレイオフに行き着けなかった。[注11] 私の予測どおりだった。ときには、自分が正しくても楽しくないことがある。

どこへ行っちゃったの、ジョー・ディマジオ？

ジョー・ディマジオは、一九三六年から一九五一年にかけてニューヨーク・ヤンキースでプレイした。彼はスター打者で、ヤンキースをワールドシリーズ制覇に九回導いた。野球の殿堂入りを果たし、史上屈指の名選手と広く認められている。

とはいえ、屈指の選手にすぎず、最高の選手ではない。たとえば、彼の生涯打率は三割二分四厘六毛で、三〇〇〇打席以上の全選手のうち四一位だ。[注12] とても素晴らしいけれど、抜群ではない。これや、そのほかの統計値のほとんどに基づくと、ディマジオは名選手の一人だけれど、別格というほどではない。

とはいえ、ある一つの点で、ディマジオは傑出していた。一九四一年、彼は五六試合連続ヒットを記録した。つまり、五六試合のそれぞれで、少なくとも一本はヒットを打ったわけだ。これは今なおメジャーリーグベースボールの最長連続試合ヒット記録として残っている。[注13] しかも、僅差ではなく大差で。二位のウィリー・キーラーは、一八九六年と一八九七年のシーズンにまたがって四五試合連続ヒットを放った。そのすぐ後に、ピート・ローズが四四試合、ビル・ダーレンが四二試合、ジョージ・シスラーが四一試合、タイ・カッブが四〇試合で続く（一五位以内で最新の連続試合ヒットは、二〇〇六年のチェイス・アトリーの三五試合で、これは一一位タイだ）。

では、ディマジオの偉業は、どれほど驚異的なのか？　ディマジオは現役時代に通算で一七三六試合に出場し、六八二一回打席に立った。[注14] これは、平均すると毎試合四打席弱となる。彼の生涯打率は三割二分四厘六毛だから、特定の試合で少なくとも一本ヒットを打つ可能性は、およそ七九パーセントだ。ここまでは、問題ないだろう。ところがこれは、彼が五六試合連続して少なくとも一本ヒットを打つ可能性が、七九パーセントを五六回掛け合わせた数に等しいことを意味し、それは五〇万分の一をわずかに上回る数でしかない。[注15] もちろんディマジオは、この連続試合ヒット記録を達成する機会が何度もあった。彼の長い現役生活のあいだの、どの連続した五六試合で記録していてもよかったからだ。けれど、それを考えたとしても、ディマジオのような生涯打率の選手が五六試合連続ヒットを記録する可能性は、一〇〇〇分の一もない（実際、彼に見込める最長の連続試合ヒット記録は約二七試合で、五六試合の半分にも満たない[注16]）。

ディマジオの連続試合ヒット記録は、ファンタジー・スポーツの世界でさえ並ぶことができない。

二〇〇〇年以来、MLB.comは「Beat the Streak（連続試合ヒット記録を破れ）」という競技会を開催しており、競技者は毎日一人、野球選手を選ぶ。もしその選手がその日に少なくとも一本ヒットを打てば、競技者の連続試合ヒットが続く。そして、もし競技者の連続試合ヒットがディマジオの五六試合を超えれば、（ディマジオの記録にちなんで）五六〇万ドルもの賞金を勝ち取る。ところが、一七年間に八〇〇〇万回のエントリーがあったにもかかわらず、これまでで最長の連続試合ヒット記録は四九試合で、誰もその賞金を手にしていない。[注17]

こうしたことのいっさいを、私たちはどう考えればいいのか？　まあ、ディマジオが素晴らしい野球選手だったことは、すでに知っている。けれど、これまでの数字を見れば、彼の五六試合連続ヒットがそれ以上のものだったことがわかる。彼は、人並み優れたバッティング能力だけでこの記録を達成したわけではない。彼はほんとうに、ほんとうにラッキーでもあったのだ。

その一方で、五六試合でさえ、十分ではなかったように見える。どうやら、ディマジオはあと一試合記録を伸ばしていたら、一万ドル稼げたらしい。[注18]「五七種のバラエティ」をスローガンとするH・J・ハインツ社が、プロモーションのために賞金として一万ドル提供することを約束していたからだ。不運にも、彼はあと一歩で届かなかった。なんと惜しいことだろう。

ビギナーズラック？

ステフォン・アンソニーは、ナショナルフットボールリーグの二〇一五年のシーズンに、ニューオーリンズ・セインツの新人ラインバッカーとして、同チームのルーキーでは三〇年ぶりに合計一一二回のタックルを決め、目覚ましいデビューを果たした。彼はその年のプロフットボールライター協会オールルーキーチームに選ばれ[注19]、前途洋々に見えた。

ところが、アンソニーの活躍は続かなかった。次のシーズンにはけがに悩まされ、回復に手間取り、期待外れの一六回しかタックルを決められず、チームにほとんど貢献できなかった。とうとう二〇一七年九月には、次のドラフトの五順めの選手との交換という取るに足りない条件で、マイアミ・ドルフィンズに放出された。もちろん、アンソニーは新天地で活躍し、けっきょくスターになるかもしれない。今、これを書いている時点では何とも言えない。けれど、見たところ、かつては有望だった彼のキャリアは、急降下してしまったようだ。

そうした話は珍しくない。バスケットボールでは、この文章を書いている時点で、アメリカプロバスケットボール協会（ＮＢＡ）の新人王に選ばれ、その後引退した選手は五三人いる。そのうち二六人はスターとして認められ、バスケットボール殿堂入りを果たしている。けれど、残る二七人はそうならず、成功の度合いもさまざまだ。極端なケースの一人が、一九五八年に新人王になったフィラデルフィア・ウォリアーズのウッドロー（ウッディ）・ソールズベリー・ジュニアだ。彼は一九六六年までＮＢＡに踏みとどまったものの、二年めからはこれといった活躍を見せず、生涯シュート成功率はたった三四・八パーセントにしかならなかった。ここから言えるのは、若いスターはそのまま優れたキャリアを積み重ねる場合もあれば、そうならない場合もあるということぐらいだろう。

この現象には、さまざまな名前がついている。「ビギナーズラック」「二年目のジンクス」「一発屋」「コーヒー一杯（コーヒーを一杯飲むほどの時間しか成功が続かない人のこと）」……。これはスポーツばかりではなく、音楽のような、ほかの分野でも起こる。たとえば、ギタリストのマイケル・センベロは、一九八三年のメガヒット曲「マニアック」がアメリカとカナダでナンバーワンになったけれど、それにわずかでも迫るような成功は二度と収められなかった。この現象は、「平均への回帰」や「ミーン・リバージョン」のような金融の概念とも関係している。こうした概念をおおまかに言えば、極端な株価は偶然の産物であることが多く、もっと典型的な株価に戻る傾向にあるということだ。基本的には、次のような見解に煎じ詰められる。もし、運動選手、チーム、演奏者、株などがとりわけ良い成績を収めたときには、ほんとうの技能や質の高さの表れかもしれないし、ただの運かもしれない——そして、その二つの組み合わせである可能性がいちばん高い。[注20]

実際問題としては、これは何を意味するのか？　たとえば、もしある学生が中間試験で抜群の点数をとったら、その学生はおそらくとても頭が良いのだろう。けれど、おそらく多少運も良かったのだろう。だから、期末試験では、平均を優に超える（頭が良いから）ものの、中間試験ほどの高得点にはならない（前ほど運が良くないだろうから）と予想するのが最善だ。同様に、ある運動選手が開幕戦で際立った働きをしたら、おそらくシーズンを通してかなり活躍するだろうけれど、初戦と完全に同じレベルは保てないだろう。もし投資家がある年にたっぷり儲けたら、翌年もそうとう稼ぐ可能性は高いものの、前の年ほどうまくはいかないだろう。

もちろん、ビギナーズラックの例を全部、そのような長期的な展望に立って説明する必要はない。

ありとあらゆるレベルで「大勢の人」がスポーツをしているから、「下手な鉄砲も……」で、誰かが運だけによって最初の一回にとてもうまくやる機会はたくさんある。そして、うまくやったときには、私たちは「バイアスのかかった観察」のおかげで、その人の目覚ましい成功を、そろって失敗したほかの一〇〇人の初心者の悪戦苦闘よりも、よく覚えている可能性が高い。例によって、スポーツであれ、ほかのものであれ、私たちが観察することのじつに多くは、単純な運の罠で説明がつくのだ。

第一七章　ラッキーな世論調査

運が重要な役割を果たす現代生活の一分野が、世論調査だ。世論調査会社はランダムなサンプルを選んで、製品の好みから仕事の習慣や社会的な態度まで、母集団の意見を調査する。そして、いちばん目立つのが、選挙の当選者と落選者を予想するために使われたときだ。もし私たちの運が良ければ、世論調査は選挙の最終結果を正確に予想してくれる。けれど、もし運が悪いと、世論調査は大きく外れ、混乱と狼狽(ろうばい)をもたらしかねない。

世論調査は選挙結果をものの見事に予想することがある。たとえば、二〇一二年のアメリカ大統領選挙の直前、名高いアナリストのネイト・シルヴァーは、選挙の多くの世論調査を篩にかけ、バラク・オバマがジョン・マケインを破ることを正しく予測しただけでなく、アメリカの五〇州のすべてで、どちらの候補者が勝つかまで、正しく予測した。[注1] これはじつに見事な勝利としか言いようがない。

もちろん、世論調査はこれほどうまくいかない場合もある。イギリスが欧州連合（ＥＵ）を離脱するべきかどうかを決める二〇一六年の「ブレグジット」の国民投票のときが、その一例だ。この国民投票については、徹底的に世論調査が行なわれ、調査会社のほとんどは、二～八ポイント差で残留派が勝つと確信していた。[注2] ところが、いよいよ投票が行なわれると、離脱派が四ポイント近い差をつけて（五一・八九パーセント対四八・一一パーセント）勝った。世論調査がこれほど結果を読み違えたことに、多くの国民が怒り、苛立った。

じつは、イギリス人はすでに、お粗末な世論調査には慣れていた。二〇一五年の総選挙では、ほとんどの世論調査が、保守党と労働党との激戦になると予想していた。ところが、選挙が行なわれると、保守党が六ポイント以上の差（三六・八パーセント対三〇・四パーセント）で勝ち、まったく異なる結果になった。これだけ予想とかけ離れていたので、正式な調査が実施された。その後まとめられた報告書は、次のように指摘していた。「平均すると、世論調査の各会社の最終予想では、保守党が三四パーセント、労働党も三四パーセントだった。……ところが、実際の選挙では、保守党がイギリスの投票の三八パーセント、労働党が三一パーセントを獲得した。……歴史的に見て、二〇一五年の世論調査は、一九四五年に選挙の世論調査がイギリスで始まって以来、屈指の不正確さだった」[注3]。もっと単刀直入のものもあった。ＢＢＣ（イギリス放送協会）は、「二〇一五年の総選挙の結果を受けて、世論調査会社に怒りと軽蔑とが浴びせられた。六週間にわたって、異なる結果を予想してきたからだ」[注4]と報告した。『ガーディアン』紙は、このミスを「悪名高い」ものとし[注5]、予想をした人々も、「現実に見られた保守党の七ポイントのリードに少しでも近いものを一貫して示した会社は一社もない」ことと、「誰も選挙前に適切な予想ができなかった」ことを認めた。[注6]

では、どっちなのだろう？　世論調査は、国家の風潮の有用な目安なのか？　それとも、困惑と混乱を引き起こす、紛らわしい指標なのか？　そもそも、世論調査はどんな仕組みになっているのか？

ランダムなサンプル

世論調査会社にとって、難題の一つは基本的なランダム性だ。もしコインを何回も放り上げれば、おそらく回数のぴったり半分で表が出ることはないだろうけれど、半分近くでは表が出る。どのぐらい近くで？　それが、何の保証もない。けれど、もしコインを何回も放り上げれば、表が出るパーセンテージはたいてい（九五パーセントの場合で、つまり、「二〇〇回のうち一九回」は）、五〇パーセントという真の確率を中心とする特定の「誤差の範囲」に収まる。この誤差の範囲には単純な公式がある。九八パーセントをコインを放り上げた回数の平方根で割るというものだ。

これは、もしコインを一〇〇回放り上げたとしたら、誤差の範囲はおよそ一〇パーセントで、表が出る回数はたいてい四〇〜六〇パーセントになることを意味する。四〇〇回やれば、誤差の範囲は約五パーセントなので、たいてい四五〜五五パーセントの回数で表が出る。一〇〇〇回では誤差の範囲は三パーセントほどになり、四七〜五三パーセントの回数で表が出ることが見込まれる。こんな具合だ。

そして、世論調査会社もこれと同じ公式を使う。もし、ある世論調査が八〇〇人をサンプルとして調べ、「二〇回中一九回まで、誤差三・五パーセント以内」と言ったら、それは、九八を八〇〇の平方根で割ると約三・五になるからだ。だから、もしコインを八〇〇回放り上げたら、たいていきっかり五〇パーセントからプラスマイナス三・五パーセントの範囲で表が出る。それと同じで、八〇〇人をサンプルとしたら、結果はたいてい「真の」値からプラスマイナス三・五パーセントの範囲に収まる。さて、この「真の」値というのは、実際の選挙結果とは必ずしも同じではない。不正直な回答、意見の変化、わざわざ投票に行かない人など、ほかにもあまりに多くの障害が立ちはだかるかもしれないからだ。とはいえ、サンプルの大きさの具体的な結果である精度の限界を、この公式は現に数値化してくれる。

このように添えられた誤差の範囲は、サンプルが適切なときにしか正しくない。では、「適切」なサンプルとは、どんなサンプルなのか？　ランダムであることが条件だ。つまり、どの人を選ぶ確率も同じでなくてはならない。ところが現実には、この条件を満たすことはとても難しい。電話がない人がいる。あるいは、携帯電話しか持っていないので、連絡がとれない人もいる。電話があっても、答えるのを断る人もいる。世論調査の電話だとわかった途端、電話を切る人もいる。調査員に質問されたときに、その質問に答えるのを拒む人もいる。

実際、世論調査の全盛期にさえ、電話をかけてもその三五〜四〇パーセントほどでしか、使うことができる答えが得られなかった。そして今では、ほとんどの世論調査で、回答率は一〇パーセントを下回る。要するに、大半の人が世論調査員とは話したがらないのだ。その結果、世論調査のサンプルの大多数は少しもランダムではない。

それでも、サンプルに依然として偏りがなければかまわない。回答率が低くても、どんな種類の人も同じように回答率が低ければ、そのサンプルは相変わらず母集団全体の代表になっている。その場合、世論調査会社はとても運が良く、依然としてうまく予想できる。ところが、何種類かの人がほかの種類の人よりも回答する可能性が低いと、「バイアスのかかった観察」という運の罠につながり、世論調査はとても難しくなる。世論調査会社は、さまざまな手を使ってこうしたサンプリングのエラーを正そうとするけれど、それが成功する保証はない。

三六年の大失敗

世論調査の失敗のうち、ごく初期の、じつに劇的な例は、一九三六年のアメリカ大統領選挙のときに見られた。民主党の現職の大統領フランクリン・D・ローズヴェルトが、共和党のアルフレッド・ランドンの挑戦を受けた。影響力のある週刊誌『リテラリー・ダイジェスト』は、どちらがこの選挙に勝つか、予想しにかかった。

同誌は信じられないほど大規模な調査を実施し、一〇〇〇万世帯に調査用の質問を郵送し、二四〇万世帯から回答を得た(これがどれほどの規模かを理解してもらうために言うと、選挙自体の投票数は四四四〇万だったから、おそらく同誌は投票者二〇人に一人以上の割合の回答を得た)。そして、この情報を苦労して集計し、一九三六年一〇月三一日号で、ランドンが一般投票ではローズヴェルトの四一パーセントに対して五五パーセントを、選挙人投票では五三一票のうち三七〇票を獲得して、楽勝すると発表した。

ところが、これがとんでもない大外れだった。選挙の日に、ローズヴェルトは一般投票ではランドンの三六・五パーセントに対して六〇・八パーセントを獲得した。そして、選挙人投票では、五三一票のうち五二三票を獲得した。アメリカの歴史上、これほど一方的な結果はない。[注7]『リテラリー・ダイジェスト』誌の予想はあまりにひどく外れ、振り返ってみると、あまりに馬鹿げていたので、同誌は読者の信頼を完全に失った。一年半後、同誌は廃刊となり、この世から姿を消した。[注8]

これとは対照的に、ジョージ・ギャラップはたった五万人の有権者を対象とする、はるかに小規模な調査を行なった。彼はそれに基づき、ローズヴェルトが一般投票でランドンの四四パーセントに対して五六パーセントを獲得すると予想した。[注9]これは実際の結果にとても近かった。彼が興したギャラップ社は、世論調査会社として史上屈指の名声と成功を手にすることになる。

それでは、どうしてギャラップは五万人というサンプルでそれほど見事に予想し、『リテラリー・ダイジェスト』誌は二四〇〇万世帯分のサンプルでそれほどお粗末な結果しか出せなかったのか？　それは、ギャラップのサンプルのほうが小さかったけれど優っていたからだ。彼は自分のサンプルができるかぎり母集団を代表するように注意を払い、金持ちの有権者も貧乏な有権者も含め、まんべんなく調べた。一方、『リテラリー・ダイジェスト』誌は自誌の読者と、自動車の登録名義人と電話の使用者だけを調べた。これは一九三六年当時にはかなりの「エリート」層で、共和党の支持者である可能性が高かったようだ。そのうえ、そのうち二四パーセントしか調査用紙を返送しなかったし、現に返送した人はおそらく、わざわざ返送しなかった七六パーセントの人より豊かか、腹を立てていたか、その他の理由で共和党支持だった。[注10] この二つの世論調査は、大きなサンプルよりも偏りがないサンプルのほうが重要であることを示す典型的な例となっている。

トランプにやられた

近年の世論調査でいちばん劇的な失敗は、二〇一六年のアメリカ大統領選挙のときのものに違いない。投票前には、ほとんどの世論調査はヒラリー・クリントンがドナルド・トランプを四ポイントほど上回っているという結果を示していた。[注11] 実際、クリントンは一般投票で勝ったけれど、その差は約二・一ポイントにすぎなかった。[注12] ほとんどの州で勝者総取り方式になっている選挙人投票の仕組みのおかげで、トランプはなんとかアメリカの次期大統領になれた。

そういうわけで、一般投票に関しては、選挙前の世論調査はおよそ一・九ポイント外れたことになる。ただの誤差の範囲だ。そうだろう？　いや、違う。選挙前には多くの世論調査が行なわれたので、サンプルを全部合わせると、三万人を優に超えていた。[注13] だから、全体としての誤差の範囲は約〇・五パーセントで、実際の一・九パーセントの誤差よりもずっと小さかった。

では、どうしてこれほど大きな誤差が出たのか？　単純な話で、「バイアスのかかった観察」のせいだ。状況をCNNニュースチャンネルのコメンテーター、ヴァン・ジョーンズが、次のように見事に要約している。ジョーンズはカナダを訪問中に受けたインタビューで、トランプの選出は「我が国のさまざまなものに対する拒絶だった」と述べている。どんなものか？　政界のインサイダー、銀行業界のエリート、外国人、学者、ハリウッドのスターといった、おなじみのものに加えて、ジョーンズは「自分たちは何でも知っているという、世論調査会社の自信過剰」[注14]も挙げた。

彼の言葉は私の胸に響いた。もしトランプの支持者が（ほかのさまざまなものに加えて）世論調査会社に腹を立てていたら、クリントンの支持者よりも世論調査に応じる可能性がなおさら低かったかもしれない。それが結果に影響を与えたということがありうるのか？

私はさっそく計算を始めた。有権者を完璧に代表するサンプルに世論調査会社が電話し、回答者全員が完全に正直に答えるという筋書きを、私は想像した。その場合、唯一の問題は？　誰もが回答することに同意したわけではなかった点だ。クリントンをはじめ、トランプ以外の候補者の支持者の回答率が一〇パーセントだったら、トランプ支持者の回答率がどれだけ低いと、世論調査会社はクリントンが四ポイントリードしていると結論するだろう？　答えは、〇・四パーセントだった。トランプ以外の候補の支持者の回答率が一〇パーセントで、トランプ支持者の回答率が九・六パーセントだったら、それだけで、世論調査会社の誤りがすべて説明できる。[注15]それこそ、「バイアスのかかった観察」の威力なのだ。

アラバマの特別選挙

この章を書きおえようとしているときに、アメリカの取るに足りないように思えた選挙が、重大な意味を持つようになった。アラバマ州選出の上院議員のうちの一人で、アメリカの司法長官に就任するために辞職したジェフ・セッションズの後任を選ぶ特別選挙が、同州で行なわれた。

アラバマ州はアメリカで最も共和党寄りの州で、二〇一六年の大統領選挙では、トランプは票の六二パーセントを獲得した。[注16]だから、共和党の候補が勝つのは確実と見られていた。ところが、候補になったのは、極端な意見を持ち、あまり魅力がなく、評価が真っ二つに分かれる極右の判事、ロイ・ムーアだった。そして、選挙運動期間中に、性的暴行や性的不品行をしたとして、九人の女性がムーアを非難した。こうした問題のせいで、選挙は一方的なものから、まったく展開の読めないものに変わった。そして、上院の議席は共和党と民主党がほぼ半数ずつ支配していたので、この選挙は国家の重要問題となり、トランプ大統領は公式にムーア支持を表明した。[注17]

それで、世論調査は何と言っていたか？　端的に言えば、まちまち、だった。選挙の前日には、ムーアが九ポイントリードしているというもの、彼が一〇ポイント差をつけられているというもの、さらにはまったくの同率というものが一つずつあり、[注18]大きな開きが見られた。ほかの世論調査の大半は、ムーアがわずかに優勢としていたけれど、これだけ違いがあったので、なんとも不確かだった。この選挙は国家にとって重要で、多数の世論調査が行なわれ、大変な注目を浴びていたのに、誰にも実情がわからないというのが現実だった。あのネイト・シルヴァーでさえ、「アラバマの世論調査にいったい何が起こっているのか?」という題の記事を書くのが精一杯だった。[注19] 苛立ったある評者が、(以前にトランプが移民を禁じる自分の提案についてツイートした言葉を思い出させる言い回しで)次のような当を得たツイートをした。「いったい何が起こっているのかを突き止められるまでは、いっさいの世論調査を完全に停止することを求める」[注20]

二〇一七年一二月一二日についに開票が始まると、最初ムーアがリードした。けれどこれは、一種の「バイアスのかかった観察」で、なぜなら、ムーアが最も弱い都市部の票を数えるのには、もっと時間がかかるからだ。夜遅くなって、ついに結果がはっきりした。ムーアの負けだった。アラバマ州の新しい上院議員は、ムーアではなく、民主党の対立候補で弁護士のダグ・ジョーンズで、彼は約一・五ポイントの差で勝利した(四九・九パーセント対四八・四パーセント)。アラバマ州は二五年ぶりに民主党の上院議員を選んだのだ。世論調査は紛らわしかったけれど、最終結果は明白そのものだった。

世論調査をどう見るか

世論調査の予想が外れると、激しい非難を浴びる。私は最近、ある研究セミナーの前に専門の統計学者たちとランチに行った。世論調査が話題に上り、どうしてトランプの勝利を予想しそこなったのかという話になった。ある統計学者はすっかり動揺し、そんなことがどうして起こりえたのか、想像もできなかった。彼は、世論調査会社の人々と「何杯か飲んでから」、彼らの口が緩んだ頃合いを見計らって話しかけ、どうしてあれほどひどくしくじったかを明かしてもらえれば、と望んでいた。世論調査会社はあまりに無能で、失敗の裏には、何か大きな秘密があるに違いない、というわけだ。

この統計学者は、世論調査会社に対して公平なのだろうか？　私はそうは思わない。これほど回答率が低く、ほんとうにランダムなサンプルを集めるのが難しく、回答者は正直に答えたがらないのだから、際どい選挙の結果を予想するために正確な世論調査を行なうのは、じつはそうとうな難題だ。ある候補者が圧倒的に優位なら、誰でも予想はできるけれど、差が数ポイントの範囲のときには、予想がつかない――どれほど手際が良い優秀な世論調査会社でも。

あるとき、世論調査の限界について私のさまざまなコメントを聞いた後、一人のラジオのインタビュアーが、世論調査が好きかどうか尋ねた。好きです、と答えると、彼は心底驚いた様子だった。[注21]世論調査にはこれだけ問題や間違いや不正確さがあるのに、と不思議そうだった。こうしたもののせいで、世論調査を、そして世論調査会社も憎みたくなりませんか、と彼は訊く。私は陽気に答えた。難題はいくつも抱えているけれど、世論調査は母集団全体の好みや意図を、まずまず妥当な形で測れる事実上唯一の方法であり続けています、と。世論調査がなかったら、国民が何を考えているか、当て推量するしかなくなる。あるいは、こちらのほうがなお悪いけれど、数人の友人の意見に頼って、「バイアスのかかった観察」とひどく不正確な結果に行き着いてしまうだろう。世論調査は完璧には程遠いものの、少なくとも、何かしら理にかなった推定値を与えてくれる。そしてその推定値は、たいてい、少なくとも真実にいくぶん近い。この新しい補足情報を使い、候補者は選挙運動を調整し、有権者は投票の仕方を考え、政治家は多数派の意見に従い、企業は変化に備えるといったことが起こる。そしてそれにはみな、一部の人が気づいているよりもはるかに価値がある。

けれど、世論調査は並外れた有用性と重要性を持っているにもかかわらず、とても難しくもある。そして、完全に外れることもあるのだ。

第一八章　ここらでちょっとひと休み――ラッキーなことわざ

私たちの誰にも、おなじみのことわざがいくつもある。より正確には「アフォリズム」と呼ばれるこれらのことわざは、「一般的な真理を具体的に表現した簡潔な言葉」[注1]と定義される。こうしたことわざのなかには馬鹿げたものや、無意味なものさえある。けれど多くは、世の中の働きについての有用な見識を提供する言葉をたしかに含んでいるように見える。

これらのことわざには、どこかしらで運と結びついているものがかなりある。私たちの日常生活に対する運の影響について、何かの形で主張をしたり、見識を示したりしてくれる。もうランダム性や偶然の性質がだいぶわかってきたから、その知識を使って、こうしたさまざまなことわざを、前よりよく理解したり、もっと正確に評価したりできるだろうか？　できることもある。

Better safe than sorry.（後で悔やむよりは安全策）　これはよく言われる。これを読みほどけば、いつも用心に用心を重ね、危険は冒すべきではないということになる。けれど私は言いたい――必ずしもそうではない、と！　悪い結果につながる可能性が十分低ければ、ぜんぜん心配しないほうがいいかもしれない。たとえば、すでに見たとおり、飛行機で死亡事故が起こるのは、フライト五〇〇万回に一回程度にすぎない。同様に、今年、悪意を持った見ず知らずの人に誘拐される子供は、五〇万人につき一人にも満たない。[注2] 私たちはびくびくしながら暮らし、こうした極端に可能性が低い不慮の事件を避けるためだけに、雨の日には飛行機に乗るのを控え、子供たちには徒歩通学をやめさせるべきなのか？　私はそうは思わない。これほどありそうもない可能性のせいで過剰なストレスや心配に悩まされるのは、とうてい割に合わないこともある。**評価：誤り**

Fortune favours the bold.（幸運は勇者に味方する）　これはもとは古いラテン語のことわざで、幸運は「the brave（勇士）」や「the strong（強者）」に味方するなど、ほかのさまざまな形でも引用されてきた[注3]（あるいは、『スタートレック』のつねに謙虚なカーク船長がかつて言った、「幸運が愚か者の味方をしますように」というのもある）[注4]。私はというと、じつは、幸運が誰かの味方をするとはまったく思っていない。それはただのランダムな現象だと思う。その一方で、スポーツや戦闘を含む、いくつかの状況では、大胆だったり勇敢だったり強かったりすれば（ただし、カーク船長には悪いが、愚かではだめだろうけれど）、成功の可能性が高まることがあるかもしれない。もちろん、いつも、というわけではない。大胆すぎたり危険を冒しすぎたりして痛い目に遭うことも十分ありうる。状況次第で違う結果に行き着きうるわけで、明確な規則はない。**評価：場合によりけり**

Tomorrow is another day.（明日は明日の風が吹く）　これは、見たところ陳腐そのものという類のことわざだ。明日が別の日（another day）なのは、あたりまえではないか（まあ、今晩、この世が終わりを迎えれば話は別だ。そんなことになる可能性はとても低いと思うし、低くあってほしいと願っている）。けれど、そこにはもっと深い意味もある。これは、たとえきょう悪いことがあっても、明日はもっと運が良くて、事態が好転するかもしれないと言っているのだ。これはほんとうに正しいのか？　まあ、もしきょう面倒なことになったのが自分の何か特別な身の上のせいだったのなら、明日に状況が変わる可能性は低い。とはいえ、私たちが直面する問題のじつに多くは、外部のランダムな出来事――つまり、不運――が引き起こすから、そうした問題では、きょうの不運は明日には幸運に取って代わられるかもしれない。**評価：おおむね正しい**

Good things come to those who wait.（待てば海路の日和（ひより）あり）　このことわざには達観したところがあり、目標に手が届かないように見えるときにさえ、忍耐と落ち着きを忘れないように促している。けれど、そこには実際的な意味もある。もし試み続けたり待ち続けたりすれば、望んでいるものがいずれ手に入るということだ。では、どうしてそんなことがありうるのか？　まあ、それは「下手な鉄砲も……」のおかげだ。もし長いあいだ待てば、いつかついに成功するかもしれない（実際、二〇一六年のノーベル文学賞受賞者その人も、運命があっさりと思いがけない展開を見せるのを待ち続けることの重要さについて、かつて書いていた）。[注5]　**評価：しばしば正しい**

The luck of the Irish.（アイルランド人の幸運）　このことわざは、幸運のお守りやレプラコーン（アイルランドの民話や伝承に出てくる悪戯好きの小妖精）の話を伴うことが多い。アイルランドの人は生まれながらにしてほかの人よりも多くの幸運に恵まれることを意味する。さて、これは文字どおりの意味では、ありえそうにない。この世の運は、たとえどのようにコントロールされたり決められたりしているにしても、一つの国の人々ばかりをせっせと贔屓（ひいき）するはずがない。それに、率直に言って、アイルランドの歴史はすべて幸運なものだったわけではない。何と言おうと、一八四〇年代後半のジャガイモ飢饉では、一〇〇万人ほどのアイルランド人が亡くなり、ほぼ同数が外国に移民せざるをえなくなったのだから。このことわざは、ほんとうはアイルランド人のポジティブな態度を指しているとか[注6]、ひょっとすると一九世紀のアメリカのゴールドラッシュのときに成功を収めた特定のアイルランド人たちを指しているのかもしれないとか言う人もいる[注7]。けれどたいていは、アイルランドの人は不思議とほかの人よりも幸運だというふうに解釈される。これは道理に反しているように思えるし、何の証拠にも裏づけられていない。**評価：誤り**

Nobody said that life is fair.（人生がフェアだなどとは誰も言っていない）　これはとても気に障る類のことわざだ。たいていは、誰かが不運に見舞われた直後に、知ったかぶりをする人が口にする。そんな折にこのことわざを使うことは、私はお勧めしない。その一方で、何かの種類の運命やカルマ、あるいは全能の神を信じている人も、もっと好（よ）い目を見てしかるべき大勢の善良な人々が、不公平な不運をたくさん経験している事実は、依然として認めるだろうことは間違いない。私も人生における運の流れが、すべてが公平でバランスがとれたものになるよう、注意深く誘導されていればと願いたいのはやまやまだけれど、どうしてもそういう具合にはなっていない。もし何か悪いことがあなたに起こったら、じつはそれが当然の報いである場合もあるかもしれないけれど、そうではないかもしれない。そして、もしあなたの気に障る隣人が宝くじでジャックポットを勝ち取ったとしても、ほんとうはそれには値しない人かもしれない。運はたしかにいつも公平とはかぎらない。**評価：正しい**

Make your own luck.（運は自分でつかめ）　このことわざは、運は（多くの場合）外からやって来る魔法のような力ではないことを意味する。むしろ、幸運に思えることは、勤勉や周到な計画、適切な用心、苦労して伸ばした技能などの結果である場合が多い。たとえば、リチャード・ワイズマンは著書『運のいい人の法則』（矢羽野薫訳、角川文庫、二〇一一年）のために一〇年かけてさまざまな人を観察したり面接したりし、次のように結論した。「この研究結果から明らかになったのだが、運は魔法のような能力でもなければ、ランダムな偶然の結果でもない。また、人は生まれつき幸運でも不運でもない。そうではなく、幸運な人も不運な人も、自分の幸運や不運の原因についてほとんど理解していないものの、その運の多くは、自分の思考や行動に起因する[注8]」。要するに、人はしばしば自分のさまざまな行動を通して、幸運や不運を生み出すのだ。**評価：正しいことが多い**

It is better to be born lucky than rich.（生まれつき金持ちであるよりも幸運であるほうがいい）
これに関連したことわざは、「幸運に恵まれているほうが、金持ちの子供であるよりもいい[注9]」という一六三九年の引用にさかのぼる。そして、一九三〇年代の名投手レフティ・ゴメスは、「上手より幸運のほうがいい」[注10]が口癖だった。こうしたことわざはたいてい、幸運はお金や技能とは比べ物にならないほど重要であるという意味で解釈される。いやはや、これに異を唱えられる人がいるだろうか？　もしあなたが金持ちだったとしても、不運に見舞われて何もかも失うことはありうる。そして、野球か何かが得意だとしても、いつボールがあらぬ方向に弾んだり、ほんの一瞬タイミングがずれたり、相手チームが土壇場で逆転勝利を収めたりしたところで、おかしくない。けれど、もしあなたが幸運ならどうだろう？　物事はあなたに都合良く展開し、あなたは運だけによって財を成したり勝利を積み重ねたりできる。実際、一九九〇年代にスポーツ分析会社のトゥルーメディア・ネットワークスは、「幸運統計」を発明し、チームがどれだけ幸運かを測定しようとした。同社は、得失点差に基づき、実際に勝った試合数と、勝って当然の試合数とを比較して運の良さを求めた[注11]。ほかのあらゆるものと同じで、スポーツでも運は重要だ。

第二次大戦のときの戦闘機乗りで、日本のゼロ戦（零式艦上戦闘機）を撃墜するというめったにない成功を収めたラマー・ジレットは別の視点を提供してくれた。彼はのちに、ジャーナリストのトマス・マッケルヴィ・クリーヴァーに次のように語っている。「私はゼロ戦の前ではなく後ろを飛んでいて幸運だった。クラークに帰還して着陸したとき、私を狙って撃っていたやつらの弾数が少なくて幸運だった。バターンの指揮官にコレヒドールに送り込まれなくて幸運だった。あそこでその指揮官はひどい目に遭うことになったから。彼の命を奪った砲撃を、私は受けないで済んだ[注12]」。ジレットは、戦いでの運の大切さを理解していた。彼の結論は？　「凄腕であるよりも好運であるほうがいい」

だから私は、このことわざが、「幸運のほうがお金や技能よりも重要である」だったなら、「**正しい**」と評価するしかない。その一方で、先ほど見たとおり、人やチームがもともと本質的に幸運だと考える理由はない。もしあなたがしばらく幸運だったとしても、それは長続きしないかもしれないし、不運がすぐ先に待ち構えていかねない。「生まれつき幸運」な人はいない。人はただ、生きていくうちに幸運な出来事や不運な出来事を経験するだけだ。たしかに運はお金や技能よりも重要だけれど、人は生まれつき幸運なわけではない。**評価：部分的に正しい**

The older you get, the more everybody reminds you of someone else.（歳をとればとるほど、誰もが誰か別の人を思い出させてくれることが多くなる）　最初にこれを聞いたのがどこだったのかは思い出せないけれど、これは私にはたしかに正しいように聞こえる。若かった頃は、誰に初めて会っても、その人が斬新そのもので、ほかの誰とも違って見えた。けれど近頃では、誰かに会うと、もう知っている人と似ているのに気づくことが多い。良くも悪くも、外見が似ていたり、話し方が似ていたり、物腰が似ていたりする。では、これはほんとうなのか？　たんに私たちが歳をとるにつれて、人は見覚えや聞き覚えがあるように感じられるのか？　そう、まさにそのとおり。そして、それはとても単純に説明できる。「下手な鉄砲も……」の効果なのだ。若い頃は、よく知っている人はあまりいない。新しい友人が、すでになじみがあった少数の人の誰かと似ていたら、それは信じられない運ということになる。けれど、歳をとるにつれて、過ごした年月も、出会った人の数も、しだいに多くなる。だから、新しい友人に似ている可能性がある人は、頭の中にいっぱい入っている。したがって、その友人が誰かに似ていても、たいして意外ではない。だから、今度年上の人から、あなたを見ていると別の人を思い出すと言われたら、それは凄い、と言えばいい。けれど、その人はいったいどれほど多くの人を知っているか考えてほしい。**評価：正しい**

Bad things come in threes.（悪いことは三度来る）　これは「バイアスのかかった観察」の典型的なケースだ。何か悪いことが一つ起こったら、あなたはパターンを探すことなく耐え忍ぶ。もし、また何か悪いことが起こったら、それも耐え忍ぶだろう。けれど、三度も悪いことが起こったら、その巡り合わせに衝撃を受け、その不運の連続を誰彼かまわず告げるだろう。こうして誰もが、三度続けて悪いことが起こったときのことを記憶にとどめるけれど、一度か二度しか起こらなかったときは気づかない。それに、最近二度、互いに無関係の惨（みじ）めな目に遭ったからというだけで、三度めの好ましくない出来事が起こる可能性を高めるような力など、この世には存在しない。**評価：誤り**

When it rains, it pours.（降れば土砂降り）　前のことわざが繰り返しに注目するものだったとしたら、これは集中度に注目するものだ。もし悪いことが一つか二つあなたに起こったとしたら、あなたはそのパターンに気づいたり、それについてコメントしたりしないだろう。けれど、もし悪いことがたくさん起こったら、その猛攻に圧倒され、長いあいだそれを覚えているだろう。これも「バイアスのかかった観察」だ。皮肉にも、このことわざは、文字どおりの意味でさえ正しくない。小雨は土砂降りにならずにやんでしまうことが多い。**評価：誤り**

A stitch in time saves nine.（時宜を得た一針は九針の手間を省く）　この古典的なことわざは文字どおり、のちの傷みを防ぐために衣服をきちんと繕っておくといいという意味だ。けれど、より広くは、前もってよく準備をして入念に計画を立てておけば、将来あまり問題が起こらず、多くの成功を収められることを意味する。これに異を唱えられる人はいない。では、運とはどう関係しているのか？　それは、こういうことだろう。もし誰かが運が良いように見えたら、それはただのランダムな運かもしれないけれど、その人が用意周到で、そのため成功する可能性が高いことを示している場合もありうる。**評価：正しい**

Out of sight, out of mind.（去る者は日々に疎し）　私たちはたしかに、目の前から姿を消した人のことは、忘れる可能性が高い（そう、これとは正反対の「会わないでいると情が深まる」ということわざがあるとはいえ、そのとおりだ）。これは、運とはどう関係しているのか？　まあ、「バイアスのかかった観察」という運の罠を説明する助けにはなる。私たちは、何か特別な結果や劇的な結果を目にしたときには、その結果が起こらなかったときのことはみな忘れてしまいがちだ。だから、それが起こったのはただのランダムな運で、特別な意味は何もなかったのかもしれない。どんな結果も、適切に評価するためには、それが実際に起こったのは「何度のうちの」一度だったのかを、いつも考えてほしい。**評価：正しい**

Don't quit your day job.（本業をやめるな）　これはたいてい、ある種の芸能人への（あなたの見方次第では）残酷な、あるいは愉快な当てつけとして使われる。その人は、芸能人としてはぜったいたいしたお金を稼げないだろうから、地道に生計を立て続けたほうがいい、という意味だ（私はときどき面白半分にこの言い回しを、自分の即興コメディアンのプロフィールで使ったことさえある）[注13]。より広くは、音楽やコメディのような文化的な芸能は、たいてい実入りがあまり良くないことを意味する。それはほんとうか？　まあ、私たちの誰もが、B・B・キングやリンゴ・スターからジュエルやシャナイア・トゥエインまで、音楽で成功して貧乏人から大金持ちになったミュージシャンの話は聞いたことがある[注14]。そのおかげで、多くの芸能人の卵たちは、まもなく同じように成功できるだろうという楽観を抱く。けれどこの楽観は、「バイアスのかかった観察」という運の罠から生まれたものだ。私たちは、途方もない金持ちになったほんのひと握りのミュージシャンについて耳にするだけで、やってはみたものの挫折した何千万もの人については、何も聞かない。コンピューター革命は、これまでこの効果を増大させるばかりだった。『ニューヨーク・タイムズ』紙は最近、次のように言っている。「並外れた人生もインターネット上ではありきたりのものに見える」[注15]。いったんこの運の罠が剥ぎ取られると、残念ながらほとんどの芸能人の卵はたいしたお金を稼げないことになり、私たちのほぼ全員にとっては、平凡な定職に就いていることが金銭的成功を収めるうえでほんとうに最善の道なのだ。**評価：（残念ながら）たいてい正しい**

A little suffering is good for the soul.（多少の苦しみは魂のためになる）　このことわざは、不運は人格形成の役に立ったり、価値ある人生訓を与えたりすることができるという意味だ。卒業式で学生に不運を願ったジョン・ロバーツ判事のスピーチに少し似ている。これは、もっともらしく聞こえる。ただし、厳密に立証するのは難しい。一方、このことわざは、もしきょう苦しい目に遭えば、「カルマ」が明日は幸運を保証してくれ、けっきょくすべては帳尻が合うというふうに解釈されることもある。あいにく、そのように帳尻を合わせる力が存在するという証拠はない。きょう苦しんでも、ほんとうにその後の災難から守ってもらえるわけではない。したがって、このことわざが正しいか間違っているかは、解釈次第だ。**評価：場合によりけり**

With proper medication you can cure a cold in seven days, but left to its own devices, it takes a week.（適切な薬を服用すれば風邪は七日で治るが、放っておくと治るまで一週間かかる）　偉大な数学者で哲学者のバートランド・ラッセルがかつてそう言ったと聞いていたけれど、それを裏づける資料は見つけられなかった。それはともかく、風邪は一週間（前後）で自然に治るというのが、その趣旨だ。だから、七日ほどで風邪が「治る」薬は、ほんとうは何の働きもしていない。別の言い方をすれば、七日間で風邪を治すのは、「特大の的」で、達成しても何の意味もない。体が持つ自然の治癒力が「それ以外の原因」（薬以外）を、健康の回復に対して提供してくれる。このことわざは、重要な一般原則を例証している。誰かが特定の結果や成果を達成できる、特定の問題を軽減できる、何かをとても頻繁にあるいはとても速く実現できるなどと主張したときにはいつも、次のように問うべきだ。それは何と比べて？　あなたの成果や結果は、何もしなかったときに起こっていただろうことや平均的な人、従来のテクニック、何か競合する手立てと比べてどうなのか？　その人の行為が、ほかの手段ですでに達成できていただろうことよりも、ほんとうに優れた結果をもたらしたときに、初めて感心するべきだ。**評価：正しい**

Every cloud has a silver lining.（苦あれば楽あり）　このことわざはおもに、何か悪いことが起こった後、人を元気づけるのに使われる。悪いことでさえ、いつも何かポジティブなことを伴っているという意味だ。このことわざを厳密に解釈するなら、それは正しいに違いない。かろうじてではあっても。なぜなら、どんな状況にも何かしら良い面があるからだ（けれど、場合によっては、良い面は、ほんとうにごくわずかだ）。では、運とのつながりは？　たいていの状況には良い面と悪い面の両方があり、したがって違う解釈ができ、異なる結論につながる。これは、「異なる意味」という運の罠の本質だ。もっとも、なかにははなはだひどい状況もあり、そんな場合には、ポジティブな面はごくわずかしか見つからない。**評価：（かろうじて）正しい**

Everything happens for a reason.（万事は理由があって起こる）　このことわざは、不運と向き合うときに、大きな慰めとなりうる。これは、先ほどの「苦あれば楽あり」の改訂版だ。たとえ物事が厳しく見えたとしても、その苦難の根底には何かしらのロジックやもっともな理由があり、不愉快な結果にも目に見えない恩恵が暗黙のうちに含まれていると、私たちを安心させようとする。それが正しかったらよかったのに。残念ながら、この希望に満ちた見方を裏づける明白な証拠は、私にはまったく見当たらない。私たちの人生は、たくさんのランダムな影響を受けている。そして、あいにくそうした影響の一部はただのランダムな運で、それがネガティブな結果につながる。そしてそこには、帳尻を合わせてすべてを順調に戻すような力も、私たちを慰めてくれるような理由や説明もない。**評価：誤り**

Truth is stranger than fiction.（事実は小説よりも奇なり）　これは私たちが何かとても異常な結果に驚嘆し、この世の奇妙さについてじっくり考えているときに、しばしば口にされる。けれどこのことわざは、もっと深い意味も含んでいる――小説そのものについて。もちろん小説には、宇宙人から、口を利く動物や空想の世界、魔法の力まで、ありとあらゆる種類の想像の産物が登場しうるし、そこに限界はないように見える。ところが、すでに見たように、小説にはそれ自体の制約がある。ある程度はもっともらしかったり、筋が通っていたり、理にかなっていたりしないと、読者にそっぽを向かれる。何かしらの意味や構造や筋があって、さまざまなピースが特定の形でまとまりを見せなければならない。そして、これがいちばん重要なのだけれど、私たちは小説の運の中に意味や魔法のような要素を探し求めるために、じつはあれこれ小説の可能性を制限してしまう。たいていの小説では、主人公は成功を収めなければならないし、苦しみには目的が必要だし、すべてが何かの理由で起こるし、善人が最後に勝つ。真実も制約を受ける――この宇宙を支配する科学の法則によって。ところが、真実は小説のルールに従わなくてもいい。現実の世界では、理由もなしに悪いことが起こったり、無実の人々が理不尽な苦しみを味わったり、悪がすべてを征服したり、少しも受け取る資格のない人のところに富が行き着いたり、正しい裁きが下らなかったりするけれど、こうしたことはどれ一つとして物語としては筋が通らない。**評価：正しいこともある**

There are no passengers on Spaceship Earth. We are all crew.（宇宙船地球号には乗客はいない。私たちはみな乗務員だ）　これはバックミンスター・フラーの一九六三年の著書『宇宙船地球号操縦マニュアル』（芹沢高志訳、ちくま文芸文庫、二〇〇〇年、ほか）を読んでマーシャル・マクルーハンが述べた意見で[注16]、ずっと私の頭に残ってきた。実際、地球という惑星は、限られた資源と不確かな未来とともに宇宙空間を突進する大型宇宙船以外の何物だというのか？　私たちの誰であれ、さまざまな行動を通してその未来に影響を与えかねない。私たちのなかには、ゆったり座って誰かほかの「乗務員」が任務を遂行するのを見守るというような贅沢ができる人は一人もいない。この名言は、私たちの行動には結果が伴うことを示している。ただのランダムな運に見えるかもしれないものが、実際には、特定の人による特定の行動に基づく、「それ以外の原因」の結果の場合もある。言い換えると、すでに見たとおり、私たちは自分の運を切り開くために、何かしらの形で行動をとらなければならないことがよくある。**評価：正しい**

ほとんどの折や状況にも、運に関連したことわざや名言があるらしい。そのうちには、役に立つもの、面白いもの、道理に合わないものもある。どれ一つ、あまり文字どおりに捉えるべきではない。とはいえそれらは、私たちの物の見方や考え方や感じ方に影響を与えることも現にある。そうしたことわざに、私たちは慰められたり、目を開かれたり、苛立ったりすることもありうる。そして、運と偶然の理解を深めれば、それらを新たな目で見ることができる場合もある。少なくとも、どれがほんとうで、どれが、その、ただの戯言かを見極めることができるだろう。

第一九章　正義の運

運を評価する必要があるさまざまな分野のうち、犯罪の分野ほど重要なものはないかもしれない。犯人は捕まるだろうか、それとも、運良く逃げおおせるだろうか？　被告に不利な証拠は、「合理的な疑いを残さない」までに有罪を証明するに足りるか？　それともその証拠は誤解を招くもので、まあ、ほんとうに運が悪かったから出てきただけなのか？　逮捕、有罪判決、量刑手続き、投獄の問題、正義そのものの問題、さらには被告の将来のすべてが、運の思いがけない展開にかかっていることがありうる。ときには、こうした疑問には、確率と推論の微妙な問題がかかわっていることがある。また、なかには面白おかしい展開さえある。

ドジな強盗

二〇一七年八月二九日午後五時半頃、二人の男がボルティモアのアイリッシュパブに入ってきた。[注1] ただし、彼らは普通の客ではなかった。覆面をしていた。二人はカウンターの向こう側の従業員たちに銃を向け、レジの中の現金を差し出させた。そして、新たに働いたこの強盗の成果をしっかりと手にして、急いで出ていった。

ただし、一つだけ問題があった。信じられないほど運が悪いことに、パブの広間で開かれていた和やかなパーティは、長年の勤務を終えた巡査部長の引退を記念するものだった。巡査部長の友人や職場の人間がみな出席していた。要するに、このパブは警官だらけだったのだ。強盗があったことを聞くと、何人かの警官が逃げていく強盗を追いかけ、たちまち捕まえて逮捕した。彼らは現金を持ち去るかわりに、凶器を使った強盗の罪で告発された。

こうして強盗は大失敗に終わった。そしてそれはひとえに、運のせいだった。

ところが、この強盗たちでさえ、アルバータ州の二人の女性にはかなわない。暴行と違法な武器所持を重ねたこの二人は、窃盗で二年の刑に服していた。二〇一七年一〇月二日午後八時四〇分、彼女たちはエドモントン女子刑務所の東側の塀を乗り越えて脱走した。そのような脱獄は三年近くなかった。[注2] 警察は周辺を捜索したけれど、何の成果もなく、二人はまんまと逃げおおせたかに見えた。彼女たちはどうなったか？

二人にとっては不運にも、脱獄が盛んに話題になったため、翌日、彼女たちに気づいた人がいて、警察に通報し、二人はただちに逮捕された。けっきょく、彼女たちが自由の身でいられた時間は、二四時間にも満たなかった。史上最高の成功を収めた脱獄とは、およそ言い難かった。

そして、これがいちばん面白いのだけれど、二人はどこで逮捕されたか？　なんと、エスケープ・ルームだった！　そう、あのチームでやるインタラクティブなファンタジーゲームの一種で、何人かが力を合わせ、謎を解いて手掛かりを探し、時間切れになる前に部屋から脱出するゲームだ。

二人の女性は、本物の刑務所から見事に脱走できた興奮と満足から、ずいぶんと違う種類の脱出で運試しをするに限ると思ったらしい。ところが運悪く、ゲームのほかのプレイヤーの一人が、エスケープ・ゲームだけではなく、本物の脱獄者たちにも鋭い目を向けていた。そのエスケープ・ルームのオーナーがいみじくも言っていた。「これはまた、皮肉な話だ」

この二つの話は、運について何か新しいことを教えてくれるだろうか？　いや、そうでもない。どちらの場合にも、ほかならぬ「下手な鉄砲も……」の運の罠が働いていた。世界中の酒場で起こるあらゆる強盗のうち、一件が警察のパーティとかち合ったところで、意外ではない。そして、脱獄犯が捕まるあらゆる事例のうち、一件がエスケープ・ルーム・ゲームにかかわっていたとしても、それほど驚きではない。そのような話には、深い意味も、根本的な原理も絡んではいないのだ。

それでも、依然としてかなり面白おかしくはあるけれど。

口ひげとポニーテール

運と確率の考察が、実際の刑事事件の有罪判決できわめて重要な役割を果たすこともある。その典型的な例が、一九六四年六月一八日にロサンジェルスで見られた。高齢の女性が路地で押し倒され、財布を奪われた。目撃者たちは、濃いブロンドをポニーテールに結った若い白人女性が財布を持って走り去り、あごひげと口ひげを生やした黒人男性の運転する黄色い車に乗り込んだと証言した。四日後、マルコム・コリンズとジャネット・コリンズが逮捕された。この特徴に一致するというのがおもな理由だった（少なくとも、ほとんどが一致していた。どうやらジャネットの髪は濃いブロンドではなく、明るいブロンドだったけれど、この食い違いは無視された）。

裁判のとき、検察官は「近隣の州立大学の数学講師」を呼び（私はその身元を確認できなかった。かわいそうに、誰もがその数学者を忘れてしまったようだ）。検察官はその数学講師に、いくつか「控えめな」確率を想定するように言った。

・あごひげを生やした黒人男性――一〇人に一人
・口ひげを生やした男性――四人に一人
・ブロンドの白人女性――三人に一人
・ポニーテールの女性――一〇人に一人
・同じ車に乗った異人種カップル――一〇〇〇組に一組
・黄色い自動車――一〇台に一台

それから数学講師は想定したさまざまな要因を掛け合わせ、ランダムに選んだカップルがこの基準をすべて満たす確率を計算した。

(1/10) × (1/4) × (1/3) × (1/10) × (1/1,000) × (1/10) = 1/12,000,000

こうして彼は、あるカップルが運だけによってこれと同じ特徴を持つ可能性は一二〇〇万分の一しかないと主張した。マルコム・コリンズは、おもにこの確率に基づいて、裁判で有罪となった。

これは、有罪判決を下すのに十分な証拠だったのか？　それとも、コリンズはただ運が悪かったのか？

先ほどの計算からは、いくつかの問題点がたちまち明らかになる。一つには、挙げられた確率はみな仮定されただけのもので、裏づける証拠は何もなく、間違っていたとしても（そして必ずしも「控えめ」ではなかったとしても）おかしくない。けれど、それよりも重要なのは、その多くがよく組み合わさることだ。あごひげを生やしている男性のほとんどは口ひげも生やしている。黒人の男性と白人の女性は、必ず異人種カップルになる。ブロンドの女性は、ひょっとしたらポニーテールにしている可能性が高いのかもしれない。など、など。

だから、仮定した確率をもっと理にかなう形で解釈すると、一〇〇〇台の車のうち一台に異人種カップルが乗っていて、そのうち一〇台に一台にはあごひげと口ひげを生やした男性が乗っていて、一〇台に一台にはブロンドのポニーテールの女性が乗っていて、さらに、そうした車の一〇台に一台が黄色、となる。もしそうなら、目撃者たちの説明に合う車をランダムに選び出す確率は、

$$(1/1{,}000) \times (1/10) \times (1/10) \times (1/10) = 1/1{,}000{,}000$$

つまり、一二〇〇万分の一ではなく、一〇〇万分の一にすぎない。そして、裏付けのない仮定にたくさん基づいているので、この計算でさえかなり怪しい。

とはいえ、これがいちばん肝心なのだけれど、ここには「散弾銃効果」が見られる。すなわち、目撃される可能性があったすべての車のうち、一台がたまたま目撃者たちの説明と一致した。それは有効（この場合には、コリンズが有罪）なのか、それとも、ただの運ということはありうるのか？

さて、一九六四年にはロサンジェルス郡の人口は約六五〇万人だった。おそらく世帯数は一〇〇万を超え、そのそれぞれに、目撃者たちの説明と一致してもおかしくない車が一台あった。だから、一〇〇万台以上の車（それ以外に近隣の郡から入ってこられるはずの車もあったことは言うまでもない）から選べば、そのうちの一台が偶然だけによって、先ほどの一〇〇万台に一台の可能性に一致しても、驚くことはない。つまり、それは何の証明にもならない、ランダムな運にほかならないかもしれない。

だとすれば、コリンズはそれに基づいて有罪とされるべきではなかったことになる。幸い、四年後にカリフォルニア州最高裁判所は、控訴審でそれに同意した。判決は、「当裁判所は、数学的確率という証拠が適切に導入・利用されたかどうかという斬新な疑問を取り扱う」という言葉で始まり、「当裁判所は、提示された記録に基づいて、被告はその可能性によって有罪を決定されるべきではな

かったと結論し、被告には新たな裁判を受ける権利があるものとする。判決を破棄する」と締めくくっている。[注3]

これは、コリンズが必然的に無罪だったことを意味するのか？　違う。提示された確率は、有罪判決を下すには十分ではなかったものの、無罪を立証しているわけでもない。じつのところ、コリンズが実際に強盗を働いたというほかの証拠があるかもしれない。一つには、妻のジャネットもマルコムと並んで告発されたものの、有罪判決を上訴しなかった。また、二人は強盗の翌日、三五ドル相当の交通違反の罰金を支払っており、被害者は盗まれたとき、自分の財布には三五〜四〇ドル入っていたと主張している。これは怪しい。なぜなら、コリンズ夫妻は二週間前に結婚したとき、二人合わせて一二ドルしか持っておらず、その後、たいしたお金を稼いでいなかったという証拠があるからだ。そして、いちばん引っかかるのは、そのお金の出所を訊かれたとき、マルコムは自分がギャンブルで勝ったと言ったのに対して、ジャネットは自分の給料から払ったと言った点だ。これはおおいに怪しい！

だから、コリンズ夫妻はけっきょく有罪だったのかもしれない。けれどそれは、確率計算のせいでも、目撃者の説明との一致のせいでもない。それはただの不運だった可能性もあるから。

サリー・クラークの悲しい物語

イギリスの事務弁護士サリー・クラークの注目するべき事例ほど、運と正義の難しさを雄弁に物語っているものはない。[注4] 彼女は法律分野で成功を収めた後、男の子を出産した。三か月後、その子が亡くなった。窒息死のようだった。原因がわからなかったので、乳幼児突然死症候群（ＳＩＤＳ）とされた。ＳＩＤＳ（「揺りかご死」あるいは「ベビーベッド死」とも呼ばれる）は、見たところ何の理由もないのに、乳幼児が（たいていは夜眠っているあいだに）突然呼吸をやめて亡くなるという悲劇的な病気だ。

それだけでも悲しいのに、話はさらに悪くなる。クラークは一年五か月後に次男を出産したけれど、この子も八週目に亡くなった。これまた原因不明の窒息死のようだった。こうして悲劇的にも、クラークは二年もしないうちに二人の赤ん坊を亡くした。

二人の死亡に疑問を抱いた当局は、ジレンマに直面した。クラークはなんともひどい不運の犠牲者にすぎないのか？　それとも、彼女の息子たちの死には、何かほかの原因があるのか？　具体的には、彼女はひょっとすると、息子を二人とも、眠っている間に窒息させ、殺害したのか？

検察官たちはクラークがそうしたと判断し、彼女は二件の嬰児（えいじ）殺しで告発された。裁判では、この裕福な家庭の二人の子供が「揺りかご死」で亡くなる確率は、なんと、七三〇〇万分の一しかない、なぜなら、子供がＳＩＤＳで亡くなる可能性は八五四三分の一で、八五四三×八五四三は約七三〇〇万だからだ、とある小児科医が証言した。だから、二人の死は偶然のはずはない、クラークは殺人者だ、と検察は主張した。

陪審員たちも同意した。クラークは有罪を宣告され、刑務所に送られた。三男は彼女から取り上げられた。彼女は新聞紙上で罵倒(ばとう)され、ほかの囚人から嫌がらせを受けた。そして、アルコール依存症になり、それがもとでとうとう亡くなった。それでもなお、疑問が残った。陪審は正しい判断を下したのか？　クラークはほんとうに二人の息子を殺したのか？　それとも、それはただの運だったのか？

そこには運の罠があったのか？　まさにそのとおり。

まず、「偽りの報告」があった。赤ん坊がＳＩＤＳになる確率は、じつはおよそ一三〇三分の一だ。あの小児科医は、確率を引き下げる特定の要因（クラークの一家には喫煙者がおらず、少なくとも一人が職に就いていて、母親が二七歳以上）を考慮に入れて、その数字を八五四三分の一に引き下げたけれど、確率を引き上げる特定の要因（とくに、女の子よりも男の子のほうが約二倍ＳＩＤＳになりやすいこと）は無視した。

次に、「よく組み合わさる事実」もあった。具体的には、ＳＩＤＳは同じ家庭内で発症する傾向があり、実際、ＳＩＤＳで一人が亡くなった家庭では、別の子供がＳＩＤＳで亡くなる可能性が五倍から一〇倍あると推定されている。[注5]だから、ＳＩＤＳで二人が亡くなる確率は、二つの確率を掛け合わせた結果とは同じではない。むしろ、その確率を約五倍か一〇倍にするべきなのだ。

この二つのミスを正すと、運だけによって二人がＳＩＤＳで亡くなる確率は、七三〇〇万分の一から、約一三〇三×一三〇三／一〇の一、つまり、約一七万分の一に変わる。たしかにこれは依然として、ひどく可能性が低いけれど、前に比べたらずいぶん高くなくなった。しかも、最大の運の罠にはまだ触れていないというのに。

そして、その運の罠は、「散弾銃効果」だ。クラークの家庭では二人がＳＩＤＳで亡くなったものの、これはイギリスの何百万もの家庭のうち、たった一家庭でしかない。たとえ一世帯でもＳＩＤＳが二件発生すれば、それは悲劇的だけれど、意外ではないし、間違っても殺人の有罪判決の基盤にはなりえない。

王立統計学会は、この有罪判決についてすぐに意見を表明し、有罪という結論は「統計学的に無効」で、「サリー・クラーク裁判は、医療専門家である証人が重大な統計学上の誤りを犯した事例であり、その誤りが裁判の結果に計り知れない影響を与えたかもしれない」と述べた。[注6] 見上げたものだ。最終的には、正当な裁きが下った。その小児科医は「重大な職業上の非行」で有罪という判決を受け、彼の証言は「誤解を招きやすく不正確」であるとされた。クラークは無罪となって釈放されたものの、それは刑務所で三年間以上服役した後、二度めの上訴のときだった。誤解を招きやすい統計データは、ほんとうに危険なのだ。

五回は多すぎ

サリー・クラークの事例では、子供を二人、ともにＳＩＤＳで死なせたことは、じつはけっきょくそれほど疑わしくはなかった。けれど、それが赤ん坊五人だったらどうか？　それなら怪しまれる原因になっていただろうか？

それこそまさに、ワネタ・ホイトとティム・ホイトの事例だ。この夫婦には、一九六五年から一九七一年にかけて五人の子供が生まれた。信じられない話だけれど、五人の子供たちはみな、赤ん坊のうちに亡くなった（それぞれ、三か月、二年四か月、一か月半、二か月半、二か月半）。死因はどれもＳＩＤＳとされた。実際、ある小児科医はこの事例を使って、ＳＩＤＳには強い遺伝的な関連があるという学術論文を発表しているほどだ。[注7]つまり、ＳＩＤＳは家族に遺伝する傾向が強いということだ。どうやら、犯罪行為は疑われなかったようだ。そして、一九七七年にはホイト夫妻は男の子を養子に迎えることを許された（その子は生き延びて成人した）。

ところが何年も過ぎた一九八〇年代になって、何人かの検察官と病理学者が疑いを抱き、捜査した。最後には、ワネタ・ホイトが、五人の子供全員を、泣きやませるために窒息させたことを涙ながらに告白した。彼女はのちに自白を撤回したけれど、遅すぎた。彼女は一九九五年に五件の殺人で有罪になり、[注8]一九九八年に五二歳で獄死した。

彼女の殺人は、もっと早く発見されているべきだったのか？　おそらく。ＳＩＤＳによる死には遺伝的な結びつきがあり、実際、ある家族で一人がＳＩＤＳで亡くなると、もう一人亡くなる可能性が五倍から一〇倍になることは、すでに見た。それでも、ある家庭で五人がＳＩＤＳで亡くなるというのは、とても怪しい。先ほどのロジックを使えば、運だけによって五人が亡くなる可能性は、

1,303 × (1,303/10) × (1,303/10) × (1,303/10) × (1,303/10)

分の一、つまり、三七五〇億回に一回の可能性となる。この可能性は十分低いので、考えうる運の罠をすべて退ける。これが当時、警鐘を鳴らしているべきで、もっとずっと早く捜査が行なわれるべきだったことは間違いない。当局が問題に気づくのに二〇年もかかったのは、ほんとうに、とても運が悪かった。

殺人看護師

ルシア・デ・ベルクは、オランダのハーグの三つの病棟で勤務した看護師で、たいていとても好かれ、尊敬されていた。ただしそれは、彼女が逮捕され、複数の殺人の罪で告発されるまでのことだった。彼女は少なくとも一〇回、患者に毒を与えて殺そうとしたとのことだった。

そんな犯罪はありえないというのが、私たちの最初の反応かもしれない。看護師たちは素晴らしい人々で、多大な犠牲を払い、大変な苦労や不快さに耐える。それは、すべて患者をより快適に過ごさせるためだ。患者に害を与えようとする看護師などいるはずがないではないか？ ところが、私がこの章の推敲をしているときに、自宅から一五〇キロメートルもしない場所で、エリザベス・ウェットローファーという看護師が九年間に八人の高齢の患者を殺したことを告白したというニュース記事が出た。[注9] 彼女は患者の世話をしているとき、「赤いうねり」を感じ、患者が死ななければならないことを「神が」自分に告げているに「違いない」と思い、致死量のインスリンを投与したという。彼女の行動は、何年間も誰にも気づかれなかったけれど、やがて、彼女が自ら薬物依存症のリハビリプログラムに参加し、患者たちの死について奇妙なことを言ったため、病院の職員が警察に通報したので、捜査が行なわれ、それがついには自白につながった。というわけで、看護師たちもけっきょく、ときにはほんとうに患者に危害を加えることがあるらしい。問題は、ルシア・デ・ベルクも同じような罪を犯したか、それとも、犯さなかったか、だ。

デ・ベルクに不利な証拠は、おもに確率に関するものだった。検察側の統計学者は、彼女が勤務していた三つの病棟でのさまざまな「事件」（患者が亡くなったり、亡くなりかけたりした事例）を調べた。そして、彼女はそれらの病棟での看護師による一七〇四回のシフトのうち二〇一回（一一・八パーセント）でしか働いていないのに、そのような事件二七件のうち一四件（五一・九パーセント）が発生したときに勤務時間中だったと報告した。その統計学者は、そのような不均衡が運だけによって起こる可能性は三億四二〇〇万分の一しかないと主張した。[注10] これは、病院でのデ・ベルクのシフトのあいだに起こった一連の不幸な「事件」がただの運ではありえないことを証明しているように見えた。残るのは、デ・ベルクがこれらの患者に意図的に毒を与えた可能性だけだった。いわゆる「慈悲の殺人」をしようとしていたのかもしれない。デ・ベルクは無実を主張したにもかかわらず、最終的に七件の殺人と三件の殺人未遂の罪で有罪判決を受けた。

デ・ベルクに不利な証拠は何かほかにもあったのか？　まあ、ほんの少しあった。二人の患者が、有害となりかねないレベルまで薬の投与量が増やされており、それを投与したのがデ・ベルクだったかもしれないことが判明した。[注11] また、デ・ベルクが以前、売春婦をしていたことや、[注12] 図書館から本を二冊盗んだとされていたことも、[注13] 不利な材料となった。そして、これがいちばん不利な証拠だったのだけれど、彼女は日記に、「この秘密は墓場まで持っていく」とか、「きょう、衝動に負けた」とかいった疑わしい書き込みをしていた（ただし、彼女はのちに、タロットカードの解釈を書き留めていただけだと主張した）。けれど、これは状況証拠で説得力がない。デ・ベルクが有罪であるというおもな証拠は、三億四二〇〇万分の一という確率だった。

それに基づいて、彼女の有罪判決は正当化できたのか？ それとも、そこには何かしら運の罠が絡んでいたのか？

まず、「事件」の数が正確かどうかを問うところから始めればいいかもしれない。ほんとうにこれらの「事件」がすべて、デ・ベルクのシフトの直前あるいは直後ではなく、シフトのあいだに起こったのかどうかについては、議論があった。ひょっとしたら、「偽りの報告」が行なわれたかもしれない。

そして、「特大の的」はあっただろうか？ その可能性はある。「亡くなりかけた」という定義は、デ・ベルクのシフトのあいだに起こった「事件」をより多く含めるために、後からつけ加えられたらしい。それどころか、それまでは「自然」死と分類されていた事例が、デ・ベルクの勤務中に発生したことがわかったときに、突如として「不自然」な死に再分類された場合もあった。

何か「隠れた助け」はあっただろうか？ あったかもしれない。デ・ベルクは専門知識と関心があったために、たいていの看護師よりも多くの高齢患者や末期患者を担当していたかもしれないように見える。もしそうなら、亡くなったり亡くなりかけたりする患者が多かったことには、「ほかの説明」が考えられる。

　とはいえ、多くの場合にそうであるように、飛び抜けて重要な運の罠は「散弾銃効果」だ。私たちにわかっているのは、どこかの一人の看護師が、患者の命にかかわる「事件」をとくに多く経験したということだけだ。これと同じ経験をしえた看護師はどれだけいるのか？　公平を期するために言うと、検察側の統計学者は、この問題を考慮に入れようとした。彼は、デ・ベルクが勤務していた病院の一つの看護師数である二七を、自分が計算した確率に掛けている。これは方向性は良かったものの、二七ではなく、オランダの看護師――それどころか、ひょっとした全世界の看護師――の総数を掛けるべきだったと、私は言いたい。

　デ・ベルクが最初に有罪判決を受けた後、徐々にさまざまな統計学者がこうした異議を口にしはじめた[注14]。確率の計算法について疑問の声が多く上がったため、控訴審では彼女の有罪判決は、おもにほかの根拠、とくに投薬量の増加に基づいて支持された。ところが、この証拠さえ、のちに誤りが立証され、二度めの控訴で有罪判決は覆された。ルシア・デ・ベルクは謝罪を受け、今は自由の身となっている[注15]。

　では、彼女は患者の殺害を企てたのか？　看護師ルシア・デ・ベルクは、ひょっとしたら人生最後の日々の苦しみを取り除くために、自分の患者たちを殺したのか？　確かなことはわからない。けれど、彼女に不利な証拠は、有罪判決を下すには不十分だった。確率は説得力があるように見えたものの、射撃手の運の罠に直面して粉々になってしまったのだ。

第二〇章　占星術の運

多くの人は、人生のランダム性と運をコントロールしたり説明したりしようとする試みの一環として、占星術に頼る。事実上すべての新聞が、何かしらのホロスコープを掲載しているようだ。ある調査によると、成人の二一パーセントがホロスコープを頻繁に、あるいはかなり頻繁に読み、二五パーセントが占星術は「とても科学的」だと考えているという（公平を期するために言うと、ホロスコープについて同じように考えている人は七パーセントしかいないので、ひょっとすると、占星術を本物の科学である天文学と混同している人がいるのかもしれない[注1]（英語では占星術は「astrology」、天文学は「astronomy」で、日本語と違ってよく似ており、古くは前者には天文学の意味もあった）。そして、信じている人には偏りはない。私は、ハイレベルの教授や研究者や科学者であっても、占星術が対象とする力によって自分の人生が影響を受けていると信じている人を知っている。

中国人は、一二年周期に基づく、人気の高い独自の占星術のシステムを持っている[注2]。ある評者は次のように言っている。「中国の人に十二宮を信じているかと尋ねると、多くの人は『いえ、いえ、私たちは現代人ですから』と最初は答える。だが、いつ子供を持ちたいかと訊くと、彼らは、『うーん、辰年(たつどし)に赤ん坊が生まれるというのも、悪くないですね』と言ったりする」[注3]。近年、中国人は西洋の占星術も受け入れはじめた。中国の常州で出された営業担当職の最近の求人広告は、次のように結ばれていた。「なるべく、さそり座、やぎ座、ふたご座の人[注4]」。何かしらの形の占星術による予言は、多くの場所で多くの人に大きな影響を与えているようだ。

それはなぜか？　占星術を信じる人は、「従順さ」の重要性も強く信じる傾向があるという最近の研究[注5]が、一つ手掛かりを与えてくれるようだ。占星術は、ほかの多くの迷信や信念体系と似て、私たちの誰もの人生に見られる予測不能で従順ではないランダム性を手懐(てなず)けたりコントロールしたりしようとする手段であることが、そこから窺える。

もちろん、ほかのじつに多くのものと同じで、占星術についても肝心の疑問は、それは本物か、だ。

占星術の予言？

多くの人にとって、ホロスコープはただの無邪気な楽しみであり、娯楽としてだけ読むものだ。けれど、ホロスコープに促されて人生の大問題について考える人もいる。ホロスコープの予言に慰めを得たり、ホロスコープを使って決定を下したりする人もいる（これは、昔ながらの方便に似ていなくもない。二つに一つという状況で迷っているときに、コインを放り上げて決めることにする。ところが、表が出ようと裏が出ようと、その結果にがっかりしたときには、ほんとうはもう一方のことをするべきなのがわかる）。こうした利用の仕方は、どれも理にかなっていて、私には何の異存もない。

その一方で、占星術には、占星術師が実際に予言をしているとか、私たちの日常生活について特別の知識を持っているとかいったことを示唆する面がたくさんある。占星術師は、誕生日に基づいてあらゆる人を一二の異なる星座に分類し、それぞれの星座の人に特定のアドバイスや予測をする。これは、もし有効なら、運を手懐けるとても効果的な手段だ。ホロスコープを読んで、その日、何が自分を待ち受けているかを判断できるのだから。けれど、それはほんとうに有効なのか？

有効だったならいいのに、と私は心から思っている。自分の誕生日を考え、天体の動きを追うだけで、自分の未来を突き止めること——そして、何を受け入れ、何を避け、何を決めるべきかを知ること——ができれば、と願わない人がいるだろうか？　それが魅力的なのは明らかで、その誘惑は強力だ。けれど、科学的に見たらどうなのか？

一方では、占星術は正真正銘の天文学に根差していて、現に天体の動きの入念で高度な追跡などがかかわっている（場合もある）。けれど、その一方で、いったいぜんたいこうした天体の動きが、どうして人の性格や日々の出来事や運に影響を及ぼすことなどできるだろう？

この影響には、重力が役割を果たしうるという人もこれまでにいた。ところが、惑星の重力は、出産に立ち会っている医師が母親に及ぼす重力ほどしかなく、取るに足りない。[注6] 赤ん坊が誕生したときにたまたま同じ部屋にいた人の重力が、その赤ん坊の性格に影響を与えるなどと考える人はいないのだから、ほかの天体の重力が、どうして何かの役割を果たしうるだろう？　天体からの磁気の影響も、同じように微々たるものだ。だから、占星術師が主張するような効果を、いったい天体のどんな力が引き起こすことができるというのか？

もちろん、重力以外に、科学がまだ発見していない何かほかの力が働いていることは考えられるし、占星術師はそれを見つけたのかもしれない。実際、占星術師たちがすぐに指摘するように、科学はときどき、原因を理解する前に、科学的な現象に気づくことがある。[注7] たとえば、すでに見たとおり、病気が広がるのを防ぐのに手指消毒が有効であることをセンメルヴェイス・イグナーツが証明したのは、ルイ・パストゥールが病原体の存在を立証するよりもずっと前だった。センメルヴェイスの主張を疑う科学者もいたほどだけれど、のちに再現された実験で彼が正しかったことが証明された。だから、メカニズムがわかっていないというだけで、占星術を退けるべきではない。

さらに、誕生のタイミングには、将来の展開に現に役割を果たす面があることは、すでに立証されている。たとえば、どの月に生まれるかで、どんな病気にかかるかに影響が出る可能性がある。[注8] この結果には驚かされるけれど、ある程度うなずける。実際、研究対象となった赤ん坊は北半球（ニューヨーク）で生まれたので、彼らが最初の冬を迎えたときに生後何か月だったかや、赤ん坊の頃、どれだけ頻繁に外歩きに連れ出されたか、物を見ることを最初に覚えたときに、どれだけ日差しが明るかったかなどは、生まれた月におそらく左右されただろう。

同様に、誕生の順、つまりその人が生まれた家庭で最初の子か、末の子か、そのあいだかによっても、性格に影響が出うる。これについての初期の研究には、家族の人数を考慮に入れなかったとして批判されたものもある。もっともだろう。子供が少ない家庭でも、長男あるいは長女はいるわけで、全体とすれば長男や長女の割合が大きくなり、こうしたことのせいで結果が歪められてしまうからだ。とはいえ、もっと新しい研究も、誕生の順序が少なくとも多少は人格に影響を与えることを示している。たとえば、人は自分と同じ誕生順の相手と結婚する可能性が若干高い。[注9] これも、興味深くはあるけれど、びっくりするほどのことではない。誕生の順序は、本人が成長するあいだの経験に大きな影響を与える傾向があるからだ。

けれど、ほかの天体から未知の不思議な力が働いている？　これは、ありそうもないように思える。それでもなお、科学的に言えば、さらに調べてみる必要がありそうだ。それでは、どう進んでいくべきなのか？

自分のホロスコープを評価する

私はこれを書いているときに、手始めに、地元紙できょうの私のホロスコープを見てみた。[注10] 私の星座（てんびん座）の欄には、こうあった。「あなたは自分の企てをうまく処理していると感じているかもしれない。少なくとも、近しい人にあなたの考え方の土台そのものの正当性を疑われるまでは。その人の見方について話し合い、相手の提案に耳を傾けること。むきになってはならない。ポジティブに考えよう」。では、私はこれをどう受け止めればいいのか？

さて、このホロスコープの一部は、実際の予言ではなくただのアドバイスになっている。まあ、他人の見方について話し合い、相手によく耳を傾け、むきにならず、ポジティブに考えるというのはみな、とても賢明なアドバイスだと私も思うし、このアドバイスには、ほぼどんなときにも、(てんびん座の人に限らず)ほぼ誰もが従うべきだろう。だから、このホロスコープの賢い助言は、私も支持するし、その価値を認める。とはいえそれが、私自身の個人的な境遇について、特別な見識や知識を提供しているという証拠はまったくない。

このホロスコープは、本物の予言も現に一つしている。つまり、身近な人が私の考え方の正当性を疑うというものだ。まあ、まずこの予言はとても一般的だ。たいていの日にたいていの人は何かしらの形で誰かしら近しい人に異議を唱えられる。だから、これはある意味では、たいていの日にたいていの人に当てはまる類の説明だ。運の罠の観点に立つと、これは「特大の的」に相当する。だから、多くの人が、この予言は自分について当たったと断言するかもしれない。けれど、それは何の証明にもならない。ほかのたいていの日にも、ほかの(どの星座の)たいていの人についても当たる傾向にあるからだ。

それでも、あいにくこの予言は、その日私にはぜんぜん当たらなかった! 私はきょう、日がな一日、自宅でこの本を書いて過ごした。自分の執筆については誰とも話さなかった。だから、誰も「近しい人」から「正当性を疑われる」ことはなかった。少なくとも、きょうは。したがって、自信を持って言える。少なくとも私の場合は、このホロスコープの予言は完全に外れた、と。

これに関連して、マジシャンで懐疑論者のジェイムズ・ランディによる、ホロスコープ執筆についての次の愉快な話を考えてほしい。[注11] 彼は一七歳のときに、友人の新聞に占星術のコラムを書くことを引き受けた。彼は、古い占星術の雑誌のページを完全にランダムに並べ替えて自分のホロスコープを書いた。それにもかかわらず、読者が彼の予言の正確さに「喜びの声を上げ」、「ずばり的中」と断言するのを目のあたりにした。これは、多くの占星術の予言があまりに一般的――あまりに「特大の的」――で、ほとんどどの星座の人でも、そこに何かしらの真実を見出しうることを、さらに裏づけている。

占星術の証拠

例や逸話をいくつか挙げただけでは、たいした証明にはならない。結論を導くには、大規模な比較研究が必要とされる。そのような研究はあるだろうか？　じつは、あるのだ。

一九八五年、その手の研究で行なわれた重要な実験が、権威ある科学雑誌『ネイチャー』に、ショーン・カールソンによって発表された。[注12] 彼は評判の高い占星術師二八人（占星術の主要な機関である全米地球宇宙研究評議会の推薦）に、研究参加者一一八人について調べてもらった。占星術師はそれぞれ、ランダムに選んだ参加者の出生図（その人の誕生の場所と時間に基づいた天宮図）と、詳しい性格プロフィール三人分（その参加者のものと、「対照実験用」のほかの二人のもの）を見せられた。問題は、占星術師はどれだけの割合で、どのプロフィールが出生図の人のものかを正確に判断できるか、だった。当てずっぽうで選べば、約三分の一（三三・三パーセント）で当たるけれど、占星術師

みずがめ座	一二一七人
うお座	一一九三人
おひつじ座	一一五八人
おうし座	一一八五人
ふたご座	一一五三人
かに座	一二四五人
しし座	一二六三人
おとめ座	一二九二人
てんびん座	一二六七人
さそり座	一二四六人
いて座	一二〇二人
やぎ座	一二四一人

たちは、半分以上で正しく選べると自信たっぷりだった。それで、どうなったか？　占星術師たちの精度は平均で三四パーセント（標準偏差は四・四パーセント）で、[注13]三分の一という当てずっぽう仮説と完全に一致していた。要するに、この実験は、評判の高い占星術師たちでさえ、どのホロスコープが誰のものなのかを、当てずっぽうで選ぶ以上に正しくは判断できなかったことを示した。これは占星術にとってははなはだ深刻な打撃だった。

別の研究は、科学の専門家のあいだで、星座がどのような分布になっているかを調べた。[注14]一万四六六二人の科学者の誕生日を調べ、星座ごとに分類した（一つの星座から別の星座への境目の誕生日は除外した）。それをまとめたのが上の表だ。

これらの数は、平均（一二二二人）にとても近く、[注15]占星術の星座は、誰かが科学者になるかどうかには影響がないことが窺われる。やぎ座とみずがめ座とさそり座が科学にいちばん向いているとする占星術のウェブサイトもある。[注16]ところが、この研究の数字を見てみると、みず

みずがめ座	うお座	おひつじ座	おうし座	ふたご座	かに座	しし座	おとめ座	てんびん座	さそり座	いて座	やぎ座
四四人	三六人	三九人	五三人	四八人	三六人	四八人	五一人	三八人	三八人	三〇人	四一人

がめ座の人数は一二二二人という平均より下なのに対して、やぎ座とさそり座の人は少しそれを上回る。それでもみな、見込まれる範囲に収まっている。だから、この研究からは、星座が科学的な能力を予言するのには役に立たないことを示唆している。

　同じような狙いで、別の研究は占星術の星座が自殺に与える影響を調べた[注17]。自殺は性格タイプと関係があるに違いない。研究者たちは、イギリスのある州で一二年間に発生した五〇二件の自殺すべての記録を調べ、亡くなった人の星座を突き止めた。それをまとめたのが上の表だ。

　数値には多少のばらつきはあるけれど、ランダムな偶然だけによって起こると見込まれる範囲に十分収まっていた[注18]。公平を期するために言っておくけれど、念入りに調べると、変則的な結果もいくつか見つかった。たとえば、おとめ座の人は、首吊り自殺が多かった。けれど、すでに見たとおり、調べる可能性があまりに多い（たとえば、自殺の方法はたくさんあるし、星座は一二ある）

ので、「散弾銃効果」のおかげで、何かしらの結果が偶然だけによって目立ったとしても意外ではない。全体として、この研究は、占星術の星座が人格に影響を与えるという考え方が正しくないことを、さらに裏づけているように見える。

ほかにもいくつか、参照できる研究はある。一九七四年に『ジャーナル・オブ・サイコロジー』誌に載った研究は、一三〇人の学生を対象とし、さまざまな性格特性（攻撃的、野心的、創造的、外向的、直感的）の自己評価（と、友人たちによる評価）を調べた。[注19] そして、こうした主観的な評価と、彼らの太陽星座と月星座と上昇宮を組み合わせて予想されるものとを比べた。この論文の執筆者たちは、有意の相関関係を見つけることはできなかった。したがって、占星術の予言を支持する証拠も見つからなかった。

二〇〇八年に『ジャーナル・オブ・ジェネラル・サイコロジー』誌に掲載された別の研究は、五二人の大学生のそれぞれに、二つの異なる性格プロフィールを用意した。[注20] 一方のプロフィールは、この目的のために占星術師たちによって承認されたコンピュータープログラムを使い、彼らのほんとうの誕生日や占星術の情報から導き出した占星術の予言に基づいていた。もう一方のプロフィールは、偽のプログラムでランダムに作ったものだった。学生たちは、どちらのプロフィールのほうが自分の正確な説明になっているか問われた。当てずっぽうで選んだら、半分しか当たらないはずだ。では、彼らはどんな選択をしたのか？　この研究からは、五二人の学生のうち二四人だけしか自分のほんとうの誕生日に基づくプロフィールを選ばなかったことがわかった。これはたった四六・二パーセントにすぎず、運だけによって見込まれる、半分の正解よりも、わずかに少なかった。

一九八〇年のある研究は、大学卒業者一万三一三人の誕生日と大学での専攻との関係を調べた。[注21] 卒業者を一三の一般的な学問分野（人文科学、音楽、商業、科学など）に分けた。各分野で男女別に、一二の星座のそれぞれの下で生まれた人数を数えた。一三分野男女別の合計二六の分類のうち、二五で有意の関係が見つからなかった。唯一の例外は医学を専攻した女性で、おひつじ座とやぎ座の人が見込まれるよりもわずかに多かった（どうやら、前者は占星術の予言と一致し、後者は逆だった）。[注22] こうした結果は、ランダムな可能性とよく合致しているように見える。実際、おひつじ座で占星術の予言とのわずかな一致が見られたのは、「散弾銃効果」のせいに違いないだろう。これほど多くの学問分野と性別と星座の組み合わせを考慮に入れたからだ。

一九九六年のある研究は、一九〇人の大学生の性格と太陽星座や月星座や上昇宮との関係に注目した。[注23] 多くのテストを行ない、それぞれの星座の異なる位置や、さまざまな性格得点を調べた。一つを除いて、これらのテストのどれにも、有意の相関関係は見つからなかった。例外は、太陽星座と月星座がともに「陽」（男性）の学生が、どちらの星座も「陰」（女性）だった学生よりも、外向性が強かった点だ。この唯一の有意の相関関係も、おそらく運だけのせいであり、これほど多くの可能な選択肢から派生するこれほど多くの異なるテストを考慮に入れた、「散弾銃効果」によるものだろう。

最後に、二〇〇六年の大規模な研究は、ヴェトナム戦争の兵役経験者四四六二人と、ある長期研究に参加している若い成人一万一四四八人を調べた。[注24] 研究者たちは、この大きなデータベースを使い、四つの性格特性（精神病傾向、外向性、神経症傾向、社会的望ましさ）に関して、多数の潜在的な相関関係と、太陽星座とを、個別に、あるいは、「四大元素（火、水、風、地）」または「性別（男性

／女性）」ごとにテストした。これらのテストのうち、統計的に有意の関係は、どれだけ見つかったか？　一つも見つからなかった。その結果を説明するのに、「散弾銃効果」は必要ない！

けっきょく、占星術の予言が、ただの運だけによって実現するよりも、ほんとうに頻繁に実現するという証拠を探して、多くの人が研究を行なったものの、どの場合にも、占星術を支持する明確な証拠は、まったく見つからなかった。

占星術からの反論

占星術には因果効果が見られないとするこのような科学研究に、占星術師たちはどう応じてきたか？　まあ、占星術は科学的な調査の対象とするべきではないと主張する人も、ときどきいた。たとえば、ある占星術師は次のように書いている。「大半の占星術師による占星術の実践は、科学ではなく技法や技能として定義するほうがよく、この種の占星術師が科学者であると主張するのは間違いになる。したがって、占星術を学んだことのない科学者が、自分には占星術について判断を下す資格があると考えることも、同様に間違いとなる。なぜなら、占星術は科学の範囲外にあるからだ」。この占星術師は、「占星術を理解する人によって検討されるほうが好ましいような質的分析が求められているときに量的テスト」を行なうことを非難した。[注25]

私はこの立場にまったく共鳴しないわけではない。占星術の詳しい「解釈」には、客の応答に合わせた話し合いややりとりがたっぷり伴っていて、けっきょく一種のセラピーとしてほんとうに客の役に立つかもしれないことは、間違いないと思う。そして、私はそれには何の不満もない。けれど、その場合には次のように問わなければならない。このセラピーは、天体の位置の読みなどに、実際に助けられているのか？

これを適切に調べるのは簡単ではないだろう。セラピーや人生の手助けは、とても微妙で個人的なものなので、正確に評価するのは難題だ。そのうえ、占星術の解釈には「プラシーボ効果」があることは十分考えられる。たとえ占星術の解釈そのものには、じつは何の意味もないとしても、客がセラピーのようなアドバイスをより真剣に受け止めるのは、そのアドバイスがただのセラピストからではなく何か崇高な力からのものだと信じて
いるからだ。適切なテストをするとしたら、占星術師たちに客と詳しいセッションをそっくりやってもらう必要がある。それも、客の誕生日にかかわるほんとうの情報に基づいたセッションと、（占星術師には知らせないけれど）偽の情報（嘘の誕生日など）に基づいたものの、両方をやってもらう。それから、それらのセッションがどれだけ役に立つかを、どうにかして測定しなければならない。それが済んで、誕生日についてのほんとうの情報を使ったセッションのほうが、偽の情報を使ったセッションよりも、一貫して有意と言える形で役に立つことがわかったら、占星術に有利な証拠となるだろう。逆に、二種類のセッションに差がなかったら、占星術の予言の有効性はないという証拠が得られるだろう。

この種の科学的な比較テストが行なわれたことがあるのかどうか、私は知らない。けれど、すでに見たように、太陽星座を使ったもっと単純な占星術の予言のテストでは、明白な効果がまったく見つ

からなかった。要約すれば、天体がほんとうに人々の行動や宿命に影響を与えているという明らかな証拠は一つもない。説得力のある証拠が皆無なのにもかかわらず、とても多くの人が占星術のセラピーの有効性を受け入れているというのが現実なのだ。

占星術師たちは、こういう科学研究の動機や方法に疑問を投げかけ、自分たちが行なったほかの「研究」のほうが信頼性があり、占星術の真の力を実際に証明していると主張することもある。こうした異議のうちには、熱烈に唱えられたものもある。[注26] もともとの研究の一部の面を疑いさえすることもあるだろう。私に言わせれば、そうした疑問は、研究自体を無効にするほどではないものの、占星術を擁護する人々が自分たちのやり方を熱心に守り続けることができるほどの混乱を引き起こす。

これと関連して、ジェイムズ・ランディ教育財団は一九年にわたって、制御された条件下で超常的な能力（占星術の予言を含む）の証拠を提出できた人に、一〇〇万ドルの賞金を出すことを約束していた（その後、この懸賞は打ち切られた[注27]）。大勢の人がこの賞金を獲得しようとしたけれど[注28]、適切な検査の下ではすべて失敗に終わり、一セントとして受け取れた人はいなかった。[注29]

それに対して、ある占星術師は、検査が不公平だと苦情を言った。ランディは、予備検査では一〇〇〇分の一（一パーセント）未満の p 値を、続いて入念な再現実験では一〇万分の一（〇・〇〇一パーセント）の p 値を要求していたからだ。一〇〇と一〇万を掛け合わせると一〇〇〇万になるので、その占星術師は、「賞金を獲得するためには、一〇〇〇万分の一という条件を上回る結果を依然として求められている」と不平を漏らし、「ランディの条件を満たすよりも、どの年であろうと一回雷に打たれる可能性のほうが一〇倍も高い！」と息巻いた。[注30] もちろん、彼らは忘れていたのだ――p 値が、ほんとうの効果がまったくないときに純粋にまぐれで有意に見える結果が得られる確率を表しているということを。ランディの条件は、たんなる「まぐれ当たり」のせいで一〇〇万ドルを支払わされる可能性にまつわるものだったわけだ。もし、本物の効果があるのなら、検査を十分に重ねれば、どんな証明基準も満たし、どんなp値のレベルにも到達できてしかるべきであり、一〇〇〇万分の一というp値もそれに含まれる。ところが、それだけの成功は、これまで一つも報告されていない。とはいえ、相変わらずこれほど多くの人が占星術の有効性を信じているのだから、この種の統計分析や科学的検査、専門誌に発表された論文をもってしても、彼らを納得させることはできないだろう。だから、この問題をこれ以上どうやって調べればいいのかと、私は考えた。そして、混乱を取り除くために、自分独自の検査をすることにした。

占星術で職業を？

まず、多くの占星術師は、星座はどんなキャリアがその人にいちばん合っているかに影響を与えうると主張する。けれど、それはほんとうだろうか？　そして、私はどうやったら自分でそれを確かめられるか？

私は話を単純にしておくために、誰にもおなじみの、公表されている占星術で使われる（太陽）星座に的を絞ることにした。その影響を調べるためには、さまざまな職業の人の誕生日のリストを見つける必要があった。ざっとウェブ検索をしてみると、政治家の誕生日がインターネット上で頻繁に公開されていることがわかったので、彼らを調べることにした。そして、アメリカの連邦議会議員全員の誕生日と星座の一覧表を載せた、占星術についての二〇一四年の記事がすぐに見つかった。[注31] 占星術のウェブサイトも探すと、星座と職業についてのサイトが四つだけ見つかった。そのどれもが、おひつじ座の人が政治家に最適だとしていた（ただし、サイトの一つは、ほかに三つの星座も挙げていた）。[注32]

さあ、確かめてみる時が来た！　じつは、コンピューターに星座を数えてもらっているときに、私は不安になった。もしリストにおひつじ座の人がとても多かったら、自分はどう対応すればいいのか？　まず、統計的な検査をして、その偏りが統計的に有意か、それともただの運かを見てみる。もしただの運なら、疑い深い人でも満足させられるような、十分に説得力のある形でそれを説明しなくてはならない。万一有意だったら、私はそれだけで占星術が本物だとは納得しないだろうけれど、自分の最初の検査が占星術の正しさをある程度裏づけていることを認めざるをえず、それから、この疑問をさらに掘り下げる方法を考えなくてはならなくなる。

私は多少不安な気持ちで結果を見てみた。そして、何がわかったか？　じつは、おひつじ座の人は、偶然から見込まれるよりもわずかに少なかった。具体的には、こういうことだ。アメリカの上院議員と下院議員が合計五三一人、リストに載っていた。もし、一二の星座が同じ割合で反映されるとすれば、五三一／一二、つまり約四四・二五人がおひつじ座であることが見込まれる。ところが、そのリストでは、おひつじ座の議員は四一人だった。これは四四・二五人に近く、ランダムな誤差の範囲に十分収まっている。けれど、見込まれるよりは少なく、占星術師たちが主張していたように、大幅に多いということは断じてなかった。占星術による予言の、紛れもなく明白な負けだ。

ちなみに、政治家の星座を載せていた記事には、次のような占星術師の言葉も引用されていた。「やぎ座の上院議員のランダル・ポールとテッド・クルーズはおおいに期待できる……。［この占星術師は］そろってふたご座のミネソタ州選出の民主党議員エイミー・クロブシャー、共和党議員のマルコ・ルビオとマイク・リーの将来性を買っている。下院議員のポール・ライアンと上院議員のタミー・ボールドウィンものちのちまで影響を及ぼすことになるだろう」。それ以来、クロブシャー、リー、ライアン、ボールドウィンはみな、同じ地位にとどまっていて変化がないので、それに関しては引き分けだ。けれど、ポールとクルーズとルビオは翌年、そろって共和党の大統領候補指名争いに加わり、そろって敗れた。これも占星術の負けだ。

占星術どおりの看護師？

私はもっと大規模な検査を行なうために、看護の分野を考えた。看護師に最もふさわしい星座について語っているウェブサイトが七つ見つかり、そのうち六つはうお座の人が看護師にいちばん適しているとし、[注33]三つがそれぞれおうし座とかに座を挙げていた。この主張を調べるために、現在オンタリオ州で仕事に就いている看護師一五万八〇七七人の誕生日の匿名リストを、知り合いを通して手に入

みずがめ座	一万二六六〇人
うお座	一万三一八六人
おひつじ座	一万三〇七〇人
おうし座	一万四一二八人
ふたご座	一万三六七二人
かに座	一万三八九二人
しし座	一万三一八三人
おとめ座	一万三六九〇人
てんびん座	一万三三〇八人
さそり座	一万二八〇一人
いて座	一万二四七三人
やぎ座	一万二〇一四人

れた。[注34]問題は、これらの看護師は、ランダムな偶然で説明できるよりも、うお座である割合がずっと大きいかどうか、だ。

　私はコンピュータープログラムを書き、受け取ったデータに基づいてそれぞれの星座の看護師の数を数えさせた。それをまとめたのが上の表だ。

　ここから何がわかったか？　まあ、一星座当たり平均は約一万三一七三人だ。そして、うお座の人は一万三一八六人いて、平均とほとんど同じで、通常のランダムなばらつきの範囲に十分収まっていた。だから、この実験は、多くの占星術師の言い分とは裏腹に、うお座の人はほかの星座の人よりも少しも看護師になりやすいわけではないことを示している（ポジティブな面としては、少なくとも、人は何かのホロスコープに書いてあったからというだけで、自分の性向に反してまで看護師になろうとしてはいないことが、ここからわかるのだろう）。

　ほかの星座で看護師をしている人の数は、どれも平

みずがめ座	うお座	おひつじ座	おうし座	ふたご座	かに座	しし座	おとめ座	てんびん座	さそり座	いて座	やぎ座
一万一二一五人	一万一五一五人	一万一五九〇人	一万一七七〇人	一万二一六五人	一万二八六五人	一万二四八〇人	一万二八一〇人	一万二〇一〇人	一万一五〇〇人	一万一三〇〇人	一万〇三八〇人

均にかなり近いけれど、ぴったりではない。とくに、おうし座とかに座の数はともに、偶然だけによって見込まれるよりも少し多い。さて、おうし座とかに座は両方とも、私が調べたウェブサイトの一部では看護師に向いた星座として挙げられていた（ただし、うお座ほど頻繁にではなかったけれど）。だから、この意外な結果を、私はどう捉えればいいのか？

私は「それ以外の原因」がないか調べることにした。具体的には、人が生まれる時期にはいくらか偏りがあるので、ひょっとしたら、看護師だけではなく全人口も、星座ごとに多少のばらつきがあるかもしれない。この状況をもっとよく理解するために、オンタリオ州で一日ごとに生まれた人の数をまる一年分調べた[注35]。それからコンピュータープログラムを書いて、誕生日をそれが該当する星座と組み合わせた。それをまとめたのが上の表だ。

これを平均すると、一万一八〇〇人だった。というわけで、一般の人口では、うお座の人は平均より少し

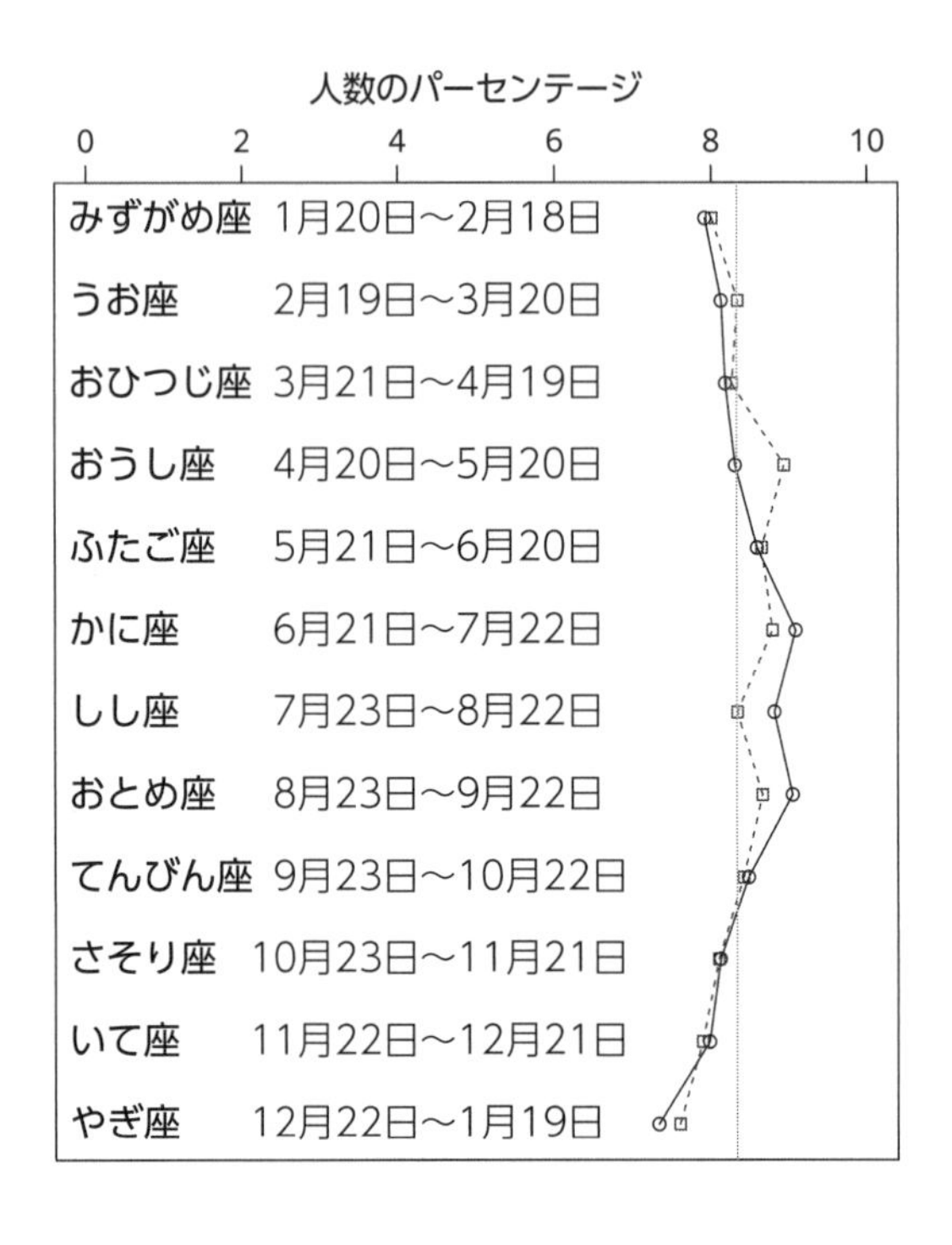

下、おうし座の人は平均とほぼ同じで、かに座生まれの赤ん坊の数は、平均を大きく上回っていた（おそらく、夏のほうが誕生数が多いからだろう）。

これはみな、上のグラフで見るともっとはっきりする。このグラフでは、○を結んだ実線は、一般の人口に占めるパーセンテージを、□を結んだ点線は、看護師の総数に占めるパーセンテージを、直線は、全部の星座の可能性が完全に同じだったら見込まれるパーセンテージを、それぞれ表している。

このグラフから、看護師にうお座の人が占めるパーセンテージと、すべての誕生日にうお座の人が占めるパーセンテージは、ともに、一二人に一人の割合（約八・五パーセント）という、見込まれる数にとても近い（そして、それよりわずかに少ない）。おうし座は、誕生日に占めるパーセンテージはちょうど平均値だけれど、看護師に占めるパーセンテージはいくぶん大きい。かに座は、看護師に占めるパーセンテージは少し平均を上回るけれど、誕生日に占めるパーセンテージは、それよりもなお大きい。だから、このデータからはほかにも、少なくともオンタリオ州では、おうし座生まれの人は、看護師になる可能性が現に少し高いけれど、うお座とかに座の人には、そういう傾向は見られないことがわかる。誕生日と看護師のパーセンテージに、どれほどわずかだとしても有意の違いがあるのがわかって、私は驚いた。それをどう説明すればいいのか、ほんとうのところ、よくわからないことは認めないわけにはいかない（そして、サンプルはみなとても大きいので、数値の差は間違いなく統計的に有意だから[注36]、これはおそらくただの「まぐれ当たり」ではない）。いずれにしても、このデータはうお座は看護師に最適の星座だという占星術の肝心の予言とは、どう見ても相容（あいい）れない。だから、これまた占星術の予言が外れた例となった。ただし、いくつか意外なことは出てきたけれど。

独自の調査を行なった人はほかにもいる。たとえば、ある起業家は、辰年（たつどし）生まれは運が良く、未年（ひつじどし）と寅年（とらどし）の生まれは運が悪いという中国の占星術の考え方を調べた。彼女は次のように説明している。「『フォーブス』誌の世界長者番付の上位二〇〇人を確かめてみると、面白いことに、最も望ましくない未年と寅年の人が番付の上位を占め、辰年の人よりもなお上にいた」[注37]。中国の占星術の予言もこれまでだった。

火星効果？

ここまで、手っ取り早いテストをほんのいくつか紹介してきた。ほかにも何十というテストが行なわれてきたけれど、事実上そのすべてが、占星術の予言が外れたことを科学的に確認しており、その立証は十分に記録されている。[注38]

とはいえ、占星術の影響を首尾良く再現したという事例はないのだろうか？　まあ、あると言えないこともない。フランスのミシェル・ゴークランと妻のフランソワーズは、人間の特性や業績と、その人が生まれたときの惑星や恒星の位置との関係についての、占星術のありとあらゆる主張を長年にわたって調べてきた。[注39]結果は一貫して否定的で、占星術の主張が誤っていることを次から次へと立証するものだった。ただし、例外が一つだけあった。

すなわち、ゴークラン夫妻は「火星効果」を発見している。スポーツと軍事の分野で卓越した業績を上げた一部の人は、火星が「昇る」（生誕地の視点に立った場合）ときか、昇るのと沈むのとの中間点（「中天」）にあるときかのどちらかに生まれる割合がわずかに高かったのだ。ゴークランは、この関係は統計的に有意で、（彼が最初に調べた）フランスで成り立つだけでなく、ほかの国々でも再現が成功していると主張した。そして、多くの占星術師とは違い、自分の主張に関する詳細なデータを提供し、ほかの人が確認できるようにした。

では、彼の発見をどう考えればいいのか？　そこには、何かの運の罠が働いていたのか？

まさに、そのとおりだった。いちばん明白なのが、途方もない「散弾銃効果」だ。火星以外に考慮してもよかった惑星はたくさんある。そして、昇る時点や中天にある時点以外にも、惑星の位置については多くの面を考えることができた。たとえば、占星術ではもっと一般的に使われる、星座との相対的な位置だ（これは、一日のうちの何時かではなく、一年のうちのどの日かと呼応する）。さらに、職業の種類はとても多いし、それぞれの職業での「卓越」の仕方もさまざまだ。ゴークランは多くの組み合わせを試した後、ポジティブな結果を生み出す、これらのごく少数のものに、ようやく行き着いたのだ。

ゴークランは具体例の一つとして、有名な運動選手を二つのグループに分類した。彼の基準では「鉄の意志を持った」人と、「意志が弱い」ものの、生まれつき身体的能力に恵まれていたというだけで、最低限の努力のみで成功した人だ。ゴークランは、火星効果が最初のグループにしか及ばないことを発見した。当然ながら、彼のやり方は疑問を招く。彼は、どの運動選手がどちらのグループに入るかを、どうやって決めたのか？　そして、どの有名運動選手を考慮の対象にするべきか、するべきではないかという点でも、彼はやはり「散弾銃効果」を生み出していた。

ゴークランの研究には、ほかにも無理がある。卓越した「科学者」に関しては、予言を与えてくれるのは火星ではなく、突然、土星の位置になっていた。これも明らかに「散弾銃効果」が出ている例だ。これほど多くの組み合わせを考えれば、運だけによって何かしらの相関関係が見つかる可能性は高かった。

そのうえ、ゴークランが主張する火星効果はとても小さかった。たとえば、彼が調べた三四三八人のフランス軍指揮官のうち、火星が適切な位置にあるときに生まれたのは六八〇人（一九・八パーセント）だったのに対して、国民全体では、その割合は一六・七パーセントだった。言い換えると、占星術が主張するこの火星効果が、たとえほんとうに存在したとしても、これらの「卓越した」人々の、わずか三パーセントほどにしか影響を与えないわけで、これはまたずいぶんと小さい影響だ。

これらいっさいに加えて、ゴークランの研究方法は多くの科学者に批判された。[注40] いったい誰を「卓越した」人として数え、誰を数えないかにバイアスがあったというのが、そのおもな理由だ。このバイアスは、一種の「下手な鉄砲も……」の運の罠につながる。さらに、懐疑的な人々が、火星効果は成り立たないと主張する論文を発表した。[注41] ところが、そのうちの一人がのちになって、証拠の一部を隠したとして、ほかの執筆者たちを非難した。[注42] これでは論争の決着にはまったく役に立たなかった。

どうやら再現されて統計的に有意であることが示された証拠は、どんなときにもあっさりと退けるべきではない。そうは言うものの、火星効果はよくてもとても小さな影響でしかないようで、その証明には、多くの運の罠が絡んでいる。この効果は、占星術の予言能力に明らかな証拠を提供するには、情けないほど不十分に見える。占星術の実験がほかにもじつに多く失敗に終わっていることを思うと、なおさらだ。

数と数秘術

それでは、占星術と関連した数秘術の分野はどうなのか？　ある数秘術のバージョンは、誕生日に基づいて、人の性格やキャリアを予言しようとする。さて、私は一方では、この世界の理解を深めるために数や数的推論を利用することにはいつも大賛成だ（テレビ番組『ナンバーズ――天才数学者の事件ファイル』で犯罪と戦う数学者のチャーリー・エプスが「すべては数だ」と大胆に言い放ったとき、私はおおいに誇らしく思わずにはいられなかった）[注43]。その一方で、誕生日と、のちに表われる性格特性とのあいだに明らかなつながりがあるという主張には懐疑的だ。

それでは、どうすればそのつながりを確かめられるか？　じつは、ある雑誌が無料のオンライン数秘術サービスを気前良く提供している[注44]。だから私は、そのサービスの「数秘術――あなたのキャリアの道筋は？」というツールに自分の誕生日を入力した。するとたちまち、自動回答システムが次のようなが美辞麗句を表示した。私は「決断力があって大望を抱いている」「活発で創造的」「自分の能力を発揮するのを恐れるべきではない」「望みを高く持つべきだ」……。これは、どう考えればいいのか？　まず、こうした主張はどれもとても一般的で、多くの状況で多くの人に当てはまるだろうから、「下手な鉄砲も……」の効果で、数秘術師は成功する機会がたっぷり得られる。実際、少なくともある程度の決断力と大望を持っていない（あるいは、持っていると思っていない）人など、いるだろうか？　（少なくとも、ときには）活発だったり創造的だったりすることがない人など、いるだろうか？　「能力を発揮」したり望みを高く持ったりしようとするべきでない人など、いるだろうか？　これ以上「特大の的」は想像するのが難しいほどだ。

そして何より、数秘術による私の予想は、依然としてあまり正確ではなかった。あれだけ一般的だったことに加えて、私は「会社を率い、成長に向かわせるかもしれない」とし、「企業弁護士」「編集長」「現場監督」「マーケティング担当責任者」「デザイナー」といったキャリアを提案しており、そのどれ一つとして私には当てはまらなかった。職業を提案するその長いリストが、一種の「散弾銃効果」を狙ったものだとしたら、弾のほとんどは、的を完全に外したことになる。

まあ、一つだけ例外があるかもしれない。私は「ライター」としても秀でるだろうと言っていた。おやおや。もうあなたはこの本をほとんど読みおえているのだから、その主張の評価については、あなたにお任せしてもいいだろう！

占星術についての考察

私も、火星効果を自らテストできればいいのだけれど。たとえば、カナダの飛び抜けた成功者たちのような、新鮮な証拠に基づいて。ところが、火星の位置を割り出すためには複雑な計算が必要なだけでなく、誕生の正確な時間と場所も知っている必要がある。ゴークランは数か国でそうしたデータを手に入れたけれど、入手が難しい国もある。だから、この効果を確かめるのは簡単ではない。

もし私にそのような研究ができたとしたら、火星効果が再現されないという、それなりの自信はある。言い換えれば、カナダの卓越した成功者たちは、火星の位置に関して、一般の人々とおおむね同じ分布を見せるだろう。けれど、たとえ研究を行なうことができて、たとえ火星効果がまったくないことを結果が示したとしても、占星術の擁護者は、十分な証拠があろうとなかろうと、天体が私たちの性格に影響を与えると信じ続けるだろうことには、なおさら自信がある。

実際、占星術が主張する影響を信じたがっている人々は、思いのままに言い訳を見つけることだろう。一例を挙げよう。ある占星術師は、アメリカの初代から第四三代大統領までのうち、最も多いのがかに座であることを発見した（そう、前に挙げた占星術のウェブサイトが政治家に最も適していると主張していたおひつじ座ではない）。それから、その結果を次のように「説明した」。「じつは、アメリカ合衆国の太陽星座はかに座で、かに座の小会合を伴っていた（アメリカ合衆国は一七七六年七月四日にペンシルヴェニア州のフィラデルフィアで公式に誕生した）。この情報に基づけば、かに座の影響を強く受けた大統領をアメリカが好むとしても意外ではない[注45]」。ここまでくれば、もう蛇足だろうけれど、このような信じられないほど好き勝手な解釈をすれば、「下手な鉄砲も……」の効果で、自分が見つけたことをいくらでも正当化できる。

潜在的な運の罠だらけで説得力のない、このような議論には、誕生日あるいは天体の位置が人間の業績に不可解な形で影響を与えることを真に証明するために必要な、並外れた証拠となる資格は断じてない。

第二一章　精神は物質に優る？

人間の脳はとてつもない臓器だ。わずか一・三キログラムかそこらのぐにゃっとした塊が、いったいどうして難問を解いたり、友情を結んだり、小説を書いたり、決定を下したり、恋に落ちたり、そのほか多くの信じられない認知機能を果たしたりできるのか？　まったく、たじたじとなる。

脳にはほかにも驚くべき特徴がいくつもある。視覚的なトリックでだまされてしまう。[注1]物事を忘れられる。起こっていないことが起こったと思い込むことができる。そして、完全にリアルに感じられる複雑な夢を生み出せる。

脳の信じ難い内部機能のおかげだろうか、多くの人は、脳には外部に働きかける力もあると信じている――あるいは、信じたがっている。彼らは、脳はテレパシーで物を動かしたり、視覚、聴覚、触覚、嗅覚、味覚という普通の感覚を通してではなく、何らかの直接的な脳のつながり、つまり何かしらの「ＥＳＰ（超感覚的知覚）」を通して外の世界について知ったりすることができると思っている。

フィクションの中では、たしかにそういうことが起こる。映画の『スター・ウォーズ』シリーズには宇宙船やレーザー・ブラスターや爆発シーンが出てくるけれど、いちばんよく知られているのは「フォース」という不思議な力で、訓練を積むと、それを通して、どういうわけかほかの人々の存在を感知したり、意志の弱い人を混乱させたり、武器の射撃を逸らしたり、敵を窒息させたりできる。『スター・ウォーズ』の宇宙で口にされるいちばん親切な言葉は、「お体を大切に」や「ご成功を祈ります」ではなく、「グッド・ラック」でさえなく、「フォースと共にあらんことを」だ。

そのような脳の特殊な力が、現実の世界でも生まれることがありうるのか？　多くの人が、ありうると思っている。

霊能者を出し抜く

ピーター・ポポフは「信仰ヒーラー」を自称していた。彼は大規模な集会を開き、聴衆に近づき、神の力を通して彼らのさまざまな病気や障害（癌や、歩行補助器が必要な状態など）を治して、健康を取り戻させられると主張した。なぜ彼には説得力があるように見えたかというと、聴衆の初対面の人に歩み寄って、名前や病名、さらには住所や親族の名前などの詳しい個人情報を告げるからだった。どうしてそんな情報をみな知りえたのか？　神の力を通してに決まっているではないか？

驚くまでもないけれど、無神論者のジェイムズ・ランディは疑いを抱いた。そして、ポポフの集会の録画に丹念に目を通し、ポポフが小さなイヤホンをつけていることに気づき、たちまち怪しいと思った。ポポフは補聴器が必要だったのか？　それとも、神とは明らかに無縁の方法で情報を得ていたのか？

　ランディは、ポポフの耳に伝わる無線信号を傍受できる無線スキャナーを専門の技術者に作ってもらった。すると、集会のあいだ、ポポフの妻のエリザベスが無線送信機でポポフに話しかけていることが、すぐに明らかになった。エリザベスは、集会が始まる前に聴衆に記入してもらった「祈禱カード」を読み、聴衆一人ひとりの名前や病名、住所などの正確な情報をポポフに伝えることができた。というわけで、ポポフは情報のいっさいを、神から、あるいはそのほかの超自然的な手段によってではなく、イヤホンを通して妻から得ていたのだ。これは、誤解やバイアスのかかった実験でもなければ、運の罠でもなかった。まったくの詐欺だった。

　ランディは、ポポフの集会の様子と傍受した無線信号を巧みにまとめた録画を作って公開し、真相をすべての人に明らかにした。[注2] ポポフは面目を失い、翌年、破産を宣告した。正当な裁きが下ったわけだ。ただしそれは、ポポフがだました人々からすでに何百万ドルも巻き上げた後ではあったけれど。

　呆れたことに、話はそこで終わらなかった。数年後、ポポフはカムバックを果たし、自分には神から授けられたヒーリングの力があると、新しい世代に信じ込ませた。まさにフィクションの中でと同じで、またしても多くの人が特別な超自然的力を信じたいあまりに、詐欺の明白な証拠を喜んで見過ごしたのだった。

　ランディは、ほかの方法でも自称「霊能者」たちの正体を暴いてきた。たとえば、「プロジェクト・アルファ」を実行し、二人の若いマジシャンに声をかけて訓練し、霊能力を持っているふりをさせた。[注3] 二人の手際は見事だったので、思慮深い科学者たちにさえ、霊能力を持っていると信じ込ませることができた。科学者たちは四年間に一六〇時間以上かけ、「制御された」詳しい科学的実験を行なったにもかかわらず、だ。二人は、大きさを測定した物のラベルを取り替えて、大きさや物理的な特性が変わったかのように見せかけるといった、単純なトリックを使った。科学者たちは、実験の模様を撮影した録画を、超心理学会の会合で、霊能力の正統性の証拠として見せたほどだ。ただし、その後、彼らが調べた「霊能者」たちは、トリックを使うマジシャン以外の何者でもなかったことを知る羽目になったけれど。言い換えれば、録画されていた、見たところ心霊現象と思えるものには、「それ以外の原因」があり、超自然的なところはまったくなかったわけだ。

ストックスピール

詐欺が効果を上げるには、ポポフのものほど見え透いた手口でなくてもいい。「霊能者」を装う昔ながらのトリックの一つに、ほとんどの人に当てはまるほど一般的な主張をするというものがある。占星術の予言の場合と似て、当てるのがずっとやさしい「特大の的」を作り出すのがカギだ。この種の、いわゆる「ストックスピール」の決まり文句の例としては、「あなたは苦労しなくても、うまくやっている」「あなたは型にはまりすぎてもいなければ、個性的でありすぎるわけでもない」「あなたは社会の状況に適応できる」「あなたは幅広い関心を持っている」「あなたは自分について他人に正直に明かしすぎるのは賢明でないことに気づいた」「あなたは一定の変化や多様性を好む」「あなたは自分に批判的な傾向がある」などが挙げられる。[注4] こういう文句は見識に満ちているように聞こえるけれど、実際には、ほとんどの人がそのほとんどに同意する。それにもかかわらず、この手の文句を含む霊能者の「読み」は、相手の独自の性格を特別によく知っている証と、一般には判断される——実際には、そんな知識の証にはなっていないのだけれど。

今は古典となった実験を一九四九年に行なったのがバートラム・フォアラーで、彼はこの現象をうまく説明している。彼はアンケートを行ない、クラスの三九人の学生に、それぞれ自分の趣味や読み物、大望などを書いてもらった。一週間後、それに対する回答として各学生にタイプ打ちの「性格描写」を渡し、「0」から「5」までの六段階評価で自分の性格の基本特性がどれだけその描写に表れているかを評価するように求めた。すると、三九人のうち、一六人が最高の「5」、一八人が「4」、四人が「3」、残る一人が「2」という評価を下した。平均は4・26、つまり八五パーセントで、じつに高かった。[注5]

熟練の心理学者は、アンケートの結果を使って重要な性格特性を引き出せることを、これは証明したのか？　とんでもない。三九人全員が、そっくり同じ性格描写を受け取ったのだから。内容は、先ほど挙げたものと同じような決まり文句の取り合わせ（フォアラーの場合は、おもに、ある占星術の本から取ってきた）で、「あなたは、外から見ると、自制心があって規律をよく守るようだけれど、胸の内では心配になったり不安を覚えたりする傾向にある」「あなたが抱いている夢のなかには、かなり非現実的な傾向のものもある」「安全はあなたの人生における主要目標の一つだ」といった具合だった。現実には、全員に同じ評価が与えられたのにもかかわらず、このときにも、見識に満ちているような印象を与える十分一般的な言葉が使われ、その結果、「特大の的」ができ上がり、成功が事実上保証された。この傾向はあまりにも強いので、「フォアラー効果」と呼ばれることもある。

占いの入ったフォーチュンクッキーにも同じようなことが言える。フォーチュンクッキーの予言（予言をしている場合には、だけれど）は、あまりに一般的なことが多いので、十分に信じている人なら、真実を見出すことができる。それを的確に言い当てたのが、割ったフォーチュンクッキーから次のような大胆な言葉が出てくる風刺的な絵だ。そこには、「あなたは曖昧な言葉を他に類を見ないほど有意義なものとして解釈し続けるでしょう」とあった。[注6] ほぼこれに尽きるだろう。

未来を見て取る？

心理学者の大半を含めて、ほとんどの科学者は、どんな種類のＥＳＰの存在を示す証拠もまったくないと考えている。ところが、それには例外がある。とくに、ダリル・ベムという名のコーネル大学の心理学者は、出来事が起こる前に感知する「予知」能力の実験的証拠があると主張する論文を発表し、おおいに波紋を呼んだ。[注7]

たとえば、ベムは実験の参加者にカーテンが写った二つの画像をコンピューターの画面で見せた。そして、どちらでもいいから、「後ろ」に写真があると思うほうのカーテンをクリックしてもらった。

クリックするとカーテンが開き、推測が当たっているかどうかがわかる。結果はどうだったか? 「エロチックでない」写真の場合には、参加者は四九・八パーセントの場合に正しく推測した。これは見込まれる五〇パーセントをわずかに下回るだけで、通常のランダムな誤差の範囲に十分収まっていた。「エロチックな」写真では、最初は、女性は五〇パーセント以上で当たっていたものの、男性は五〇パーセントを超えなかったので、ベムは、「男性にはインターネットのサイトから取ってきたもっと強烈であからさまな画像」に替えた(こうしたさまざまな調整は、「下手な鉄砲も……」の運の罠を招く危険をすでに冒しているように見える)。

ベムはたっぷり実験した後、参加者たちが、開いた後に写真が表示される正しいカーテンを五三・一パーセントの割合で選ぶという結果に行き着いた。[注8] この数字は、偶然だけによって見込まれる五〇パーセントをわずかに上回るだけだったのに、彼はそれが依然として統計的に有意だと主張した。そのうえ、「バイアスのかかった観察」や「偽りの報告」といった運の罠を注意深く避けたとも主張した。だから、後に残った(小さな)効果は、正真正銘の予知——参加者がまだ起こっていない出来事をときおり感知する能力——の結果に違いないと、彼は断言した。彼はまた、ほかの実験もいくつか含めた。そのなかには、参加者が、単語のリストを、後で見直して練習したほうが今よく思い出せるかどうかという、関連した疑問にまつわる実験も二つあった。そして、それらの実験の結果も統計的に有意だったと主張した。

ベムの実験に、ある雑誌の編集者たちが納得し、彼の論文を掲載した。彼らは付随する論説で、ベムの「報告した結果は、私たち自身の信念とは食い違い」、「非常に不可解」で「奇妙」であることは認めながらも、「当論文が、さらなる議論や、再現の試み、さらなる批判的思考を促すことを望み、期待する」としている。[注9] こうしてベムの論文は発表され、マスメディアで広く報じられ、大きな驚きと、多くの疑いを引き起こした。

量子力学のマジック？

たいていの科学者は、とてもしっかりした根拠があるので、予知を信じない。予知は科学的に不可能に見えるのだ。ニュートンの運動法則に支配されている古典科学によれば、[注10] 宇宙は完全に決定論的だという。[注11] ある瞬間の物体と力と動きが、次の瞬間の結果を直接引き起こし、不確実性も逸脱もまったくないまま、それが繰り返される。要するに、未来は過去によって生じる。これは、未来の出来事が現在（過去）の何か別の出来事に影響しようがないことを意味する。どうしても、そういうふうにはいかないのだ。だから、写真の未来の位置は、今このときに実験の参加者が推測する位置に影響を与えることはできない。そして、未来に単語を勉強しても、今このときにそれらの単語を実験の参加者が思い出す助けにはならない。ベムが主張しているような種類の結果はありえないのであり、それは明白で単純な話だ。

私もおおむねその見方に賛成で、それもあって、私はベムの主張をおおいに疑わしく思っている。とはいえ、状況はそれほど明快ではない。それは、ニュートン以後の科学で見られた、二つの展開のせいだ。一つめはアインシュタインの一般相対性理論で、それによれば、時空のワームホールを通るか、光速を上回る移動を達成するかのどちらかによって、時間をさかのぼることがひょっとすると可能になるかもしれないという。[注12] もしそうなら、誰かがある未来の時点で写真がどこにあるかを突き止め、それから時間をさかのぼって、今、正しい位置を選ぶことができるかもしれないと、考えられなくもない。

それは、ベムの結果の説明を提供してくれることがあるだろうか？　私はたしかに、H・G・ウェルズの傑作『タイムマシン』から『スタートレック』シリーズや、オードリー・ニッフェネガーの小説（で、のちに映画化された）『きみがぼくを見つけた日』（羽田詩津子訳、ランダムハウス講談社文庫、二〇〇六年）などまで、そしてそれ以外でも、フィクションでのタイムトラベルは大好きだ。とはいえ、心理学の実験での予知行動のための説明となると、あまりに行きすぎに思える。もっとも、不可能とまでは私には言えないけれど。

二つめの展開は、量子力学の理論の登場で、その理論は、原子や分子という極端に小さいスケールでは、古典科学が成り立たなくなるとしている。粒子の位置は、もう絶対ではなく、さまざまな確率を持つ、ランダムなものとなる。[注13] エネルギーはいつも保存されるとはかぎらず、ごく短時間に、わずかに変化しうる。そのため、「量子トンネル」のような普通ではない効果が生じうる。[注14] 粒子は「もつれ」、互いに遠く離れているときにも影響を及ぼし合う。[注15] そして、これが私たちにとっていちばん重要なのだけれど、量子力学は、もう決定論的ではない。そのランダムな確率は、未来がもう過去によって完全には決定されないことを意味する。とくにこれは、「逆因果律」と呼ばれる考え方の可能性に、ひょっとしたらつながるかもしれない。逆因果律とは、結果が原因よりも先に起こりうるというもので、けっきょく未来は現在に影響を与える可能性があることを意味する。[注16]そのうえ、科学者のなかには（おそらくあまり多くはないものの）、量子力学は人間の意識の謎を解くカギかもしれないと今では信じている人もいる。[注17]もしそうなら、ひょっとすると――ほんとうに、ひょっとしたら、なのだけれど――量子効果は未来の出来事（のちの写真や、のちの単語練習のようなことなど）が、現在の人間の脳の知識や活動（正しい画像を選んだり、単語を思い出したりすることなど）に影響を与えることを可能にできるのかもしれない。これは極端なまでに信じ難いし、そんな効果がありうるとは私には思えない。けれど、ほんとうにそれが確かか、知りようがあるのだろうか？

ダグラス・アダムズの名作シリーズ『銀河ヒッチハイク・ガイド』（安原和見訳、河出文庫、二〇〇五年）では、何年もの研究に納得して、ガイドの編集者たちは地球という惑星の項を「無害」から「おおむね無害」に改訂する。同じような精神にのっとり、私も相対性と量子力学の理論のおかげで、ベムの結果に対して当初下していた「不可能」という評価を「ほぼ不可能」へと改訂せざるをえないと言うことにする。一瞬でもその結果を認めるわけではないものの、ひょっとすると、あっさりと完全に退けるべきではないのかもしれない。もっと調べてみるべきだ。とはいえ、どうやって？

再現実験を見てみる？

ベムは特別な予知能力の証拠を発見したのだろうか？　彼の実験は、小さな効果を示していたようだ。けれど、それはただの運だったかもしれないし、（こちらのほうがなお悪いけれど）どこかの研究室の助手の勇み足で、いくつか結果の改竄があったのかもしれない。確かめる唯一の方法は――そう、そのとおり――彼の実験の再現を試みることだった。そして現に、ほかの心理学者たちがまもなくそうした。けれど、ほとんどの場合、再現実験は成功しなかった。

たとえば、スウェーデンのある精神保健研究者は、ベムの写真推測の実験の再現を三通りの方法で試みたけれど、的中率はそれぞれ、五〇・〇パーセント、四七・二パーセント、五〇・八パーセントで、偶然だけによって見込まれる五〇パーセントをどれ一つ大幅に上回ることはなかった。[注18]カーネギー・メロン大学のビジネス・スクールの教授が率いる研究者たちは、参加者が後になって単語を見直して練習したときのほうが、リストの単語を最初によく思い出せるというベムのほかの二つの実験を再現しようとした。[注19]すると、七回の実験のうち四回で、じつは参加者は後で練習した単語よりも比較対照用の単語のほうをよく思い出した。ベムの主張と正反対だった。だから、ベムの結果は確認できなかった。

エディンバラ大学の心理学教授が率いる第三のグループも、テストの後の練習を通して記憶が向上するというベムの結果の再現を試みたけれど、うまくいかなかった。[注20]興味深いことに、ベムの研究結果を掲載した『ジャーナル・オブ・パーソナリティ・アンド・ソーシャル・サイコロジー』誌は、どうやらこの再現の試みの掲載を拒んだようで、すでに発見されたことを再現しようとするただの試みは掲載を避けるようにするのがこの雑誌の方針だと述べている。[注21] これにはおおいに問題がある。すでに見たとおり、再現は、ある結果が正確か、それともただの運かを見極める最善の（そして、しばしば唯一の）方法だからだ。その結果多くの心理学者が、その種の再現実験の結果を掲載することを重視したりその価値を認めたりするよう求めてきた。[注22]

もちろん、どんな心理学の実験であれ、再現が失敗する理由はたくさんある。けれどこの場合は、そもそも真の効果はまったくなかったという説明がいちばん可能性が高そうに見える。公平を期するために言うと、ベムらはその後に論文を発表して、予知のさまざまな実験の「メタ分析」（複数の研究結果を系統的・総合的・定量的に評価し、全体的に見られるパターンを探す分析）を行なったことを報告し、総合すると、依然として効果を示す証拠が得られたと主張している。[注23] けれど、このメタ分析の方法も批判されているので、[注24] どれほど控えめに言っても、不確実性は残っている。

私もこれについて自分で実験を行ない、ウェブサイトを用意して世界中の人に好きなだけ写真の位置を推測してもらえればと思う。実際、そのようなサイトをプログラムするのはとても簡単だろう。けれど、この計画にはいくつか難点がある。十分「エロチック」な写真だけしか使えないというベムの条件のせいだ。じつは、彼が推奨する写真のおもな提供元（国際感情画像システム〔ＩＡＰＳ〕）[注25] は、同システムの画像を「いかなる形でもインターネット上に」表示することをはっきり禁じており、[注26] そのため私の計画は実行不可能のようだ。「もっと強烈であからさまな画像」というベムののちの条件については、言うまでもない。もちろん、私の実験は、自分でインターネット上で見つけた画像をかわりに使うこともできるだろう（もし、我慢して探すことができればだ）けれど、そうしたらベムは、私が選んだ画像は、予知を引き起こすのに必要とされる、何であれ決定的に重要な特性を欠いていると異議を唱えるかもしれない。いったい、どうしたものやら？

それでもやはり、もし適切な実験を現に行なえば、先ほど挙げたほかの試みとちょうど同じように、私の実験もベムの研究結果を再現しないで、それによって、予知の存在を否定するさらなる証拠を提供するだろうことに、かなり自信がある。ひょっとしたらいつの日にか、確かなことを突き止められるかもしれない。

双子の結びつき

私たちは一卵性双生児には特別想像をかき立てられる。一卵性双生児はそっくり同じDNAからできているので、完全に同一の遺伝的特性を持っている。そのうえ、年齢もまったく同じで、同じ学校に通って同じ友達を持っていることも多い。外見もそっくりでよく取り違えられるため、彼らの人生はなおさら絡み合う（子供の頃、近所に双子が住んでいて、道路でよくホッケーをした。誰も二人を見分けられなかったので、私たちは二人ともただ「スーパースター」と呼んでいた）。

というわけで、一卵性双生児が多くの特性を共有していることには何の不思議もない。けれど、さらに一歩先まで行き、彼らには特別な超自然的つながりがあり、魔法のような超感覚的コミュニケーションができると考える人もいる。彼らは、同じ名前と職業の夫を選んだ双子や、とてもよく似た習慣や好みを持った双子、共感を経験する双子などの印象的な話を語る。ニュージャージー州のダニエル・フィッシャーとニコール・フィッシャーという双子は、わずか一三分違いで出産し、それを「双子のコミュニケーション」のおかげだとした。[注27]私の近所の人は、ヤングアダルトのために面白い小説を書いた。その中で、ホッケーの二人のゴールキーパーが、長いあいだ生き別れになっていた一卵性双生児であることがわかり、一方が負傷したときには、もう一方も不可解な痛みを感じる。[注28]それから、こんな古いジョークもある。双子の一方が風呂に入ると、もう一方の体が突然きれいになるというものだ。[注29]

もちろん、ここまで読んでくればもうわかるだろうけれど、そうした話には運の罠が絡んでいる。まず、「バイアスのかかった観察」がある。双子のあいだの驚くべき類似性だけが記憶に残り、双子の違いや、双子でない人の類似性は忘れられてしまうからだ。そして、同じような育ちや遺伝子、外見で類似性が説明できるようなときにはいつも、「それ以外の原因」があることになる。また、「偽りの報告」もありうる。こうした話の多くは誇張されているからだ。何が似ているかを数え上げるときには「特大の的」が使われることは言うまでもない。たとえば、先ほどの双子の出産は、一三分違いであって、同時ではなかった。そして、これがいちばん重要なのだけれど、「下手な鉄砲も……」の運の罠がある。世界中には何百万組も双子がいるから、そのなかには人目を惹くような類似性をランダムな運だけで持っている人々もいるだろう。[注30]それに特別の意味はない。

こうしたさまざまな運の罠があるにもかかわらず、疑問は残る。双子はほんとうにテレパシーでコミュニケーションができるのか？　彼らにはほんとうに何かしらのＥＳＰの能力があるのか？

じつは、すでにこの疑問に取り組んだ人がいる。二人の心理学者が次のような実験を行なっている。二人は双子の一方に、もう一方が選んだり割り当てられたりした数や絵や写真をＥＳＰで感じ取ろうとするように指示した。[注31]すると、面白いことがわかった。実験の第一部では、一方が数や絵や写真を自ら選ぶことを許された。この設定ではたしかに、双子のもう一方が、双子ではないペアや運だけによって説明できるよりも頻繁に、正しく推測した。これは目を見張るような結果だ。けれど、「それ以外の原因」があった。双子がうまく推測できたのは、同一の遺伝子を持っていて同じような育ち方をしたために、似たような習慣や好みを持っていることで説明できた。だからこの実験は、実験者が「思考の一致」と名づけたものの証拠を提供したけれど、本物のＥＳＰの証明にはなっていなかった。

実験の第二部では、数字や絵や写真を双子の一方に（ランダムに）割り当て、それを書き留めて、それに集中するように指示した。こういう設定にすることで、似た育ちなどの影響を排除できた。双子の一方は、自分では選べなかったからだ。そして、その結果はどうなったか？　この場合には、双子は、双子ではないペアやランダムな運を上回るほど正しい推測をすることはなかった。「それ以外の原因」がいったん除外されると、双子のＥＳＰや超自然的なコミュニケーションの証拠は、まったく出てこなかった。

多くの再現の試みが失敗に終わっているのにもかかわらず、依然として特定の心霊現象を信じている人もいる。そうした現象の一つが「クレアヴォイアンス」で、これは、時間あるいは空間を隔てた人や出来事を見る能力だ。そして、もしその種の力をほんとうに信じていたら、それを実用的な目的に使うことはできるか、という疑問が出てくる。ロビン・ウィリアムズがかつて言ったように、「それが心霊ネットワークなら、どうしてやつらは電話番号なんか必要なんだ？」[注32]。あるいは、コメディアンのスティーヴン・ライトはこう言ったとされる。「サイコキネシス（念力）を信じている人はみな、手を挙げてくれ――私の」[注33]。そうした冗談は脇に置くとして、軍の諜報活動のような、具体的な課題に霊能力を使うことを試みた人は、これまでいないのか？

　じつは、いる。たとえば一九七〇年代に、ジム・シャノンというアメリカ軍兵士が、「第一地球大隊」の創設を提案した。この大隊は、「ニューエイジ」の原理に沿って構成された倫理的な非破壊的紛争解決法を戦争に取って代わらせるという。彼と関係していたのが、武道家のギ・サヴェッリで、彼は自分の思考だけでヤギやハムスターを、触れるだけで人間を、それぞれ殺せると主張した。[注34]サヴェッリの主張はついに立証されなかったけれど、そこからテーマとタイトルのヒントを得て、ジョン・ロンスンは『実録・アメリカ超能力部隊』（村上和久訳、文春文庫、二〇〇七年）という本を書き、この作品はジョージ・クルーニー主演で『ヤギと男と男と壁と』という映画になった。

　もっと体系的なのが、一九七八年以降、アメリカの陸軍がさまざまな名前の下で行なったスターゲイト・プロジェクトだった。[注35]このプロジェクトで的を絞ったのが「遠隔透視」で、これは、遠く離れた場所のものや状況を感知するという、一部の人が持っているとされる能力だ。究極の目的は、遠隔透視を軍の諜報活動に利用することで、どうやら、ソ連も同じことをしているのではないかという恐れが動機だったらしい。このプロジェクトは、サイエンス・アプリケーションズ・インターナショナル（ＳＡＩＣ）に委託して数々の研究を行ない、おおむね秘密裏に続けられた。やがて一九九五年に、プロジェクトの人員はＣＩＡの監督下に移り、ＣＩＡはすみやかに、このプログラムを継続するべきかどうかを判断するために、報告書をまとめるよう命じた。[注36]

では、その報告書にはどう書いてあったのか？　報告書は、スターゲイト・プロジェクトが遠隔透視の存在を立証しようとして行なったさまざまな実験を考察した。そして、一部の実験では、参加者が、偶然から予想されるよりもいくぶん頻繁に正しく推測していたことを指摘した。それから、二人の学者に霊能力の評価を求めた。その一人、レイ・ハイマンは、「特異な認知能力の存在の正当性は、依然として、あやふやと言うのがせいぜい」で、「この実験プログラムはあまりに新しく、評価が不十分で、欠点やバイアスが取り除かれたという確信は持てない」と寛大な結論を述べた。けれど、もう一人の学者、ジェシカ・ウッツは、ずいぶんと異なる結論に至った。彼女はＳＡＩＣの実験に基づいて次のように書いている。「特異な認知（つまり、遠隔透視の霊能力）は可能で、それが証明されたことは、本執筆者にとっては明白だ」

さて、ウッツは問題となったさまざまな実験を行なった人々とは、多くの論文を共同執筆してきたので、先ほどの意見は中立の立場のものではなかった。それにしても、彼女の意見には驚かされる。彼女は定評のある統計学教授で、教科書も書いていれば、研究論文も発表している。運の罠は知り尽くしている。私は彼女に好感を持っている。偶然にも彼女は、ある一流の学術賞を私に授与する役割を果したことがあったからだ。[注37]おまけに、私たちは誕生日が同じであることがわかった（ただし、どうやら彼女は金曜日ではなく土曜日に生まれたようだけれど）[注38]！　そして、これまた偶然ながら、私がこの本を書くことを計画していたとき、彼女は自分が企画している大きな会合で講演するように声をかけてくれ、当日は、感じ良く度量の広い主催者ぶりを見せた。だから、どうして私が何についてであれ彼女と意見が合わないことなどありうるだろうか？

それなのに、霊能力についてのウッツのコメントには、どうしても納得がいかない。遠隔透視の精度が偶然だけによって見込まれるよりもわずかに高いことを示した実験も、たしかにある。けれど、すでに見たとおり、それらの実験は方法に問題が多く、一貫して再現することができていない。そして、すでに述べたように、超自然的な現象の存在をほんとうに立証するには、とても説得力のある、一貫した証拠が必要となる（ウッツ自身も、予知を証明するデータは「もっと日常的なものにかかわっていたなら、広く受け入れられることだろう」と、ある論文で述べたときに、それを事実上認めていた）[注39]。私には相変わらず、運の罠と再現の失敗を伴わないような、そうした説得力のある証拠は、まったく存在しないように思える。

そう思っているのは私だけではない。ＣＩＡの最終報告は、次のように言いきっている。「観察された結果が、判定者の特性やターゲットの特性、使われた方法の何かほかの特性ではなく、遠隔透視者の超常的な能力に明白に起因すると言えるかどうかは、明らかではない。……的中の原因は超常現象の働きであることを明確に裏づける証拠は、提供されていない」。そしてこう結論する。「情報収集活動に遠隔透視の使用を継続する正当な根拠はない」。この報告がなされた時点で、スターゲイト・プロジェクトは打ち切られた。順当な結果だ。のちに、別の研究者たちがＳＡＩＣの実験にほかにも問題点を見つけたので、これらの実験はさらに信頼性を失った。[注40] そして、今ではほとんど視界から消えている。

とんでもないPEAR

では、ウッツを納得させたＳＡＩＣ実験の再現を誰かが行なうことはあったのか？　プリンストン変則工学研究所（ＰＥＡＲ）は、一九七九年から二〇〇七年まで活動し、多数の実験を行なって、遠隔透視とサイコキネシスを証明しようとした。[注41] そして、たとえば、人間は心を使って乱数発生器などのランダムな装置の出力に影響を与えることができると主張した。「観察結果はたいてい微細で、平均すると一万分の一のオーダーだった」[注42] ことは認めている。つまり、実験の参加者が出力に与えた影響は約〇・〇三パーセントだけで、これは事実上ないに等しい。それにもかかわらず、まる二八年におよぶ実験の全体的な結果は、依然として統計的に非常に有意性が高いと主張した。

科学界はこれにどう反応したか？　ある科学者は、結果を詳しく調べ、じつは結果のほとんどは、ＰＥＡＲの職員と思われる「オペレーター10」という単一の実験参加者によるもので、その参加者単独で、過剰な的中総数の半分を記録していたと主張した。[注43] 別の科学者は、ＰＥＡＲの「基準値」比較は「できすぎ」で、それが結果を歪めたと断言した。[注44] それとは別個の分析からは、一九六九年から一九八七年にかけてPEARが行なった三三二回の実験のうち、サイコキネシスと一致する結果が出たのは七一回だけで、二六一回ではそういう結果は出ていなかったことがわかった。[注45] そして、これがいちばん重要なのだけれど、三つの異なる研究所（PEARの名誉のために言っておくと、PEAR自体も含む）が共同して結果を再現しようとしたものの、失敗に終わり、「この再現の試みの初期結果は……これらの偏差の幅がすべて……説得力のある水準の統計的有意性を達成するには、一桁足りなかったというものだった[注46]」と書いている。

PEARは遠隔透視の実験も行なった。そういう実験では、エージェントがランダムに選ばれた場所に送り込まれ、その場所の詳細を観察して印象を記録するように求められた。それから、遠く離れた場所にいる「遠隔透視者」がその場所の様子や特徴を感じ取って説明を試み、その説明の正確さによって採点された。ところが、これらの実験は、「ランダム化、統計学的基準値、統計モデルの応用、エージェントによる記述子リストのコーディング、遠隔透視者へのフィードバック、感覚的キュー、不正行為に対する予防措置に関する問題」があり、「実験手順と統計学的手順における欠陥のせいで」結果が「無意味」になっていると、多方面から批判された（ウッツの名誉のために言っておくと、ウッツ自身も批判している）。[注47] したがって、PEARのこれらの実験は、ほとんど影響力を失った。

PEARは二〇〇七年に恒久的に閉鎖された。そのときマスメディアは、公平かそうでないかはともかく、PEARの「研究は大学の職員を当惑させ、科学界を憤慨させた」とした。[注48] こうしてPEARの物語はとどめを刺された。

その頃、イギリスの国防省が二〇〇二年に、遠隔透視（ＲＶ）能力を利用して軍事目標のような隠された対象を感知できるかどうかを調べる研究を行なったことが明らかになった。[注49] 同省は一万八〇〇〇ポンドを費やして実験を行ない、新兵たちに封筒の中身を推測させた。そして、「大半の場合、参加者は目標に到達することはまったくできなかった」し、「参加者は説得力のあるＲＶ成績を示すことができなかった」と報告した。この研究の価値を問われた同省のスポークスマンは、次のように認めた。「この研究は、遠隔透視の説は国防省にとってほとんど価値がないと結論し、それ以上行なわれなかった」。この言葉が、真相をほぼ言い尽くしているだろう。

第二二章　運の支配者

宇宙の信じ難い豊かさには感動せずにいられない。まばゆい星、美しい湖、風光明媚な山、青々と茂った木、可憐（かれん）な花、おいしい食べ物、エキゾチックな動物、すがすがしい空気、日光、など、など。そして何より、人間の驚異的な複雑さ。あまりに強烈な畏敬の念を覚えるので、たちまち疑問が湧いてくる。これらいっさいは、いったい何を意味するのか？　いったいどこから現れたのか？　すべては運だけによって生まれたのか？　もし運ではなかったとしたら、何だというのか？

多くの人にとって、その答えは神だ。世界の八割以上の人が信仰を持っていると推定されている。[注1]そのなかには、それほど信仰心が強くない人もいて、宗教の教義を完全には信じていなかったり、それに完全には従っていなかったりするものの、伝統だから、あるいは家族の圧力を受けて、はたまたコミュニティの義務として、特定の慣例に倣っている。けれど、多くの人は信仰をとても真剣に受け止め、人生を通して自分を導く力として頼っている。そして、これにはポジティブな効果がたくさんある。宗教は、愛する人が亡くなった後などに、大きな慰めをもたらしうる。宗教に促されて、親切で寛大で慈悲深い行動をとる人は大勢いる。そして、マジックや迷信や占星術などとちょうど同じように、宗教も、信じられないほど素晴らしい私たちの世界の起源と存在には、意味や目的や重要性があるという感覚を提供してくれる。

それとは対照的に、科学の視点に立つと、宇宙は特定の厳密な法則と原理に従って存在していることになる。惑星の形成や、気象系、大陸移動、自然発生、微生物の発生、動物の進化、適者生存などの、何十億年にもわたるプロセスの力を通して、最初のビッグバンから徐々に地球という惑星と、その表面のもろもろの驚異的なものが生まれてきた。実際、科学はこうした展開の多くの厳密な説明と説得力ある証拠を見つけてこられたし、おそらくこれから先もずっと、これまでをさらに上回る規模でそうし続けるだろう。

では、すべてはどうやって一つにまとまるのか？　宗教と科学の接点は何か？　両者は共存できるのか、それとも相容れないのか？　私たちは両方とも信じることはできるのか？　どちらも信じられないのか？　そして、この本にとってはこれがいちばん重要なのだけれど、こうした問題のいっさいは、運とどう関係しているのか？

宗教VS運？

宗教はなかなかアプローチが難しいテーマだ。多くの人が宗教についてはとても情熱的で敏感だし、自分の信念と違う信念に気分を害することがありうる（漫画の『ピーナッツ』の登場人物のライナスは、かつて賢くもこう言っている。「人と議論しないほうがいいことがわかった話題が三つある。宗教と政治とかぼちゃ大王だ」[注2]）。世界の多くの場所では、人は自分の宗教的信念のせいで虐げられたり迫害されたりしている。正直に言うと、私はこのテーマは取り上げるのを避けたかった。宗教の違いをめぐって戦争や戦いが行なわれてきたし、ぜったい新しい争いを始めたくはない。それでも、ほかに選択肢がないことに気づいた。宗教の観点から運を解釈する人があまりにも多いからだ。

それを思い知らされたのは、確率についての一年生向けのゼミを教えたときだ。たいていの大学の講座とは違い、そのゼミでは講義はなく、私たちの人生における確率の意味についてのグループディスカッションを行なった。ある日、私は量子力学の概念に触れた。原子や分子の微小なスケールでは、物理法則は明確に決定論的ではなく、確率とランダム性に基づいているという考え方で、私はずっとそれに魅了されるとともに不愉快な思いもしていた。私は学生たちに尋ねた。私たちの宇宙を支配している科学法則が、ほんとうにランダムだなどということが、ありうるだろうか？

私は学生たちが、次のような二つの答えのどちらかを口にすると思っていた。「ええ、そうです。量子力学は私たちの世界のランダム性を示してくれました」か、「いいえ、違います。私たちの宇宙は、いちばん深いレベルでは間違いなく、紛れもない物理法則に明確に定められています」のどちらかを、と。ところが、彼らは一人の例外もなく口をそろえて言った。「まあ、それは神を信じるかどうか次第です」

えっ？　彼らはこの疑問を、私がまったく予想していなかった方向に持っていったのだ。もし神がいるなら、神は意図や理由、情け深さ、思いやりを持って世界の展開を導いているから、ランダム性が入り込む余地はない。けれど、もし神がいないなら、宇宙はほんとうに、ただランダムに進んでいる。学生たちは、そう感じていた。

私はこのときの話し合いから二つの教訓を学んだ。一つめは、私がどれだけ頑張ったとしても、一年生のゼミの学生たちは、量子力学の考え方をけっして理解しないだろうこと（あまり気の毒がらないでほしい。私たち教授というのは、こうした落胆は四六時中経験しているから）。二つめは、多くの人にとって、宗教と運は、ある意味で対極に位置すること。宗教は人が運に対抗したり、反論したり、自分の人生をコントロールしているという感覚を取り戻したりする手段なのだ。万事が何かの理由で起こるなら、それはただの運ではない。物事には意味や重要性があり、ひょっとしたら一種の魔法のような効果さえあるかもしれない。そしてそれは、すでに見たとおり、多くの人が望むものなのだ。

宗教VS科学？

もし、すべては神の計画に沿って何かの理由で起こると宗教が言い、宇宙と存在はすべてただの運の結果だと科学が事実上言うのなら、宗教と科学も正反対なのか？　それは、まあ、場合によりけりだ。

たしかに宗教の多くの面は、私たち現代科学の理解と矛盾するように見える。たとえば、聖書は地球と地上のあらゆる生命がおよそ六〇〇〇年前に創造されたと言っているように見え、[注3] これは、地球上の物質と化石がそれよりもはるかに古いことを示す広範な科学的年代決定法の結果と真っ向から矛盾する。そして、聖書には、聖書の各篇が書かれるよりもずっと前に絶滅した恐竜やネアンデルタール人については何も出てこないけれど、それらも「あらゆる生命」が創造されたときには、間違いなく存在していたはずだ。聖書は太陽よりも前に地球が創造されたとも述べていて、今では存在が知られているほかのあらゆる惑星や恒星や銀河は無視している。この観点に立つと、宗教と科学は正反対に見える。

これに対しては、多くの信心深い人は、次のように主張する。宗教の文書は文字どおりに捉えるべきではなく、科学的な観点から評価するべきでもない。宗教が求めているのは「信仰」、つまり、正当性を立証するために外的な証拠はいっさい必要としない神の存在を心の中で信じることなのだ。だから、信心深い人のほとんどは、神が存在することを心の中で「知っている」だけで満足していて、その事実を証明するする能力がなくてもかまわないし、そうしたいという願望も持ち合わせていない、と。このアプローチをとると、宗教は科学や論理的分析の領域外に置かれる。映画『一つのことをめぐる一三の会話（*Thirteen Conversations about One Thing*）』の終盤でアラン・アーキンが演じる判事が（裁判で被告が宗教に基づいて有罪を宣告されてはならないことを説明するために）宣言しているように、「信仰は証拠のアンチテーゼである」[注4]。言い換えれば、宗教的信仰は、証拠やロジックや証明と――そして、思うに、科学そのものとも――完全に別個の問題なのだ。

それに加えて、科学は宗教が最も強い部分で最も弱い。すなわち、科学はなぜという議論をそっくり除外しているのだ。科学の法則や原理は、理由や正義、道徳、正当化、善悪などには無関係で進む。物事は何か理由があって起こるわけではない。たんに起こるだけだ。映画『セプテンバー』で登場人物の物理学者が言う。「どちらなのかは関係ない……すべてランダムなのだ……無からあてどもなく反響していて、いずれ永遠に消え去る……すべての空間、すべての時間、ただの束の間の振動……でたらめで、道徳的に中立で想像を絶するほど乱暴だ[注5]」

それとは対照的に、宗教は大きな慰めを提供できる。大学時代の科学のクラスの友人どうしがやがて結婚し、家を買い、二人の立派な息子の親となった。では、それからもずっと幸せに暮らしたのか？　あいにく、そうはいかなかった。信じられない不運のせいで、夫のほうが珍しい種類の白血病になった。彼はさまざまな実験的治療を受けた（私は、そのうちのいくつかへ、彼を車で送っていきさえした）けれど、けっきょくどれもうまくいかず、あまりに早くこの世を去った。遺族は地元のキリスト教教会で宗教的な葬儀を行ない、いろいろな人が弔辞を述べ、彼の死は理由があって起こった、彼はより良い場所に旅立ったのだと請け合った。私自身は宗教を持っていないけれど、遺族が自らの信仰に慰めを見出していて嬉しかった。その信仰が「正しい」かどうかや、私にも同じ信仰があるかどうかは、関係なかったのかもしれない。友人の遺族が深い悲しみの時を切り抜けるのをその信仰が助けたことのほうが重要だった。

だから、それが宗教と科学の関係の解決方法なのかもしれない。ひょっとすると、宗教は神が存在するという内なる信念に純粋に基づいていて、究極の「真理」の証拠も証明も確証もないのかもしれない。そのような信仰は、人々に、厳密でロジカルな見識ではなく、慰めや意味、人生の選択のための賢い手引きを与えてくれるのかもしれない。ことによると、宗教は意味や目的などの大きな「なぜ」という疑問に的を絞り、一方、科学は宇宙の日常的な進行を支配する法則や原理についての、「どのように」という具体的な疑問に的を絞っているのかもしれない。けっきょく、科学と宗教は矛盾していないのかもしれない。そして、運に関しては、科学は運が生じる根本原理を示し、一方、宗教は私たちが観察する、一見、運と思えるものの背後にある隠れた意味を提供するのかもしれない。

そういう可能性はある。けれど、必ずしもそうとは言えない。一部の宗教的な人や団体は、ほかの人々を自分たちの信念体系に鞍替えさせたり、無宗教者に信仰を持つように説得したり、規則や法律は宗教の教義に支配されるべきだと主張したりしようとする。そういう文脈では、神の存在を示す実際の証拠にまつわる疑問や、それに呼応する、運の意味や目的を、さまざまな観点から考えるのが当を得ているように思える。では、それについて私たちには何が言えるのか？

無神論者の悪夢？

まず、神の存在のとても直接的な証拠があると主張する人がいる。一例を挙げると、福音伝道者のレイ・コンフォートは、テレビでバナナ——そう、あの細長い黄色の果物——は「無神論者の悪夢」だと主張した。[注6] それはなぜか？　バナナはじつに便利にデザインされており、おまけに、一方の端に小さな「つまみ」が突き出ているので、とてもむきやすいから、神の手になるもの以外にありえないというのだ。これは、神が存在するという決定的な証拠をきっぱりと提供している、と彼は言い張った。いやはや、ほんとうにそうなのだろうか？

私は真っ先に、その録画での「無神論者の悪夢」という言い回しは奇妙だと思った。無神論者は神の存在を示す証拠を恐れて生きてはいない。明確な証拠など一つも存在しないと思っているだけだ。万一、明らかに説得力のある証拠が出てきたなら、ほとんどの無神論者はそれを悪夢と考えたりしないで、歓迎し、受け入れるだろう。これは、福音伝道者と無神論者との隔たりがどれだけ大きいかを物語っている。

けれど、それは脇に置いておくことにしよう。肝心の疑問は、バナナは神の存在を証明しているのか、それとも、この主張は、じつはナンセンスなのか、だ。

この主張はたちまちいくつかの限界に行き当たる。一つには、昔のバナナは今とは形がずいぶん違い、むくのが難しかった。今日私たちが食べているおいしくて便利なバナナは、ただの自然の産物ではなく、長年にわたる農業工学という「それ以外の原因」の産物でもある（もちろん、この農業工学は、もとをたどれば神が創造した人間によって実行されたのだから、バナナが今の形になったのは依然として神の功績だと主張することもできるかもしれないけれど、それはかなりのこじつけに見えるし、最初の主張とはそうとう違うように思える）。

また、バナナは相変わらずむきにくいこともあるし（とくに、まだあまり熟していないときや、逆に熟しすぎているときには）、いつも形を保つわけではないし、紐のようなものが残ることが多く、それをあらためて取り除かなければならない。私は不平を言っているわけではない――バナナは大好きだ――けれど、バナナはほんとうにとてもむきやすいという主張は多少おおげさで、「偽りの報告」を含んでいるかもしれない。別の言い方をすれば、もし全能の存在がむきやすくするという具体的な目的でほんとうにバナナをデザインしたのなら、もっとうまくやってのけられただろう。

そのうえ、バナナの食べやすさは、進化論と一致している。実際、昔ながらのバナナ（最近、改良された種類を除く）には種がある。[注7] だから、バナナは食べやすいほど、動物や人間が食べて種をまき散らし、さらに多くのバナナの木が育ち、バナナという植物はいっそう繁栄する。実際これは、純粋に科学的な観点から完璧に理にかなっていて、バナナが簡単にむける、異なる種類の「それ以外の原因」を提供してくれる。

とはいえ、これらは些細な批判にすぎない。コンフォートの主張の最大の弱点は、バナナ以外の果物から見つかる！　なにしろ、もし神がわざわざバナナをむきやすいようにデザインしたのなら、たとえばオレンジなどでも同じ手間をかけていて当然だろう。ところが、オレンジには便利な「つまみ」などついていないし、そればかりか、鋭いナイフがなければとてもむくのが難しいものもとても多い。だから、これは一種の「散弾銃効果」であり、これだけ多くの種類の果物があるなかで、たった一種類だけが、むきやすいような便利な「つまみ」がついているにすぎない。したがって、そのつまみが神のイノベーションだという主張は、すべての果物が同じように便利にできていた場合ほど説得力がない。ここでもけっきょく、万事は運の罠に行き着くのだ。

悪の証拠

もちろん、ほとんどの人は、バナナや、そのほかのたった一つの具体的なものが理由で神を信じているわけではない。むしろ、宗教的信念の多くは、私たちの世界の素晴らしいもの、驚異的なもののいっさいを観察し、それはただの運の結果以上のものであるに違いないと考えるところから来ている。人間という生き物が驚異的なのは言うまでもない。私たちは気が遠くなるほど複雑なので、偶然だけによって生じるとは考えられないように思える。きっと、人間のすべてには理由や目的や意図があるのだろう。ただの運のはずがない。これは、これらの素晴らしいもののいっさいを創造した寛大な神がいるという証拠に違いない。

私はこの主張には、それなりに説得力があると思う。たしかに、素晴らしいもの、美しいもの、複雑なもの、精巧なものがこれだけこの世界に存在することを考えると、舌を巻くばかりだ。それらがほんとうにただのまぐれの結果だ、惑星形成や生態的浮動、動物の進化、適者生存といった科学的な力のランダム性の結果だなどということが、ありうるのか？　なぜ多くの人が、あらゆるものに目的や、デザインにおける意図や、すべてを創造した力の存在を「感じる」かは、たやすく見て取ることができる。

とはいえ、この主張には一つ欠陥がある。すなわち、この世界には、地震や洪水、病気、飢饉といった自然現象から生じる厖大な人間の苦しみを含め、とても悪いこともたくさんあるのだ。死なくてもいい人が数えきれないほど亡くなり、痛みや苦悩が満ちあふれている。もし神がほんとうに全能で、無限の思いやりを持つのなら、地上では何もかもが良く、何一つ悪いものはないはずなのに、断じてそうなってはいない（これは、「悪の問題」と呼ばれる、哲学者の論理的な主張と関連している）。

これに対して、神は私たちに自由意志を与えた、だから、戦争や殺人や迫害といった、人間によって引き起こされた悲劇は「説明がつく」と言う人もいる。いいだろう。それは認める。けれど、人間ではなく自然の力によって引き起こされた悲劇はどうなのか？　全知全能で、無限の慈悲心を持つ神がいるのなら、そのような悲劇はどうすれば説明がつくのか？　悪魔の仕業だとか、私たちを試す、神なりのやり方だとか、神は私たちにはとうてい理解できない奇妙で謎めいた形で振る舞うとか主張する人もいるかもしれない。けれど、こうした返答のどれ一つとして、あまり説得力があるようには思えない。むしろその逆で、良いことはすべて神のおかげとしながら、悪いことはいっさい神のせいではないとする、「バイアスのかかった観察」の運の罠という欠陥を抱えている。

喜劇俳優の（そして、無神論者を自任する）スティーヴン・フライも、同じように論じている。アイルランドのテレビで、神と出会うことが万一あったら何と言うかと訊かれた彼は、子供の骨肉腫や、人を失明させる昆虫のような邪悪なものについて不平を言うだろうと答えた。「気まぐれで、意地が悪く、愚かな神」がいて、その行動は「とうてい受け入れ難い」ということらしい[注8]（この発言について聞いたアイルランドの警察は、なんと、神への冒瀆（ぼうとく）を禁じる同国の法に違反した疑いで、フライの犯罪捜査を始めた。ただし、その後、捜査を中止した。この章を読んで、警察が私の捜査も始めたりしないことを、心から願っている)。

私はフライの怒りも理解できるけれど、怒りは感じていない。この世界は素晴らしい、夢のような場所だと思う。恐ろしい苦しみや不正があるとはいえ、全体として文句は言えないし(それはひょっとしたら、私がひどい迫害を受けている人間の一人ではないからというだけのことかもしれないけれど)、この世界は、多くの欠点を持っているにしても、存在しないよりははるかにましだと思う。私は自分が生きることを許されてきた人生にとても感謝しているし、自分は運が良いと感じている。その一方で、証拠についての疑問の話になると、いくらか良いところもあるけれど、いくらか悪いところもある世界というのは、私たちをたえず見守っている、あくまで善良で強力な創造主の存在よりも、運とランダム性の効果とのほうが、じつは整合性があるように私には思える。

道徳の泥沼

宗教を支持する主張には、神は道徳のために必要だ、というものがある。神がいなければ、私たちはとうてい善悪を区別できないというのだ。たとえば、トーク番組司会者のスティーヴ・ハーヴィー(二〇一五年のミス・アメリカ・コンテストで優勝者を間違えてアナウンスしたことでいちばんよく知られている)[注9]は、あるインタビューで大胆にも次のように言い放った。「あんたがここに座って、誰かと話していて、そいつが自分は無神論者だと言ったら？　さっさと切り上げて、うちに帰るんだな！　いいか、相手は神を信じないやつなんだよ？　そいつの道徳のバロメーターはどうなってるんだ？　そんなもんが、どこにある？　どこにもありゃしない！」[注10]

　ある推定によると、世界には五億人近い無神論者がいるという。[注11]これには、ほとんどの一流科学者が含まれる。最近のさまざまな調査では、アメリカの科学アカデミーの会員で、人格神の存在を信じる人は七パーセントしかおらず、[注12]イギリスの王立協会フェローの六四パーセントは、神が存在するとはまったく思っていない（それに対して、存在するという考え方に強く賛成する人は、五パーセントしかいない）ことがわかっている。[注13]先ほどの五億に近い人々には、ケヴィン・ベーコン、ジョディ・フォスター、ジョン・マルコヴィッチ、ビョーク、ダイアン・キートン、ダニエル・ラドクリフといった有名人も大勢含まれる。[注14]したがって、ミスター・ハーヴィーは、自分が一度も会ったことのない何億もの人々が全員、道徳と完全に無縁で、彼らとは誰も口を利くことに合意さえするべきではないとまで宣言しているわけだ。これは実際、ひどく侮辱的だ。宗教的な人の大半が、このような強硬で妥協を許さない路線をとらないことを私は願っているし、とらないだろうと信じている。けれど、こうした発言の極端さは脇に置くとして、私たちは次のように尋ねることができる。ほんとうに、そのとおりなのか？　道徳的な原理を持つためには、ほんとうに神を信じなくてはならないのか？

　たしかに、多くの宗教的な人はとても道徳的だ。世界中のいたるところで、宗教を基盤とする無数の慈善団体が、飢えている人に食べ物を与えたり、困っている人に住まいを提供したり、苦境にある人に教育を施したりするために、かなりのお金と時間と労力を捧げているし、私はそうした団体に心から敬意を表したい。そして、ラテンアメリカなどの解放の神学者たちのような、数多くの勇敢で信心深い人は、貧しい民族や迫害された民族の苦しみを和らげるために、大きな危険を冒し、途方もない犠牲を払ってきた。

けれど、信心深い人が全員それほど道徳的であるわけではない。それどころか、宗教はときとして、とても邪悪な行為を引き起こしてきた。中世には十字軍がキリスト教の名のもとに大勢のイスラム教徒を虐殺したし、ヨーロッパからの南北アメリカへの植民者はキリスト教「文明」の名のもとに先住民の文化を迫害し、大部分を破壊したし、現代ではイスラム教の名のもとに自爆テロ犯が何千もの罪のない市民を殺している。カトリックの聖職者による子供への性的虐待は、いたるところで確認されている[注15]（実際、最初にこの文を書いた翌日に、ヴァチカン教皇庁で三番めに高い地位にある枢機卿（すうきけい）のジョージ・ペルが、複数の性的暴行の罪で告発された[注16]）。暴力に満ちた人種差別的なクー・クラックス・クラン運動は、キリスト教の道徳を擁護すると主張していた。ヒンドゥー教とイスラム教の残忍な戦いは、一九四七年のインド・パキスタン分離独立のときだけでも、推定で五〇万人の命を奪った[注17]。中東での果てしないアラブ・イスラエル紛争では、ユダヤ教徒とイスラム教徒のあいだで続く戦闘で何千人も亡くなり、さらに多くの人が住む場所を追われた。北アイルランドのプロテスタントとカトリックの宗教勢力が争った「厄介事（トラブルズ）」と呼ばれる内戦では、三五〇〇人以上が命を落とした[注18]。宗教は、性別や人種、性的指向に基づいて一部の人々を迫害するのを正当化するために、よく利用される。そして、罪のない児童二〇人が犠牲になったサンディフック小学校での無分別な銃乱射事件の犯人は、地元のカトリック教会の教区民だった[注19]。実際、一九九七年のある調査では、大学生の七パーセントが、もし神に命じられたら人を殺すだろうと答えた[注20]。これらをはじめとする例からは、どんなに控えめに

言っても、宗教はつねに道徳的な行動を保証するわけではないことがわかる。[注21]
　そして、信仰を持たなくても道徳的な人は大勢いる。たとえば、ブラッド・ピットとアンジェリーナ・ジョリーは神をまったく信じていないけれど、[注22]慈善事業に何百万ドルも寄付してきた（離婚する前にも、後にも）。[注23]同様に、ウォーレン・バフェットは神がいるかどうかわからないと言うものの、[注24]それでも慈善事業に何十億ドルも寄付してきた。[注25]それどころか、ある分析の結論によると、もし信徒の組織や宗教団体への寄付を除けば、信仰を持たない人のほうが信仰を持つ人よりも、じつは多くのお金を慈善目的で寄付しているという。[注26]そして、六か国の一〇〇〇人以上の子供を対象にした最近の研究では、信仰を持たない子供のほうが信仰を持つ子供よりも、持ち物を分け与える可能性がじつはいい高いと結論した。[注27]これらの例で決着がついたわけではないけれど、信仰を持たない大勢の人が、とても気前良く道徳的な行動をとることが、はっきりと見て取れる。
　宗教が道徳について行なっている主張には、深刻な運の罠を含むものがある。たとえば、トニー・パーキンズが会長を務める保守的なキリスト教組織の家族調査評議会[注28]は、「同性愛行為は、当事者と社会全体にとって有害である」と主張している。[注29]パーキンズは二〇一五年のあるインタビューで、カリブ諸島のいくつかに甚大な被害を及ぼし、アメリカの貨物船で三三人の死者を出したハリケーン・ホアキンは、不運ではなく、じつは神のしるしだと主張した。[注30]そのハリケーンは、最初は「この国の首都」ワシントンに向かっていたのだから、それは、同性婚を合法化し、それによって「結婚という神聖なものを……本来の目的から逸脱させ」るような人間の「冒瀆行為」に対して「神が私たちにメッセージを送っていた」ことを示しているというのだ。その後、二〇一六年に起こった大規模な洪水で、ルイジアナ州南部にあるパーキンズ自身の家が台無しになり、彼は半年間、キャンピングカー暮らしをする羽目になった。[注31] これもまた、冒瀆に対する神からのメッセージだったのか？　いや、この洪水は「励みとなる素晴らしい精神修養」だったそうだ。彼の「バイアスのかかった観察」では、他人に起こることは正当と認められる天罰なのに、自分に起こることは、ポジティブな展開だった。

ここで一つだけ言っておきたいのは、宗教と道徳との関係は、それほど明快ではないということだ。けっきょく、善い行動と悪い行動の両方が、信仰を持つ人と持たない人の両方で見られる。宗教は道徳的な行動につながることが多いけれど、道徳的な行動に必要であるわけではないし、そういう行動をとれる保証でもない。あのアルベルト・アインシュタインがかつて言ったように、「人間の倫理的行動は思いやりや教育、社会的なつながりと必要性に基づいているはずであり、宗教的な基盤は必要としない。人間は、もし死後の罰への恐れや報いへの期待に縛られていたら、じつに哀れむべき状態になるだろう[注32]」。もしそうなら、ほんとうの道徳は、宗教とは別個で、神の存在を支持する明確な理由も、否定する明確な理由も提供しない。

では、私自身は？　まあ、私は信仰を持っていないけれど、たしかに道徳的に行動しようとしている。正直で、法律を守り、勤勉で、とても真剣に責任を果たす。他人を敬意と思いやりを持って扱ったり、できるときには助けたりするように全力で努力する。それは、宗教的な義務からではなく、人間の価値を心から信じているからだ（このアプローチは、「世俗的ヒューマニズム」と呼ばれることがある）。苦境にある人に食べ物や住まいを提供する慈善団体に、毎年かなりの額のお金を寄付する。家族や友人、近隣の人、同僚をどうやって助けるかを、頻繁に一生懸命考える。気がつくと、与えられた状況下で何がいちばん適切、あるいは公平、あるいは寛大な行動かを判断しようとしていることが多い。そして、うっかり他人の感情を害したり、迷惑をかけたりしたら、心から後悔する。

私は完璧なのか？　とんでもない。解放の神学者たちのような、大きな犠牲を払ってきたか？　断じて違う。私の道徳性は何か特別か？　いや、少しもそんなことはない。けれど、自分なりの限られた弱々しいやり方ではあっても、善い人間になろう、正しいことをしようと、現に努めている。欠点もあれこれあるけれど、信仰を持つ人が私をよく知ることがあれば、私がほんとうに道徳的だと判断するだろうと、かなり自信がある。彼らが、私は信仰を持っていないとはいえ、善良で親切な人間であることに気づき、知り合いになって好意を持ち、尊敬できると思ってくれることを、願っている。

もちろん、ミスター・ハーヴィーにはそんなことにはまったく気づいてもらえないだろう。私とひと言でも口を利くことを拒むのではないか。私が彼と同じ信仰を持っていないという、ただそれだけの理由で。それは、彼にとって道徳的な行動の最善の例だろうか？　私は彼をぜんぜん知らないので、その人となりを評価したりはしない。けれど、彼も私の人となりを評価するべきではないのかもしれない。

ラッキーな地球？

神が存在しているとか、何かの外部の要因が地球上の生命を誕生させたとかいったことの明らかな証拠がたとえなかったとしても、私たちの素晴らしい惑星と種がたんに運とさまざまな科学的プロセスだけによって生じたと信じるのは、多くの人にとって依然として難しい。運の罠を理解していれば、少しは助けになるだろうか?

さて、「特大の的」はここにはない。私たちの惑星の山や湖、植物や動物、そしてとりわけ人間のきめ細かい美しさや複雑さ、精巧さを生み出すのが簡単だなどとは誰にも言えない。ほかのどんな惑星も同じぐらいうまくやってのけたことだろうとは、誰にも言えない。そうしたものの細部は自由に変えられるとか重要ではないなどとは、誰にも言えない。私たちがここに存在するには、あらゆる面がちょうど良い具合になっていなければならなかった。

また、「偽りの報告」も「プラシーボ効果」も絡んでいない。私たち人間がここに存在して、この惑星で暮らし、食べたり、息をしたり、動いたり、考えたり、繁栄したりしていることは紛れもない。そこに疑問の余地も、議論の余地もありはしない。

とはいえ、一種の「隠れた助け」はある。すなわち、進化論が提供する巧妙で強力なメカニズムのおかげで、新しい種類の生命が生み出された。まず、世代が変わるあいだにいくつかの遺伝子がランダムに変異する。そして、変異した子孫は、もしその変異が有用でなければ死に絶え、有用であれば繁栄する。何百万年ものあいだに、一部の種が分かれ、環境にもっと適した、新しい異なる種が生まれる。今では進化を裏づける圧倒的な科学的証拠があり、[注33]私たちの惑星を知的生命体が暮らす現在の状態にするうえで、進化が絶対不可欠だったことは明らかだ。

それよりもなお重要な運の罠がある。それは「散弾銃効果」だ。この場合のさまざまな散弾とは何か？　それはもちろん、生命が進化しえたさまざまな惑星のいっさいだ。カール・セーガンは、私たちの宇宙を形成している何十億もの銀河や、そのそれぞれに含まれる何十億もの恒星について、有名な講義をした。[注34] それ以後、恒星の推定数は増える一方で、実際、無限でさえあるかもしれない。[注35] 私たちは、これらの恒星全部の周りをいったいいくつの惑星が回っているか知らないけれど、すでに何千もの惑星が発見されているので、[注36] 何十億の何十億倍もの——あるいは、ひょっとすると無数の——惑星も存在することはまず間違いない。だから、私たちの惑星で知的生命体が進化したという事実について考えるときには、いくつのうちの一つの惑星で、と問う必要がある。それほど厖大な数の惑星があるのだから、そのうちの一つが生命を進化させたところで、少なくともそれほど意外ではなくなる。

　こうして科学的な説明をし、運の罠を考慮に入れれば、私たちの素晴らしい惑星と驚くべき種（しゅ）が、進化とランダム性と正真正銘の運の組み合わせからほんとうに生じてきたのだと、私の脳を説得するのには十分だ。私たちは、人間には価値があるという世俗的ヒューマニズムの直接的な信念から、そして、思いやりや愛、敬意、大志といった正真正銘の人間の情動を通して、宗教をまったく必要とすることなく道徳的に行動したり、人生に意味と喜びを見つけたりできると、私は信じている。だからこそ、私自身は神を信じていない。ただし、神を信じる人を、間違いなく尊重するけれど。

　とはいえ、心の奥底ではどうなのか？　それがまあ、心の奥底では、私たちがここに存在していることを、相変わらずほんとうに信じることができずにいる。

第二三章　ラッキーな考察

この本は、私が運を信じるかどうかという疑問で始まった。私は、運とは何か次第だと答えた。そして、このテーマについて本をまる一冊書いた後、やはりそのとおりだと言うしかなさそうに思う。

誰が誰と出会うかから、誰が成功し、誰が失敗するかや、誰が生き延び、誰が亡くなるかまで、私たちの人生で運が果たす重要な役割を、私は自分が承知していると言うことができる。こうした運のうちには、ただのランダムな運で、私たちにはコントロールできないものがある一方、私たちの選択や計画や準備によって影響を与えられるものもある。そして、「静穏の祈り」の運バージョンにあるように、その違いを知っていると役に立つ。それはやさしくはないけれど、証拠を注意深く検討し、すでに見てきたたくさんの運の罠を避けることによって、どの要因がほんとうに出来事に影響を与えていて、どれが与えていないかを見分けるようにすることができる。

マジック抜きの喜び

映画『天国から来たチャンピオン』でウォーレン・ベイティが演じる主人公は、車にはねられようとしていたまさにその瞬間に、善意ではあるものの見当違いの天国の「エスコート」に体から引き離される。ところが、じつは彼はその車を避けていただろうことが判明する。エスコートが間違っていたのだ。後で主人公が実際に死ぬことになっていた日を調べると、それはずっと先だったので、それが裏づけられた。この悲劇的なミスは、「確率と結果」という言葉を使って説明される。つまり、そのエスコートが呼び出されたのは、主人公が死ぬことになる確率がある程度あったせいだけれど、結果としては、じつは生き延びるはずだった。[注1]

さて、この映画のロジックは少し怪しい。エスコートが、誰かがおそらく死ぬことを前もって知っていながら、ほんとうはいつ死ぬかを知らないなどということが、いったいどうしてありうるだろうか？　そして、いつ死ぬかという情報を、後で「調べる」ことができるのなら、そもそものなんでそんなミスを犯したのか？　それにもかかわらず、彼らが使った「確率と結果」というあのひと言は、頭に残った。偶然と結果。ランダム性と現実。もし、確率の数学理論という私のライフワークが偶然についてのものならば、運は結果についてのものなのかもしれない。運は、あらゆる確率がきちんと決まった後、実際に起こることかもしれない。ひょっとすると人々は、私たちが暮らす世界の正真正銘のルールや科学、事実、数値に、喜んで確率を定めさせるけれど、それでもなお、実際の結果、つまり運を、コントロールしたがるのかもしれない。

運と魔法のような効果とには、フィクションの中で、そしてそれ以外でも、途方もない魅力がある。それどころか、私たちはみな、この世界には本物の魔法のような効果や超自然的な力や固有の意味があったらいいのにと願っているのかもしれない。もし世界がそんなふうだったら、そこはきっと今とは違う、胸躍る場所となり、生きることに特別な意味を与えてくれるだろう。だからこそ私たちは、そんな形でフィクションを書くのだ。

ところがけっきょく、フィクションと現実の違いを理解するのも、それとは違った、ひょっとするとより深い意味で、満足のいくことだ。

実際、もし『マクベス』を引用するとほんとうに悪いことが起こると想像してほしい。あるいは、祈ればダイヤモンドに道路から飛び跳ねさせ、シャツのひだに収まらせることができる、と。はたまた、サイコロがほんとうに共謀して勝者と敗者を選んでいる、と。さらには、人はほんとうに、眠っているあいだに外部の情報のシグナルを魔法のように受け取る、と。もしこうしたことの一つでも真実だとわかったなら、それは人間の歴史におけるとびきり重要な科学的展開となるだろう。原子爆弾やトランジスタラジオでさえ霞んでしまう。コンピューターや電子レンジもおまけ程度のものになってしまう。ヒッグズ粒子や重力波の発見を報じる世界中の新聞の見出しも、取るに足りない話題に変わってしまう。科学者たちがこれまでこの世界について知っていると思っていたことのいっさいが完全にひっくり返り、改められることになる。だからこそ、魔法のような必然の運の物語はみな、とても魅力的なのだけれど、同時に、そうした主張を鵜呑みにしないように用心しなければならないし、証拠の基準もとても高く設定しなくてはいけないのだ。

そう、世界は人間の意識や、自然の複雑さ、情動など、多くの謎に満ちている。けれど、並外れた偶然の一致や幸運のお守り、魔法のような影響、神の介入といった奇妙で驚くべき話はどうなのか？私はそれらが、運の罠や選択的観察、科学的原因、人間の思考で、すべて――そう、すべて――説明できると、心から信じている。これはあまり神秘的な見方ではないけれど、それでも、私たちの世界の運を正確に要約している。それを承知したうえでなお、私たちはこの世界をありのままに受け入れ、喜びや幸せや成功を見つけられると、私は自信を持っている。いったいどうやって、見つけるのか？友情や愛、勤勉、練習、教育、実験、論理的思考といった、神秘的ではない力を通して、だ。

だから私は、お気に入りのシェイクスピア劇『マクベス』での魔女たちの予言の力を楽しみ続けるだろう。けれど、現実の世界では、予言には魔法のような力はないことや、迷信は私たちをコントロールしていないこと、タイミングを選べば、戯曲から引用してもかまわないことに、相変わらず自信を持ち続けるだろう。

偶然選んだ映画

この本の草稿を完成させて編集者に提出した、まさにその日の晩、ネットフリックスで気晴らしになりそうな映画を探した。けっきょく、『ヒポポタマス（*The Hippopotamus*）』というイギリスの近作を見ることにした。[注2] その作品についてはそれまで聞いたことはなかったけれど、そこそこ面白そうだった。とはいえ、この映画が幸運なことに、私の本全体を見事に要約することになるとは、思ってもいなかった。

この映画では、酔っ払った老いぼれの元詩人に、彼が名付け親となった娘が驚くべき知らせを持って接触してくる。自分は末期癌と診断され、あと三か月の命だと言う。それから、いとこ（やはりこの詩人が名付け親である男性）が、触れることで発揮する特別な能力を使って、彼女の病気を治す。彼女はすっかり魅せられ、なんとか元詩人を雇ってそのいとこの屋敷を訪ねさせ、彼の能力の背後にあるほんとうの秘密をこっそり見つけ出させようとする。

最初はあまり進展がなかったものの、元詩人はやがて、そのいとこがほかにもさまざまな奇跡的治癒を行なうところを目撃する。いとこの母親は、以前ひどい喘息で、死にかけたけれど、いとこが不思議な力で触れると、喘息は完全に克服された。一頭の名馬が病気になり、今にも安楽死させられそうになっていたけれど、いとこが馬小屋に忍び込んだ翌日、思いがけなく回復する。屋敷の客の一人は、深刻な狭心症の痛みが消え、嬉しそうに薬をゴミ箱に放り込む。次に、いとこは、訪ねてきていた「十人並みの」フランス人ティーンエイジャーの娘を器量良しにするように頼まれる。最初は特別な力の存在を疑っていた元詩人（「私は奇跡は信じない！」）も、その存在を信じはじめる。

話が続くうちに、その一家の歴史がだんだんわかってくる。どうやら、いとこの祖父にも同じような治癒の力があったらしい。ほかにもなお、家族の謎があり、ひょっとしたら、いとこの堅苦しい兄が、彼をこっそり手伝っているかもしれないことが示唆される。もちろん、いちばんの疑問は、いとこの力が実際にはどのように働くか、そして彼は次に誰を治すか、だ。私はそれなりに筋に引き込まれ、（現実の世界ではなく）フィクションでは魔法のような力や超自然的な力が発揮される場があって、興奮や不思議さを加える場合が多いことを示す、これまた恰好の例だと思っていた。ここまでは何の問題もなかった。

ところがその後、映画は意外な結末を迎える（ネタバレ注意！）。元詩人は、名馬はほんとうは病気ではなく、（長い話があって）誤って大量のウイスキーを飲んで二日酔いになっていただけで、回復したのはけっきょく奇跡的ではなかったことに気づく。母親の喘息の発作は、ほんとうはやまなかったことも発見する。母親は、息子を喜ばせるためにやんだと言っただけだった。そして、屋敷の客の狭心症の痛みも再発する。彼は、痛みが消えたと思い込んでいたにすぎなかった。ああ、それから、元詩人が名付け親になった娘は？　この調査のきっかけとなった、癌が治ったあの娘は？はたして、彼女は症状が一時的に消えていただけで、まもなく癌は再発し、致命的になる。

要するに、いとこの特別な力というのは、ほんとうは、「偽りの報告」と「それ以外の原因」と「プラシーボ効果」の組み合わせ以外の何物でもなく、超自然的なところは何もなかった。いとこは自分の特別な能力を信じており、周りの人もみな信じていたけれど、彼らは全員間違っていたのだ。驚いたことに、この映画は詰まるところ、フィクションの中の魔法のような出来事の例ではなく、むしろ、運の罠の危険についての教訓物語だったのだ！

そうは言ってもけっきょく、あまり驚くべきではなかった。後からわかったのだけれど、じつはこの映画は、我らが無神論者で俳優の、あのスティーヴン・フライの小説に基づいていたのだから。[注3]映画の中の元詩人と同じで、彼も奇跡は信じていないのだろう。

つらい別れ

この本の計画を最初に立てていた頃、私たち一家は、とても不運な知らせを受け取った。健康そのもので活動的だった私の愛しい母が、膵臓癌の診断を受けたのだ。急いでグーグルで検索すると、最も恐れていた情報が見つかった。膵臓癌は悪性度がとても高く、生存率は約一四パーセントしかなかった。[注4] 癌は比較的早く発見され、母はまもなく腫瘍を取り除く手術（膵頭十二指腸切除術）を受け、その直後から半年間の強力な化学療法を受けたものの、癌はすぐに再発した。母は徐々に弱り、とうとう病院の緩和ケア病棟に移った。

二〇一七年八月一九日土曜日の午前五時四〇分、電話がかかってきた。母の呼吸が不規則になりはじめていることに勤務中の看護師が気づき、死期が迫っていると思ったからだ。そこで、私と妻は車に飛び乗り、母を看取るために病院に向かいながら、必死になって親族に電話して状況を伝えた。母はそれから一時間二〇分ほど後に、私をはじめ、愛する人々に囲まれて息を引き取った。[注5] 私がこの本の最初の草稿を書きおえる、ほんの数週間前のことだった。

私はこれをどう考えればいいのか？　母が癌になったのには何か「理由」があったのか？　母は過去の行ないのために「罰せられ」ていたのか？　それは母の「宿命」だったのか？　それは私たちには推測することしかできない「マスタープラン」の一環だったのか？　いや、私はそうは思わない。

母はただ、とても、とても運が悪かっただけだと思う。

不思議なことに、五時四〇分に電話がかかってきたとき、私は眠っていなかった。一五分ほど前に、少しばかり胃の不快感を覚えて目覚めていた。これは、母が亡くなる直前に私にそれを「伝えて」いたのか？　これは私の体が、母の最期が迫っているのを「感じ取り」、同調して反応していたのか？　これは、私と母のあいだの、秘密の、隠された特別な「つながり」を物語っていたのか？　いや、私はそうは思わない。私はただ、母の容態が心配だっただけで、そのために胃が締めつけられていたのだと思う。

母が亡くなった直後、私たちがみな病院のベッドの脇に座っているとき、私の母がすでに亡くなっている友人たちと、死後の世界かどこかでいっしょになれると思うと、ほっとする、とおばが言った。きっと、みんなを気遣ってのことだろうけれど、その言葉は、私には何の慰めにもならなかった。母は死んで病院のベッドに横たわっているだけで、どこか別の場所に行ったという証拠は一つも見当たらなかった。もし母がほんとうにもっと良い場所に連れていかれたのなら、癌と治療のつらさをあれだけ経験する前にそうできたはずだと思ったからだ。

それが何かの宿命だったとか、母の死には何かの意味があったとか信じていたほうが、私にとっては楽だったのだろうか？　あるいは、胃のむかつきを、あの世からの前兆と捉えていたほうが？　はたまた、母は雲の上の天国で永遠に至福の時を送ることになったと信じていたほうが？　そうかもしれない。どちらとも言い難い。

けれど、超自然的な説明などまったく持ち出さなくても、母が良い人生を送ったことを十分理解し、いっしょに過ごした幸せな時間の懐かしい思い出をたどり、人生の避けようのない一部として死を受け入れることができた。母と分かち合えたもののすべてや、母がしてくれたことのすべて、母が私の人生を良くするためにしてくれたことのすべてに、自分なりの意義や喜びを見つけることができた。科学的な視点を少しも犠牲にすることなく、誇りを持ち、きっぱりと、母の人生を称え、死を悼むことができた。そして、幸運にも、それこそまさに母が望んだだろうことだった。

厳しい運？

何が原因で何が起こり、何が何も引き起こさなかったかという観点から、私がこの世界を論理的に解明しようとするときにはいつでも、私は世の中をつまらなくしていると苦情を言う人が必ずいる。「あなたは、せっかくの楽しみに水を差しているのではないですか？」と彼らは尋ねる。

彼らは、熱心に願えば、宝くじのジャックポットを勝ち取る助けになることを期待しているのに対して、私は無情な統計学を使って、宝くじで大当たりするよりも宝くじ券を買いに行く途中で死ぬ可能性のほうが高いなどと言う。彼らは完璧な人生の伴侶を見つけるのを「運命」が助けてくれると想像するのに対して、私は思いがけず誰かに出会う確率を冷徹に計算する。彼らは魔法のような力が自分の宿命をコントロールしていると空想するのに対して、私は人の人生は無常な自然の物理法則によって支配されていると言い張る。「それだけのことでしかないのですか？」と彼らは問う。

何かの形の抗い難い超自然的な運を信じる理由はたくさんある。とても多くのフィクションでと同じように、出来事はみな、ただランダムに起こるのではなく、意味を持っていてほしいと、人々は思っているのかもしれない。自分が見舞われた不運には目的や壮大な計画があると考えて慰めを見出しているのかもしれない。そして、「バイアスのかかった観察」のせいで、自分の信念を裏づける出来事だけに気づいて記憶し、それ以外の出来事は無視しているのかもしれない。また、おそらく幸運と不運をとても広く解釈し、「特大の的」を生み出し、いつも自分の信念を正当化するものを何かしら見つけ出せるのだろう。

人々がこうした信念を抱いている理由を、私はたしかに理解している。それでも、そのような信念は持ってはいない。それはなぜか？　納得のいくような証拠がないからだ。超自然的な現象を示唆する観察結果は事実上すべて、この本でこれまで検討してきたさまざまな運の罠で説明がつく。そして、もし明白な証拠がなければ、私はそうした突飛な説は信じる気になれない。

これにはがっかりする人が多いことは承知している。けれど、落胆するべきではないと思う。私たちが暮らす世界は、たとえ超自然的現象が一つもないとしてもなお、すでに喜びと驚異的なもので満ちあふれていると思う。あなたが出会って、知り合い、物事を分かち合い、思いやることになるかもしれない人が、何十億人といる。学び、じっくり考えることのできる魅力的な事実やテーマは、数限りなくある。ありとあらゆる種類や趣の本、戯曲、映画がある。あなたは、ありのままの宇宙の科学的範囲にとどまり続けてもなお、歌い、踊り、笑い、泣き、愛し、憎み、家族を養い、他人に親切にすることができる。想像力を働かせ、夢を見、魔法についての作り話や空想に満ちた映画を、それが現実の世界とは違うことを知りながらも、楽しむことができる。

　私自身は音楽とコメディをやり、映画に涙を流し、恋に落ち、生涯の友を作り、仕事や趣味に熱中し、シェイクスピアの『マクベス』で予言する魔女たちや、W・P・キンセラの『シューレス・ジョー』の不思議な夢まで、文学の虜になってきた――宇宙の科学的法則に自分の楽しみや喜びを邪魔されているなどとは一度も感じることなく。一三日の金曜日に生まれた男にしては悪くないだろう。

　この世界は、超自然的な力を持ち出さなくても、そのありのままの形で考えることができるし、また、考えるべきだと、私は固く信じている。そうすれば、もっとロジカルな思考や優れた判断につながると同時に、私たち全員が暮らすこの広大な惑星で、信じ難い素晴らしい経験を依然としてすることができる。そして、私たちがみな人生で毎日経験する運やランダム性や不確実性について、あなたがこの本がきっかけで、前とはほんの少しばかり違うふうに考えるようになったとしたら、私は自分がほんとうに、と、て、も、運が良いと思うことだろう。

謝　辞

第一作のときのチームと、今回もいっしょに仕事ができて、嬉しく、誇りに思う。編集者のジム・ギフォード、エージェントのベヴァリー・スロウプン、妻のマーガレット・フルフォード、ハーパーコリンズ・カナダの出版チーム、素晴らしい家族や友人や同僚全員をはじめとするみなさんが、私のためにしてくれたことのいっさいに感謝する。みなさんにそろって応援してもらえた私は、なんと幸運なのだろう。

用語集

本書で使った語句の一部の意味を以下に簡単にまとめておく。

一般用語

まぐれ／ランダムな運　まったくの偶然で起こる運で、特別な意味も原因もない。

必然の運　出来事をコントロールしたり、出来事に影響を与えたりする、特別な力や神秘的な力や超自然的な力の結果である運。

ただの運　運の罠で完全に説明できる結果で、何の証明にもならない。

運　私たちにとって重要だけれど、直接コントロールできない（良い、あるいは、悪い）結果であり、ランダムな運か必然の運のどちらか。

運の罠　私たちをだまし、証拠の解釈を誤らせ、間違った結論を引き出させかねない状況。

p値　具体的な原因が何もないときに、ある結果がただの運だけによって起こっていただろう確率。

統計的に有意　ある結果が、運だけによって起こる可能性が非常に低いとき。通常はp値が五パーセント未満を意味する（一パーセント未満の場合もある）。

運の罠の具体例

それ以外の原因　ある効果が、当初それらしく思われるものとは異なる現象の結果であるとき。

バイアスのかかった観察　特定の証拠を考慮に入れる一方で、ほかの証拠を見逃したり無視したりするとき。

異なる意味　ある効果が、じつは、当初証明していると思われることとは非常に異なることを証明しているとき。

特大の的　ある効果が、じつは当初思われていたよりもはるかに達成しやすいとき。

よく組み合わさる事実　複数の効果がどれも緊密に関連しており、したがって、さらなる証拠を見かけほど多く提供しないとき。

偽りの報告　事実が、主張されている内容とは異なるとき。

隠れた助け　何かしら明白ではない要因があり、それがないときよりも、ある効果が表れる可能性を非常に高めるとき。

まぐれ当たり　ある出来事が、純粋にランダムな運だけによって起こるとき。

大勢の人　大勢の異なる人が同じ効果を達成しようと別個に試みたとき。

下手な鉄砲も……　同じ、あるいは似た効果を達成する別個の機会が多くあったとき。

何度のうちの／いくつのうちの　それぞれが似た効果を達成しえた、異なる組み合わせの候補の数を考慮に入れること。

プラシーボ効果　観察結果が心理的要因の影響を受けているとき。

散弾銃効果　似た効果を達成しうる、異なる方法が多くあったとき。

掛けるべきか、掛けるべきではないか　異なる事実が組み合わさる傾向にあるかどうか、すなわち、それらがみな同時に起こる可能性が、個々の可能性を単純に掛け合わせたよりも大きいかどうか、という問題。

訳者あとがき

本書は*Knock on Wood: Luck, Chance, and the Meaning of Everything*の全訳だ。カナダでベストセラーとなり、一四か国で出版された前作*Struck by Lightning: The Curious World of Probabilities*以来の待望の第二作となる。確率やランダム性、不確実性を取り上げた前作は、『運は数学にまかせなさい——確率・統計に学ぶ処世術』として二〇〇七年に邦訳が刊行されて好評を博し、二〇一〇年には文庫化されて版を重ねている（早川書房刊）。

著者のジェフリー・S・ローゼンタールはカナダのオンタリオ州の生まれで、二〇歳でトロント大学を卒業し、二四歳のときにハーヴァード大学で数学の博士号を取得するという早熟の俊英で、現在はトロント大学の統計学の教授をしている。本文にあるとおり、一三日の金曜日生まれだが、本人によれば、とても幸運な人生を送ってきたという。

原題に使われているknock on woodというのは、英語圏の人が、不幸を避けたり、幸運が逃げるのを防いだりするために、木製品を軽く叩きながら、あるいは木製品に触れながら唱える言葉だ。そして、副題にあるように、本書は運や偶然や物事の意味合いがテーマで、たんなる思い込みや迷信、根拠のない主張を見破る知恵や、「自分にはコントロールできないランダムな運を静穏に受け入れる力と、修正できる運を変える知識と、両者の違いを知る知恵」を授けてくれる。

　そんな知識や知恵ならもう持っている、という方もいらっしゃるだろうが、なかなかどうして、この世は一筋縄ではいかない。思いがけない罠が潜んでおり、一見すると意味合いが明白な事柄にも、じつはさまざまな解釈の余地が残っているからだ。はたして自分はどれだけわかっているのかを、「第六章　射撃手の運の罠」でまず試してみるのも一興だろう。

　私たちは、どうして思い込みや運の罠に陥りやすいのか？　著者によれば、一つには、「人間は、なぜ物事が起こるのかを説明し、その理由を見つけ、何かしら道理にかなったものにしたいという、本能的な欲求を持っている」から。そしてまた、「意味のないただの偶然という単純明快な説明は、はっきり言って、退屈」なのに対して、「カルマや宿命、運命や魔法には、はるかに多くの意味や重要性が感じられる。そして、人は身の回りの運やランダム性について考えるとき、それらには特別な意義や意味があってほしいと願う」からだそうだ。ごもっとも。

　運や偶然や物事の意味合いに関する思い込みや欲求、願望は、たわいのないものなら無害だろうが、報道、科学、医学、裁判などの分野まで及ぶと、見過ごすわけにはいかない。人生や人命、社会の行方までがかかわってくるからだ。情報操作の技術や手段が前代未聞の水準に達し、怪しげな言説で民衆を扇動する指導者が跋扈(ばっこ)し、フェイクニュースが氾濫する時代にあって、そうした思い込みや欲求や願望につけ込まれれば、まさしく由々しい事態となる。情報を発する人、伝達する人、受け取る人の誰もが、本書の伝授してくれるような知恵や見識を発揮できるようになることを願うばかりだ。

もっとも、堅苦しく考える必要はない。なにしろ著者は、即興コメディのパフォーマー兼伴奏家でもあり、エンターテイナー精神にあふれており、ギャンブル、スポーツ、映画、宝くじ、占星術、ESP（超感覚的知覚）……と、多種多様な話題を取り上げながら、愉快に話を進めてくれるから。

物事を論理的に解明しようとすると、この世の面白みが薄れてしまいはしないかと懸念する人もいるようだが、著者は心配無用と請け合う。「私たちが暮らす世界は、たとえ超自然的現象が一つもないとしてもなお、すでに喜びと驚異的なもので満ちあふれている」。運や偶然についての知識を得ても依然として、「想像力を働かせ、夢を見、魔法についての作り話や空想に満ちた映画を、それが現実の世界とは違うことを知りながらも、楽しむことができ」、「喜びや幸せや成功を見つけ」ることも可能だからだ。

さて、最後になったが、注も含めて邦訳の全文に目を通して修正を加えてくださるとともに、解説も書いてくださった徳島大学教授の石田基広先生に心からお礼を申し上げる。本書は一般向けであるとはいえ、統計に関する記述や数式なども含まれているので、専門知識の豊富な石田先生に監修していただけて心強い限りだ。また、早川書房の伊藤浩さん、関佳彦さん、千代延良介さん、デザイナーの谷口博俊さんをはじめ、刊行までにお世話になった方々にも感謝申し上げる。

二〇二〇年一二月

柴田裕之

解　説

（徳島大学　社会産業理工学研究部教授）
石田基広

本書のテーマである、偶然、あるいはランダムというのは、実はわかりにくいものである。

たとえば、サイコロ投げを考えてみよう。もっとも、今どき実物のサイコロをみたことがないという人もいるようなので、サイコロの形を説明する。その上で、これを四回振ることを想像してもらい、その結果である四つの数値をあげてみてと頼んでみる。すると、「2、4、3、6」とか、「5、1、2、3」とか、「6、4、1、3」とか、四つとも異なる数値を答えてくる人が多い。「1、1、2、3」などと、同一の数値を重複させて答える人はめったにいない。本当にランダムであればサイコロを四回振った結果の中に同じ数字があっても、まったく不自然ではない。サイコロが上を向いた数値を覚えているわけはないのだから、同じ数値が二回連続で出ても、そこに何の意味もない。しかし、一般には、ランダムというのは「同じことが繰り返されない」ぐらいの感覚で理解されているようなのだ。

他にも、同級生に同じ誕生日の人がいたりすると、その偶然に驚き、そこに何らかの意味を見出そうとする。ただ、計算は省くが、四〇人のクラスがあるとして、そこに一組でも誕生日が同じであるペアがいる確率は、実は九〇パーセント近くもある。こういうと逆に意外に思われるかもしれないが、これは考え方を逆にする必要がある。つまり、四〇名全員の誕生日がそれぞれ異なる可能性として考え直すのである。すると、サイコロの例と同じで、まったく同じ数字が選ばれない可能性の方が小さいのである。ただ、「誕生日が同じペアがいる確率は九割もある」と直感に反する解釈よりも、「なにか縁があるのだろうか」と想像を逞しくしたほうがおもしろいだろう。(なお、ここでの説明はややミスリーディングである。設定を「自分と同じ誕生日の人がいる確率」として考え直すと、実は約一〇パーセント程度となる)。

また、ある日突然パソコンが壊れてしまい、メールを送ることができず、商機を逃してしまうようなことがあって、その日がたまたま仏滅だったりすると納得したりする。「今日が仏滅」なのは誰にとっても同じなのだが、周囲の人たちのパソコンやスマートフォンまで壊れたりはしない。さらに、商機を逃したことは、メールが送れなかったためであり、またメールが送れなかったのはパソコンが壊れたのが原因であり、商機を逃したことと仏滅とは直接は関係ない。ちなみに、六曜は中国起源だそうだが、現代の中国人に「大安吉日」の話をしても怪訝な顔をされるだけだろう。

本書において、著者は、日常生活において「偶然」に過剰な意味を見出してしまう事例をいくつもあげ、それぞれにおいて確率や統計の立場からシリアスな解釈を示している。一方で、統計的な解釈は面白みに欠け、人間関係の潤滑油にもならないことは、大人として十分納得してもいる。「一三日の金曜日」に誰かに何かが起こったとしたら、それは当の本人にとっては偶然では済ませられない事件かもしれない。しかし、アメリカ全土、あるいは世界中の人口を考えてみれば、誰か一人、そういう目にあったとしてもまったく不思議ではない。著者はそう説明しつつも、では一三日の金曜日生まれの自分が、一三日の金曜日のことをまったく気にしていないかといえば、「バカバカしい、まったく気にしていませんよ」とまでは断言できなかったりもするのである。

ある人が、本人にはなんの責任もない幸運あるいは不運に見舞われるのは、まったく偶然であり、本人に責任がない以上、そこになんの因果もない。そう承知しつつも、我々人間は、そうした出来事に何らかの意味を加えることで、ときに慰められ、また気持ちの整理をつけて暮らしている。確率が専門の統計学教授であっても、そうした感覚からは自由になれず、そこまで達観できない。もし、この感覚を共有していない著者であれば、本書はまったく無味乾燥な数学書にとどまってしまったであろう。

とはいえ、偶然の出来事に過度の解釈を加えてしまうことが、個人や社会に害をなすこともある。そうした事例が本書でもいくつか取り上げられている。見過ごせない事例の一つが、いわゆる「自然療法」だろう。たとえば、「ガンに医学的治療は必要ない」とする考え方である。実際、日本においても、「医者なしでガンを完治した」とするブログや著書が多数ある。これらに書かれている内容がどこまで本当のことなのかわからないが、「医学的治療を放棄したら体調が戻った」という体験者も実際にいるのだろう。

しかし、自然療法に転向した患者のうち、どれだけがガンを克服あるいは完治できたのか、そのあたりの数字は出ていない。不幸にして亡くなってしまった患者は、そのことを報告すらできない。仮に、本当に医学的治療を受けないまま完治してしまった患者がいるとしても、「自然療法」を選んだことが理由かどうかは怪しい。むしろ、「自然療法」を選択し、「医学的標準治療」を放棄したがために寿命を縮めてしまった患者のほうが多いと思われる。ところが、そうした不幸な事例は我々の耳には入ってこない。

偶然に過剰な解釈を加えてしまうことは、時には命に関わる。だから、日常生活の偶然に意味を見出すことで気持ちの整理はできたとしても、同時に、ただの偶然である可能性も頭の片隅には置いておくべきなのだ。確率の計算までする必要はないだろうが、「珍しくもない、まあることだし、気を取り直そう」ぐらいの感覚を持てる余裕を持ちたいものだ。

最後に、偶然との関連で、著者が専門とするマルコフ連鎖モンテカルロ法について紹介しておこう。最初にサイコロの例を出したが、サイコロを振って出る値の平均値を求めるにはどうしたらよいだろうか。もちろん、サイコロを一〇回なり一〇〇回なり投げて、上を向いた数値をすべて足して、一〇なり一〇〇で割った数が平均値である。一方、統計学には期待値という考え方がある。これは、サイコロを無限回振って求められる平均値のことである。もっともサイコロの場合、これは簡単に計算できる数式がある。サイコロは1から6までの数字が、それぞれ1/6の確率で出現する。この場合の期待値は1×1/6+2×1/6+3×1/6+4×1/6+5×1/6+6×1/6で計算することができる。つまりサイコロの期待値は三・五である。

ところが、世の中の事象は六面のサイコロほど単純ではないし、期待値を計算する数式も複雑になりがちである。たとえば、誰かが一〇〇面もあるいびつなサイコロを作り、一から一〇〇までの数値を割り振ったとする。ただ、それぞれの面が上を向く確率は確かではない。こうした場合、期待値を計算するのは難しい。では、どうすればよいのか。それは、そのサイコロをコンピュータ上でできる限り忠実に再現し数百万回も振ってみるのである。そして、出た数値をすべて合計して割れば、そのサイコロの平均値が求められるので、これを期待値と考えるのである。これがモンテカルロ法という方法である。

コンピュータは繰り返しが得意なので、このサイコロを何百万回でも振ってくれるが、その回数が多いとさすがに時間がかかるし、負荷も高い。そこで、ランダムではあるのだけれども、直近に出た値を再利用して次の値を生成する手法がある。これをマルコフ連鎖モンテカルロ法という。著者が本文中で述べているように、マルコフ連鎖モンテカルロ法は、現代のデータ分析において非常に重要な役割を果たしている。コンピュータは直前に生成した数値を再利用することで統計的計算を効率化しているが、一方、我々人間は偶然の出来事を直前の体験と結びつけることで気持ちを整理している。ただし、うまく折り合いをつけるには、偶然を手なずけるコツも必要である。

そのノウハウは、すでに本書を読み終えた読者には明らかだろう。

二〇二〇年一一月

注と情報源

本書の内容に関連するさらなる詳細や情報源の一部を以下に挙げておく。可能なかぎり、インターネット上での閲覧のために、ウェブサイトのリンクを添えてある。当然ながら、ウェブの世界は刻々と変化するから、みなさんが閲覧しようとしたときには、すでに無効になっているリンクもあるかもしれない。また、ウェブアドレスのなかにはコンピューターで入力するのが面倒なものもあるだろうから、クリックするだけでウェブサイトを表示できる注のバージョンを、http://www.probability.ca/kow に用意しておく。

第1章　あなたは運を信じていますか？

1. このインタビューは、メアリー・イトウが司会を務めるCBCラジオの「フレッシュ・エア」という番組の、2014年3月16日（聖パトリック祭の前日）放送分のために行なわれた。
2. 辞書もあまり役に立たない。たとえばメリアム・ウェブスター (https://www.merriam-webster.com/dictionary/luck) は、luck（運）をまず、「幸運あるいは不運をもたらす力」と定義している。つまり、必然の運ということだ。けれど、そのすぐ後に、次のような第二の定義が続く。「個人に有利に、あるいは不利に、働く出来事あるいは状況」。これは特別な力も意味も持たないランダムな運のように思える。

第2章　ラッキーな話

1. バーンズの1785年の詩「ネズミへ——巣の中のネズミを鋤(すき)で掘り返す（To a Mouse, on Turning Her Up in Her Nest with the Plough）」は、http://www.robertburns.org/works/75.shtml で閲覧可能。
2. たとえば、Patrick Bernauw, "The Curse of *Macbeth*," *Unexplained Mysteries*, August 10, 2009, https://www.unexplained-mysteries.com/column.php?id=160421 を参照のこと。
3. この番組は、トロントのラジオ局1050 CHUMでディニ・ペティが司会をしていた。私のインタビューは2005年9月13日に収録され、2005年10月14日に放送された。2005年10月16日にも再放送されている。
4. そのようなクラップスの「スクール」の一例は、Dice Coach: https://www.dicecoach.com/settingclass.asp が提供しているクラスだ。.
5. たとえば、Mathew Jedeikin, "The Creepy Reason Why a Rabbit's Foot Is So Lucky," *OMG Facts*, September 21, 2016, https://omgfacts.com/the-creepy-

reason-why-a-rabbits-foot-is-so-lucky を参照のこと。

6. たとえば、"Four Leaf Clover," GoodLuckSymbols.com, https://goodlucksymbols.com/four-leaf-clover/ および、Acik Mardhiyanti, "The Meaning of Four-Leaf Clover," *My Wonderful Journey*, April 9, 2016, http://acikmdy-journey.blogspot.ca/2016/04/the-meaning-of-four-leaf-clover.html を参照のこと。

7. たとえば、"Horseshoe Superstition," *Psychic Library*, http://psychiclibrary.com/beyondBooks/horseshoe-superstition/; W.J. Rayment, "Luck and Horseshoes," InDepthInfo.com, http://www.indepthinfo.com/horseshoes/luck.htm および、"Good Luck Horseshoe," GoodLuckSymbols.com, https://goodlucksymbols.com/good-luck-horseshoe/ を参照のこと。

8. たとえば、"Ladder Superstition," *Psychic Library*, http://psychiclibrary.com/beyondBooks/ladder-superstition/; Debra Ronca, "Why Is Walking under a Ladder Supposed to Be Unlucky?," *How Stuff Works*, August 6, 2015, https://people.howstuffworks.com/why-is-walking-under-ladder-unlucky.htm および、Chris Welsh, "Walking Under a Ladder," *Timeless Myths*, updated April 24, 2018, http://www.timelessmyths.co.uk/walking-under-a-ladder.html.

9. たとえば、Evan Andrews, "Why do people knock on wood for luck?," *History*, August 29, 2016, https://www.history.com/news/ask-history/why-do-people-knock-on-wood-for-luck を参照のこと。

10. たとえば、Hannah Keyser, "Why Do We Cross Our Fingers For Good Luck?," *Mental Floss*, March 21, 2014, http://mentalfloss.com/article/55702/why-do-we-cross-our-fingers-good-luck を参照のこと。

11. たとえば、Debra Ronca, "Why Do People Throw Salt over Their Shoulders?," *How Stuff Works*, August 6, 2015, https://people.howstuffworks.com/why-do-people-throw-salt-over-shoulders.htm を参照のこと。最後の晩餐のときに塩をこぼしたという話は、どうやらレオナルド・ダ・ヴィンチがこの場面の有名な絵を描いたときに創作したらしく、それが広まってこの迷信につながった。ただし、ダ・ヴィンチ自身は迷信を信じていなかった。Ross King, *Leonardo and the Last Supper* (London: Bloomsbury, 2012), 234–35 を参照のこと。

12. 鳥は特別な占いの力を持っており、叉骨を撫でるとその力の恩恵に与れるという考え方は、紀元前700年頃の古代エトルリア人たちにまでさかのぼる。Debra Ronca, "Why Are Wishbones Supposed to Be Lucky?," *How Stuff Works*, August 18, 2015, https://people.howstuffworks.com/wishbones-lucky.htm および、Bryan Adams, "The Wishbone Tradition—The Lucky Break," *American Academy of Estate Planning Attorneys*, November 22, 2010, https://www.aaepa.com/2010/11/wishbone-tradition-the-lucky-break/ を参照のこと。

13. ロディカ・チ（"Jade Meaning—Ancient Strength and Serenity," *The Spruce*,

December 6, 2017, https://www.thespruce.com/jade-meaning-ancient-strength-and-serenity-1274373）によると、翡翠は「風水で幸運の石」であり、「富を築くことからより多くの友を引き寄せることまで、さまざまな目的で使う」ことができるという。

14. "Black Cats—Lucky or Unlucky?," *International Cat Care*, https://icatcare.org/black-cat-week-unlucky-or-lucky; "Those Lucky Black Cats," *Full Circle*, August 27, 2007, http://fullcirclenews.blogspot.ca/2007/08/black-cats.html および、Becky Pemberton, "Supurrstitions: Is a Black Cat Crossing Your Path Bad Luck or Good Luck? The Superstition Explained," *Sun* (London), October 31, 2017, https://www.thesun.co.uk/fabulous/4676046/black-cat-crossing-path-good-luck-bad-luck-superstition-explained/ を参照のこと。

15.「静穏の祈り」は1932年にラインホルド・ニーバーが書いたとされている。Fred Shapiro, "Who Wrote the Serenity Prayer?," *Chronicle of Higher Education*, April 28, 2014, http://www.chronicle.com/article/Who-Wrote-the-Serenity-Prayer-/146159/ を参照のこと。

第3章　運の力

1. パーカーは、ホノルルのすぐ南東のワイキキ・ビーチにいた。
2. たとえば、Brian R. Ballou, "On a Beach, Brotherhood," *Boston Globe*, April 28, 2011, http://archive.boston.com/news/local/massachusetts/articles/2011/04/28/twist_of_fate_brings_half_brothers_together_in_hawaii/; "'Do You Mind Taking Our Picture?': Long-Lost Brothers Reunited by Photo-op in Hawaii," *Daily Mail* (London), April 30, 2011, http://www.dailymail.co.uk/news/article-1382303/Do-mind-taking-picture--Long-lost-brothers-reunited-photo-op-Hawaii.html; Lynne Klaft, "Chance Unites Brothers," reproduced on the WutangCorp.com forum at http://www.wutang-corp.com/forum/showthread.php?t=108639 および、Adam Hunter, "Inexplicable Coincidence on a Hawaiian Beach," *Guideposts*, May 5, 2011, https://www.guideposts.org/blog/inexplicable-coincidence-on-a-hawaiian-beach を参照のこと。
3. さらに詳しくは、Pat Shellenbarger, "Man's Journey to Find Birth Mom Ends—at Work," *Seattle Times*, December 19, 2007, https://www.seattletimes.com/nation-world/mans-journey-to-find-birth-mom-ends-8212-at-work/ を参照のこと。追跡記事は、Shellenbarger, "Reunion of Man, Birth Mother Who Both Worked at Lowe's Enriches Lives of All," *Grand Rapids Press*, May 10, 2009, http://www.mlive.com/news/grand-rapids/index.ssf/2009/05/reunion_of_man_birth_mother_wh.html も参照のこと。
4. 詳細と品々の写真は、Marija Georgievska, "Looking for a Hammer: The

Largest Hoard of Roman Silver & Gold Found with a Metal Detector," *Vintage News*, November 19, 2016, https://www.thevintagenews.com/2016/11/19/looking-for-a-hammer-the-largest-hoard-of-roman-silver-gold-found-with-a-metal-detector/ を参照のこと。Tommy Gee, "Eric Lawes Obituary," *Guardian* (London), July 23, 2015, https://www.theguardian.com/uk-news/2015/jul/23/eric-lawes も参照のこと。

5. アトミック・ヘリテージ財団が時系列に沿ってまとめた詳細な記録を、http://www.atomicheritage.org/history/hiroshima-and-nagasaki-bombing-timeline で参照のこと。
6. たとえば、"Tsunami 2004," YouTube, uploaded July 1, 2017, https://www.youtube.com/watch?v=rRpAzsehLGA を参照のこと。
7. たとえば、Andrea Woo and Josh O'Kane, "Michael Buble Putting Career on Hold, Three-Year-Old Son Noah Has Cancer," *Globe and Mail* (Toronto), November 4, 2016, http://www.theglobeandmail.com/news/national/michael-buble-putting-career-on-hold-three-year-old-son-noah-has-cancer/article32674453/ を参照のこと。
8. 『USウィークリー』誌は2017年12月20日に、ブーブレの息子は「ポジティブな予後診断」を受け、「健康を回復」している、と報じた。"Michael Buble Is 'Ready to Think About' Working Again After Son's Cancer Battle," *Us Weekly*, December 20, 2017, https://www.usmagazine.com/celebrity-news/news/michael-buble-ready-to-work-again-after-sons-cancer -battle/ を参照のこと。
9. レオーネの言葉は、Rotten Tomatoes という映画批評ウェブサイトに引用されている（https://www.rottentomatoes.com/m/the_good_the_bad_and_the_ugly/）。
10. たとえば、"Lottery Winner Dies Weeks after Cashing in $1 Million Scratch-Off Ticket," *Eyewitness News* (WLS-TV Chicago), January 30, 2018, http://abc7chicago.com/3008129 を参照のこと。
11. 1942年から43年にかけての「厳寒の冬」の描写は、Ron H. Pahl, *Breaking Away from the Textbook: Creative Ways to Teach World History*, vol. 2, *The Enlightenment through the 20th Century* (Lanham MD: ScarecrowEducation, 2002), 145 に見られる。パルは次のようにも書いている。ヒトラーの「攻撃は入念に計画されていた。彼の軍隊は、十分な数の飛行機や戦車や兵員とともに戦地に向かったが、彼が自分の計画に組み込まなかったことが1つだけあった。それは、ロシアの冬だ」。同様に、Jan Palmowski and Christopher Riches, *A Dictionary of Contemporary World History*, 4th ed. (Oxford: Oxford University Press, 2016) では、ドイツ軍は1943年1月の降伏に先立ち、「厳しい寒さによって弱体化していた」と記述されている。

12. 2017年6月3日にニューハンプシャー州ケイナンのカーディガン・マウンテン・スクールで第9学年の卒業式でロバーツが行なったスピーチの動画が、『ワシントン・ポスト』紙のウェブサイトの記事に添えられている。Robert Barnes, "The Best Thing Chief Justice Roberts Wrote This Term Wasn't a Supreme Court Opinion," *Washington Post*, July 2, 2017, https://www.washingtonpost.com/politics/courts_law/the-best-thing-chief-justice-roberts-wrote-this-term-wasnt-a-supreme-court-opinion/2017/07/02/b80a5afa-5e6e-11e7-9fc6-c7ef4bc58d13_story.html. このスピーチの全文を含む別の記事としては、Katie Reilly, "'I Wish You Bad Luck.' Read Supreme Court Justice John Roberts' Unconventional Speech to His Son's Graduating Class," *Time*, July 5, 2017, http://time.com/4845150/chief-justice-john-roberts-commencement-speech-transcript/ を参照のこと。
13. Joe Weisenthal, "We Love What Warren Buffett Says about Life, Luck, and Winning the 'Ovarian Lottery,'" *Business Insider*, December 10, 2013, http://www.businessinsider.com/warren-buffett-on-the-ovarian-lottery-2013-12/ を参照のこと。

第4章　私が生まれた日

1. たとえば、Elisabeth Fraser,"Try Avoiding Bad Luck Today by Forgetting It's Friday the 13th," CBC News, January 13, 2017, http://www.cbc.ca/news/canada/new-brunswick/friday-the-13th-1.3932644 を参照のこと。
2. たとえば、John Roach, "Friday the 13th Superstitions Rooted in Bible and More," *National Geographic*, May 14, 2011, https://news.nationalgeographic.com/news/2011/05/110513-friday-the-13th-superstitions-triskaidekaphobia/ を参照のこと。あるいは、"The 13th Guest," *Neatorama*, February 13, 2015, http://www.neatorama.com/2015/02/13/The-13th-Guest/ の活き活きとした描写を参照のこと。
3. たとえば、Dean Burnett, "Friday the 13th: Why Is It 'Unlucky'?," *Guardian* (London), February 13, 2015, https://www.theguardian.com/science/brain-flapping/2015/feb/13/friday-13th-unlucky-why-science-psychology および、それに関連した "Is Friday the 13th Really Unlucky?," *IFLScience*, http://www.iflscience.com/editors-blog/friday-13th-really-unlucky-day/ の考察を参照のこと。
4. ローソンの小説は、さまざまなデジタルフォーマットで、https://www.gutenberg.org/files/12345/12345-h/12345-h.htm で無料で閲覧可能。
5. 帆船トマス・W・ローソン号の歴史的考察については、たとえばAnthony F. Sarcone and Lawrence S. Rines, "A History of Shipbuilding at Fore River,"

Quincy's Shipbuilding Heritage, http://thomascranelibrary.org/shipbuildingheritage/history/historyindex.html; "Thomas W. Lawson," http://www.fleetsheet.com/lawson.htm および、"My Favorite Schooner," *Schooner Freedom Charters*, June 14, 2014, http:// www.schoonerfreedom.com/my-favorite-schooner/ を参照のこと。

6. Clyde Haberman, "A Reading to Recall the Father of Tevye," *New York Times*, May 17, 2010, http://www.nytimes.com/2010/05/18/nyregion/18nyc.html を参照のこと。

7. Fiammetta Rocco, "Ma'am Darling: The Princess Driven by Loyalty and Duty," *Independent* (London), February 25, 1998, https://www.independent.co.uk/news/maam-darling-the-princess-driven-by-loyalty-and-duty-1146783.html を参照のこと。

8. その町は、オンタリオ州ポート・ドーヴァーだ。この催しのウェブサイト http://www.pd13.com/pages/1354815191/Origins を参照のこと。ウィキペディアの "Friday the 13th Motorcycle Rally" のページ（https://en.wikipedia.org/wiki/Friday_the_13th_motorcycle_rally）には、ニュース報道へのリンクがいくつか挙げられている。

9. Laurie Ulster, "Happy Friday the 13th: Celebrities & Their Superstitions," Biography.com, April 11, 2018, http://www.biography.com/news/celebrity-superstitions を参照のこと。

10. Joseph Ditta, "Friggatriskaidekaphobes Need Not Apply," *From the Stacks*, New York Historical Society, January 13, 2012, http://blog.nyhistory.org/friggatriskaidekaphobes-need-not-apply/ を参照のこと。Sadie Stein, "Morituri te Salutamus," *Paris Review*, March 13, 2015, https://www.theparisreview.org/blog/2015/03/13/morituri-te-salutamus/ も参照のこと。

11. Hans Decoz, "Friday the 13th: Numerology's Take on Luck and Superstition," Numerology.com, http://www.numerology.com/numerology-news/friday-the-13th-numerology を参照のこと。

12. T. J. Scanlon, Robert N. Luben, F. L. Scanlon, and Nicola Singleton, "Is Friday the 13th Bad for Your Health?," *British Medical Journal* 307, no. 6919 (December 18, 1993): 1584–86, http://www.bmj.com/content/307/6919/1584 を参照のこと。この論文の表Iによれば、ロンドンを取り巻く環状高速道路M25の南区間における総通行車両数は、6日の金曜日5日分で128万3853台、13日の金曜日5日分で126万5495台だそうで、これは 1,265,495 /1,283,853 = 0.9857 ≒ 0.986 = 1 − 0.014 という割合になり、1.4%の減少に相当する。この数値は、対象となる車の総数が多いために統計的に有意だ。また、表Vによれば、南西テムズ地区での交通事故による入院者の総数は6日の金曜日6日分

で45人、13日の金曜日6日分で65人だそうで、これは65/45 = 1.4444 ≒ 1.44という割合になり、44%の増加に相当する。この論文は、この数値も統計的に有意だと主張している（“$p < 0.05$”）が、無料の統計ソフトウェア・パッケージのR（https://cran.r-project.org/ で入手可能）の “poisson.test(c(45,65))” を使って私が計算してみると、実際のp値は0.06957で、これは0.05より大きく、じつは統計的に有意とまでは言えないことがわかる。

13. Remy Melina, “Statistically Speaking, Is Friday the 13th Really Unlucky?,” *LiveScience*, January 13, 2012, https://www.livescience.com/17900-statistically-speaking-friday-13th-unlucky.html を参照のこと。

14.『ブリティッシュ・メディカル・ジャーナル』のクリスマス特集号は、同誌のウェブサイト http://www.bmj.com/about-bmj/resources-authors/article-types/christmas-issue で取り上げられている。同誌のクリスマス特集号に掲載された論文の遡及調査については、Navjoyt Ladher, “Christmas Crackers: Highlights from Past Years of *The BMJ*'s Seasonal Issue,” *British Medical Journal* 355, no.8086 (December 17, 2016): i6679, http://www.bmj.com/content/355/bmj.i6679 を参照のこと。

15. Simo Nähyä. “Traffic Deaths and Superstition on Friday the 13th,” *American Journal of Psychiatry* 159, no. 12 (December 2002): 2110–11, http://ajp.psychiatryonline.org/doi/abs/10.1176/appi.ajp.159.12.2110.

16. Igor Radun and Heikki Summala, “Females Do Not Have More Injury Road Accidents on Friday the 13th,” *BMC Public Health* 4 (2004), https://bmcpublichealth.biomedcentral.com/articles/10.1186/1471-2458-4-54.

17. “Friday 13th Not More Unlucky, Study Shows,” *Reuters*, June 12, 2008, http://www.reuters.com/article/us-luck-odd-idUSHER25778420080612 を参照のこと。

18. http://andrewgelman.com/2008/08/22/friday_the_13th_1/ に引用された “Datacharmer” によるコメントを参照のこと。

19. Aristomenis K. Exadaktylos et al., “Friday the 13th and Full-Moon: The ‘Worst Case Scenario’ or only Superstition?,” *American Journal of Emergency Medicine* 19, no. 4 (July 2001): 319–20.

20. Melanie Wright, “Coincidence? 13 Really Is the Unlucky Number,” *Telegraph* (London), November 19, 2005, http://www.telegraph.co.uk/finance/personalfinance/2926352/Coincidence-13-really-is-the-unlucky-number.html.

21. https://www.lottery.co.uk/lotto/statistics で閲覧可能の the National Lottery Lotto Number Frequency Table を参照のこと。

22. 2017年8月2日に https://www.lottery.co.uk/lotto/statistics で検索した “Oct 2015 to Present” の抽選期間に基づく。全体の平均は、この期間の抽選の総数（189回）に、毎回選ばれるボールの個数（6個）を掛け、選ぶことのできる

ボールの個数（59個）で割り、189 × 6 / 59 = 19.22034 ≒ 19.2 となる。

23. たとえば、https://www.ctlottery.org/Modules/FCharts/default.aspx?id=5 の the Powerball Frequency Chart を参照のこと。

24. 2017年8月2日に検索した、ロト6/49の統計ウェブサイト http://www.lotto649stats.com/overall_frequency.html で閲覧可能のデータ（“Overall 1982 to Present without Bonus”）に基づく。

25. パワーボールに対しては、R で “poisson.test(11,13.84)” という命令を実行すると、0.5887 という p 値が得られる。ロト6/49に対しては、“poisson.test(402,428.3)” を使うと、0.209 という p 値が得られる。だから、どちらの p 値も 0.05 よりずっと大きいので、統計的に有意ではないことがわかる。

第5章　私たちは魔法好き

1. Richard Webster, *The Encyclopedia of Superstitions* (Woodbury, MN: Llewellyn Publications, 2008) を参照のこと。

2. “Special Interviews with M. Night Shamylan [*sic*] and the Cast of *The Sixth Sense*,” YouTube, uploaded February 16, 2014, https://www.youtube.com/watch?v=cFuqtlTmNlA&t=15m19s を参照のこと。

3. Box Office Mojo のウェブサイトに示された、2016年11月4日から2017年3月16日までの、全世界での推定総収入による。“*Doctor Strange* (2016),” Box Office Mojo, http://www.boxofficemojo.com/movies/?id=marvel716.htm.

4. 彼の名前はオーウェン・アンダーソン（「南オンタリオ州じゅうの子供と家族のための、楽しさに満ちあふれたマジックショー」）で、彼のウェブサイトは http://www.owenanderson.ca.

5. Alexis Cheung, “In Pursuit of Ghosts,” *re:Porter*, October 2016, 22–31, https://static.flyporter.com/Content/reporter/54.pdf.

6. ブレット・J・タリーは、2017年11月にドナルド・トランプ大統領によってアラバマ州モンゴメリーの合衆国地方裁判所判事に指名された。タリーは2009年から2010年にかけて、タスカルーサ超常現象研究グループに所属していたらしく、超常現象について複数の本を書いている。たとえば、Gideon Resnick and Sam Stein, “Before He Was Tapped by Donald Trump, Controversial Judicial Nominee Brett J. Talley Investigated Paranormal Activity,” *Daily Beast*, November 13, 2017, https://www.thedailybeast.com/before-he-was-nominated-for-federal-court-donald-trumps-controversial-judicial-nominee-brett-j-talley-hunted-ghosts を参照のこと。

7. たとえば、Sammy Said, “The Top 10 Most Sold Board Games Ever,” TheRichest.com, https://www.therichest.com/rich-list/most-popular/the-top-10-most-sold-board-games-ever/ を参照のこと。

8. アーロン・ブーンは2003年7月31日にシンシナティ・レッズからヤンキースにトレードされ、2003年10月16日の対レッドソックス戦の11回にホームランを打った。
9. たとえば、Jill Martin, "Believe It! Chicago Cubs End the Curse, Win 2016 World Series," CNN, November 3, 2016, http://www.cnn.com/2016/11/02/sport/world-series-game-7-chicago-cubs-cleveland-indians/ を参照のこと。
10. Humans of New York のウェブサイトへの投稿。http://www.humansofnewyork.com/post/151386313471/id-been-harboring-a-crush-on-him-since-5th.
11. "Serendipity Elevator," YouTube, uploaded June 15, 2007, https://www.youtube.com/watch?v=rrvKt7GNSco
12. サラ・ワット脚本・監督の映画『マイ・イヤー・ウィズアウト・セックス』の詳細は、http://www.imdb.com/title/tt1245358/ で閲覧可能。その宝くじ券については、Linda Burgess, "Film Review: My Year Without Sex," Stuff.com, November 13, 2009, http://www.stuff.co.nz/entertainment/film/film-reviews/3015317/Film-review-My-Year-Without-Sex で簡単に触れられている。
13. たとえば、Brandi Reissenweber, "What's This Business about 'Chekhov's Gun'?," *Gotham Writers*, https://www.writingclasses.com/toolbox/ask-writer/whats-this-business-about-chekhovs-gun を参照のこと。

第7章　運にまつわる話、再び

1. Ashifa Kassam, "Canadian Woman, 84, Finds Long-Lost Diamond Ring Wrapped around Carrot," *Guardian* (London), August 16, 2017, https://www.theguardian.com/world/2017/aug/16/canadian-woman-engagement-ring-carrot を参照のこと。
2. 1から49までの数のなかの6つの数のうち4つを正しく選ぶ確率は、$[\{(6\times5\times4\times3)/(4\times3\times2\times1)\}\times\{(43\times42)/(2\times1)\}]/\{(49\times48\times47\times46\times45\times44)/(6\times5\times4\times3\times2\times1)\}\fallingdotseq0.0009686197$ で、1000分の1をわずかに下回る。
3. たとえば、"Total Number of Existing and New Car Models Offered in the U.S. Market from 2000 to 2017," Statista.com, https://www.statista.com/statistics/200092/total-number-of-car-models-on-the-us-market-since-1990 を参照のこと。

第8章　ラッキーなニュース

1. Fiona Mathews, Paul J. Johnson, and Andrew Neil, "You Are What Your Mother Eats: Evidence for Maternal Preconception Diet Influencing Foetal Sex in Humans," *Proceedings of the Royal Society B: Biological Sciences* 275, no. 1643

(July 22, 2008): 1661–68, http://rspb.royalsocietypublishing.org/content/275/1643/1661.

2. たとえば、"You Are What Your Mother Eats," *University of Exeter*, April 25, 2008, http://www.exeter.ac.uk/news/archive/2008/april/title_626_en.html を参照のこと。

3. たとえば、Amy A. Gelfand, "Acupuncture for Migraine Prevention: Still Reaching for Convincing Evidence," *Journal of the American Medical Association: Internal Medicine* 177, no. 4 (April 2017): 516–17, https://jamanetwork.com/journals/jamainternalmedicine/article-abstract/2603487 を参照のこと。

4. Ricardo de la Vega et al., "Induced Beliefs about a Fictive Energy Drink Influences 200-m Sprint Performance," *European Journal of Sport Science* 17, no. 8 (2017): 1084–89, https://www.ncbi.nlm.nih.gov/pubmed/28651483 を参照のこと。

5. たとえば、S. Stanley Young, Heejung Bang, and Kutluk Oktay, "Cereal-Induced Gender Selection? Most Likely a Multiple Testing False Positive," *Proceedings of the Royal Society B: Biological Sciences* 276, no. 1660 (April 7, 2009): 1211–12), http://rspb.royalsocietypublishing.org/content/276/1660/1211 を参照のこと。"Study Refutes Notion that Eating a Certain Cereal Will Result in More Male Babies," *ScienceDaily*, January 17, 2009, https://www.sciencedaily.com/releases/2009/01/090114075759.htm も参照のこと。

6. たとえば、"Teen Saves Life of Woman Who Saved Him," NBC News, February 5, 2006, http://www.nbcnews.com/id/11190559/ns/us_news-weird_news/t/teen-saves-life-woman-who-saved-him/ を参照のこと。

7. たとえば、デューク大学図書館の Digital Collections, http://library.duke.edu/digitalcollections/oaaaarchives_BBB2576/ で、このスローガンが書かれたコネティカット州の古い広告板を参照のこと。

8. この短篇は、http://faculty.smu.edu/nschwart/2312/lifeyousave.htm で閲覧可能。

9. Schlitz Playhouse of Stars アンソロジー・シリーズで、たんに "The Life You Save" と題されたエピソード（http://www.imdb.com/title/tt0394872/）。

10. https://www.youtube.com/watch?v=yQVYQET0Yh0 で抜粋を参照のこと。

11. アメリカ心臓協会（http://www.heart.org/HEARTORG/CPRAndECC/WhatisCPR/CPRFactsandStats/CPR-Statistics_UCM_307542_Article.jsp）によると、アメリカでは毎年、病院外で約35万件の心停止が起こっており、そのうち約46%がただちに処置を受け、そのうち約25%が助かるという。だから、

毎年「心肺蘇生法によって救われる心停止」の事例数は（ハイムリック法など、ほかの心肺蘇生法によって救われる命を数えなかったとしてもなお）、約 $350{,}000 \times 0.46 \times 0.25 \doteqdot 40{,}000$ となる。また、1億人近いアメリカ人（人口の30％近く）が、心肺蘇生法のやり方を知っているので、心肺蘇生法を知っている1人の特定のアメリカ人が今年誰かの命を救う可能性は、約 $40{,}000 / 100{,}000{,}000$ 、つまり2500分の1ほどある。仮に、アメリカ人がそれぞれ5万人から成る6000の「コミュニティ（小さな町、あるいは、大都市内の特定の社会的グループ）に分かれているとしよう。その場合、Aさんと Bさんが同じコミュニティにいて、ともに心肺蘇生法のやり方を知っていれば、今年AさんがBさんの命を救う可能性は、約 $2{,}500 \times 50{,}000 \doteqdot 1.25 \times 10^8$ 分の1となる。だから、2人が今年互いの命を救う可能性は、約 $(1.25 \times 10^8)^2 \doteqdot 1.5 \times 10^{16}$ 分の1となる。心肺蘇生法のやり方を知っているアメリカ人を2人、完全にランダムに選べば、同じコミュニティにいる可能性は6000分の1あるので、今年その2人が互いの命を救う可能性は、約 $1.5 \times 10^{16} \times 6{,}000 \doteqdot 9 \times 10^{19}$ 分の1、つまり9000京分の1となる。

12. 先ほどの計算を続け、私が80歳まで生きると仮定し、Aさんと Bさんが同じコミュニティにいて、ともに心肺蘇生法のやり方を知っていれば、私が生きているあいだのある時点でAさんがBさんの命を救う確率は、約 $80 / (1.25 \times 10^8) \doteqdot 1 / (1.5 \times 10^6)$ で、約150万分の1となる。だから、私が生きているあいだにAさんとBさんが互いの命を救う可能性は、約 $(1.5 \times 10^6)^2 \doteqdot 2.25 \times 10^{12}$ 分の1となる。さらに、どのコミュニティにも心肺蘇生法のやり方を知っている人は、約 $50{,}000 \times 30\% \doteqdot 15{,}000$ 人いるので、各コミュニティにいるAさんとBさんのようなペアの数は、約 $(15{,}000 \times 14{,}999 / 2 \times 1) \doteqdot (15{,}000)^2 / 2 = 112{,}500{,}000$ となる。アメリカには約6000のコミュニティがあるので、私が生きているあいだに互いの命を救うそのようなペアが存在する確率は、約 $6{,}000 \times 112{,}500{,}000 / (2.25 \times 10^{12})$ で、0.3つまり約1/3となる。

13. "Most Lightning Strikes Survived," *Guinness World Records*, http://www.guinnessworldrecords.com/world-records/most-lightning-strikes-survived を参照のこと。

14. Hank Burchard, "Lightning Strikes 4 Times," *Lakeland Ledger*, May 2, 1972, https://news.google.com/newspapers?nid=1347&dat=19720502&id=OScVAAAAIBAJ&sjid=afoDAAAAIBAJ&pg=7465,354926 での、彼の初期の落雷経験の明瞭な説明も参照のこと。

15. 国立落雷安全研究所による。ロナルド・L・ホールがまとめたデータに基づく。"Lightning Deaths in the United States—Weighted by Population, 1990 to 2003," National Lightning Safety Institute, http://lightningsafety.com/nlsi_lls/fatalities_us.html を参照のこと。

16. たとえば、“Celebrities Talk, ‘The Law of Attraction’ (So Inspiring!),” YouTube, uploaded December 19, 2014, https://www.youtube.com/watch?v=xfSLm7swfp4; “Oprah Winfrey Speaks about the Secret—Law of Attraction and How to Use It!,” YouTube, uploaded May 9, 2013, https://www.youtube.com/watch?v=-Zm3-exDWIg および、“Steve Harvey Talks about the Law of Attraction . . . It Works!,” YouTube, uploaded March 27, 2013, https://www.youtube.com/watch?v=zrE7dq1b9fc を参照のこと。

17.『ニューヨーク・タイムズ』紙のウェブサイトで内容と動画を参照のこと。Giovanni Russonello, “Read Oprah's Golden Globes Speech,” *New York Times*, January 7, 2018, https://www.nytimes.com/2018/01/07/movies/oprah-winfrey-golden-globes-speech-transcript.html. 動画は、Golden Globes, “Oprah Winfrey Receives the Cecil B. deMille Award—Golden Globes 2018,” YouTube, uploaded January 7, 2018, https://www.youtube.com/watch?v=LyBims8OkSY でも閲覧可能。

18. “Cancer Angel on the Couch 03/07,” YouTube, uploaded September 1, 2009, https://www.youtube.com/watch?v=7uf-5yuRiPs を参照のこと。Weston Kosova, “Why Health Advice on ‘Oprah’ Could Make You Sick,” *Newsweek*, May 29, 2009, http://www.newsweek.com/why-health-advice-oprah-could-make-you-sick-80201; Bart B. van Bockstaele, “Kim Tinkham, the Woman Whom Oprah Made Famous, Dead at 53,” *Digital Journal*, December 8, 2010, http://www.digitaljournal.com/article/301197; Beatis, “Alternative Medicine: Double Corruption,” *Anaximperator Blog*, February 23, 2011, https://anaximperator.wordpress.com/2011/02/23/alternative-medicine-double-corruption/ および、Beatis, “Quack Victim Kim Tinkham Dies of Breast Cancer,” *Anaximperator Blog*, December 8, 2010, https://anaximperator.wordpress.com/2010/12/08/orac-of-respectful-insolence-just-announced-that-kim-tinkham-has-died-of-breast-cancer/ も参照のこと。

19. Yilun Wang and Michal Kosinski, “Deep Neural Networks Are More Accurate than Humans at Detecting Sexual Orientation from Facial Images,” *OSFHome*, February 15, 2017, https://osf.io/zn79k/.

20. “Advances in AI Are Used to Spot Signs of Sexuality,” *Economist*, September 9, 2017, https://www.economist.com/news/science-and-technology/21728614-machines-read-faces-are-coming-advances-ai-are-used-spot-signs および、“Row over AI that ‘Identifies Gay Faces,’” BBC News, September 11, 2017, http://www.bbc.com/news/technology-41188560 を参照のこと。Blaise Agüera y Arcas, Alexander Todorov, and Margaret Mitchell, “Do Algorithms Reveal Sexual Orientation or Just Expose Our Stereotypes?,” *Medium*, https://

medium.com/@blaisea/do-algorithms-reveal-sexual-orientation-or-just-expose-our-stereotypes-d998fafdf477 の追跡調査も参照のこと。

21. 既出の BBC の記事で引用されたグラスゴー大学のベネディクト・ジョーンズ教授の言葉。

22. Alec T. Beall and Jessica L. Tracy, "Women Are More Likely to Wear Red or Pink at Peak Fertility," *Psychological Science* 24, no. 9 (September 2013): 1837–41, http://ubc-emotionlab.ca/wp-content/files_mf/bealandtracypsonlinefirst.pdf.

23. たとえば、Rachael Rettner, "Fertile Women More Likely to Wear Red," *LiveScience*, May 28, 2013, https://www.livescience.com/34737-fertile-peak-women-wear-red.html; Seriously Science, "Women Are More Likely to Wear Red or Pink at Peak Fertility," *Discover*, July 22, 2013, http://blogs.discovermagazine.com/seriously-science/2013/07/22/women-are-more-likely-to-wear-red-or-pink-at-peak-fertility/#.WaltiN8QTmE および、Justin Lehmiller, "Women Reach for Red and Pink Clothes during Ovulation," Sex & Psychology by Dr. Justin Lehmiller, July 31, 2013, http://www.lehmiller.com/blog/2013/7/31/women-reach-for-red-and-pink-clothes-during-ovulation を参照のこと。

24. Andrew Gelman, "Too Good to Be True," *Slate*, July 24, 2013, http://www.slate.com/articles/health_and_science/science/2013/07/statistics_and_psychology_multiple_comparisons_give_spurious_results.html.

25. Jessica Tracy and Alec Beall, "Too Good Does Not Always Mean Not True," *UBC Emotion and Self Lab*, July 30, 2013, http://ubc-emotionlab.ca/2013/07/too-good-does-not-always-mean-not-true/.

26. Catriona Harvey-Jenner, "So THIS Is Why Women's Periods Tend to Sync Up," *Cosmopolitan*, July 25, 2016, http://www.cosmopolitan.com/uk/body/health/news/a44886/why-womens-periods-sync-up/.

27. Martha K. McClintock, "Menstrual Synchrony and Suppression," *Nature* 229 (1971): 244–45.

28. たとえば、H. Clyde Wilson, "A Critical Review of Menstrual Synchrony Research," *Psychoneuroendocrinology* 17, no. 6 (November 1992): 565–91 を参照のこと。

29. たとえば、H. Clyde Wilson, Sarah Hildebrandt Kiefhaber, and Virginia Gravel, "Two Studies of Menstrual Synchrony: Negative Results," *Psychoneuroendocrinology* 16, no. 4 (1991): 353–59; Beverly I. Strassmann, "Menstrual Synchrony Pheromones: Cause for Doubt," *Human Reproduction* 14, no. 3 (March 1999): 579–80, https://academic.oup.com/humrep/

article/14/3/579/632869/Menstrual-synchrony-pheromones-cause-for-doubt および、Zhengwei Yang and Jeffrey C. Schank, "Women Do Not Synchronize Their Menstrual Cycles," *Human Nature* 17, no. 4 (December 2006): 433–47 を参照のこと。

30. Beverly I. Strassmann, "The Biology of Menstruation in Homo Sapiens: Total Lifetime Menses, Fecundity, and Nonsynchrony in a Natural-Fertility Population," *Current Anthropology* 38, no. 1 (February 1997): 123–29. ストラスマンは、「女性の月経開始は独立しているという帰無仮説は退けることはできない」と結論している。

31. たとえば、Anna Gosline, "Do Women Who Live Together Menstruate Together?," *Scientific American*, December 7, 2007, https://www.scientificamerican.com/article/do-women-who-live-together-menstruate-together/; Luisa Dillner, "Do Women's Periods Really Synchronise When They Live Together?," *Guardian* (London), August 15, 2016, https://www.theguardian.com/lifeandstyle/2016/aug/15/periods-housemates-menstruation-synchronise および、Charlotte McDonald, "Is It True that Periods Synchronise When Women Live Together?," BBC News, September 7, 2016, http://www.bbc.com/news/magazine-37256161 を参照のこと。

32. M. A. Arden, L. Dye, and A. Walker, "Menstrual Synchrony: Awareness and Subjective Experiences," *Journal of Reproductive and Infant Psychology* 17, no. 3 (1999): 255–65, http://www.tandfonline.com/doi/abs/10.1080/02646839908404593 および、Breanne Fahs, "Demystifying Menstrual Synchrony: Women's Subjective Beliefs about Bleeding in Tandem with Other Women," *Women's Reproductive Health* 3, no. 1 (2016): 1–15 を参照のこと。

33. たとえば、クリーヴランド・クリニックは「ほとんどの女性は3～5日出血するが、わずか2日しか続かない月経から7日に及ぶものまでもが、正常と考えられている」と書いている (https://my.clevelandclinic.org/health/articles/10132-normal-menstruation) 。

34. McDonald, "Is It True that Periods Synchronise When Women Live Together?" に引用された、オックスフォード大学のアレグザンドラ・アルヴァーニェ生物文化人類学准教授の言葉。

第9章　この上ない類似

1. Sima Sahar Zerehi, "'I Won the DNA Lottery': Woman Finds Biological Father after Lifelong Search," CBC News, August 7, 2016, http://www.cbc.ca/news/canada/north/nunavut-woman-finds-biological-father-1.3709705.

2. Marsha Lederman, "Two Friends in Calgary Discover They Are Really Long-

Lost Brothers," *Globe and Mail* (Toronto), July 26, 2013, https://beta.theglobeandmail.com/news/national/at-50-and-46-friends-discover-they-are-really-long-lost-brothers/article13469118/.

3. ChildTrends.com (https://www.childtrends.org/indicators/adopted-children)によれば、アメリカの子供の約2%が養子だという。Lee Helland, "Level of Involvement for Birth Parents," Parents.com, https://www.parents.com/parenting/adoption/parenting/level-of-involvement-for-birth-parents によると、養子の36%が実の家族と何らかの接触を持っているという。これは、およそ323,000,000 × 0.02 × 0.36人、つまり約230万人の養子に相当する。2002年に発表されたある論文は、2000年のある1か月間にオレゴン州だけでも、2529人が出生記録を請求し、そのうち約15%（論文のサンプル221人のうち33人）、すなわち379人が生みの母を首尾良く見つけたとしている。Julia C. Rhodes et al., "Releasing Pre-Adoption Birth Records: A Survey of Oregon Adoptees," *Public Health Reports* 117, no. 5 (September/October 2002): 463–71.

4. "Lincoln–Kennedy Coincidences Urban Legend," Wikipedia, https://en.wikipedia.org/wiki/Lincoln-Kennedy_coincidences_urban_legend; David Mikkelson, "Lincoln and Kennedy Coincidences," *Snopes*, October 30, 2017, https://www.snopes.com/fact-check/linkin-kennedy/; Bruce Martin, "Coincidences: Remarkable or Random?," *Skeptical Inquirer* 22, no. 5 (September/October 1998), http://www.csicop.org/si/show/coincidences_remarkable_or_random; Ron Kurtus, "Similarities between the Assassinations of Kennedy and Lincoln (1860s and 1960s)," Ron Kurtus' School for Champions, July 10, 2015, http://www.school-for-champions.com/history/lincolnjfk.htm および、Brian Galindo, "10 Weird Coincidences between Abraham Lincoln and John F. Kennedy," *Buzzfeed*, https://www.buzzfeed.com/briangalindo/10-weird-coincidences-between-abraham-lincoln-and-john-f-ken など、多くの考察を参照のこと。

5. たとえば、Behind the Name (https://surnames.behindthename.com/names/length/7) の1184のそうした名字のリストを参照のこと。

第11章　運に守られて

1. たとえば、人口の2%が泥棒で、別の2%がとても親切で外向的なので自発的かつ正直に助けを申し出てくれるとしよう。もしあなたがランダムに1人選んだら、その人が泥棒である可能性は2%しかない。けれど、手助けを申し出る人のまる半分（50%）が泥棒で、この割合のほうがはるかに大きい。

2. Carrie Miller, "Six Things Solo Travel Teaches You," *National Geographic*, August 24, 2016, http://www.nationalgeographic.com/travel/travel-interests/

tips-and-advice/six-things-solo-alone-travel-teaches-you/ を参照のこと。

3. Tom Jackman, "Trump Makes False Statement about US Murder Rate to Sheriffs' Group," *Washington Post*, February 7, 2017, https://www.washingtonpost.com/news/true-crime/wp/2017/02/07/trump-makes-false-statement-about-u-s-murder-rate-to-sheriffs-group/ での引用。
4. "The Inaugural Address," White House, January 20, 2017, https://www.whitehouse.gov/inaugural-address で全文が閲覧可能。
5. たとえば、"United States Crime Rates 1960–2016" Disaster Center, http://www.disastercenter.com/crime/uscrime.htm を参照のこと。"Crime in the United States— By Volume and Rate per 100,000 Inhabitants, 1993–2012," FBI Uniform Crime Reporting Program, https://ucr.fbi.gov/crime-in-the-u.s/2012/crime-in-the-u.s.-2012/tables/1tabledatadecoverviewpdf/table_1_crime_in_the_united_states_by_volume_and_rate_per_100000_inhabitants_1993-2012.xls および、"Crime in the United States—By Volume and Rate per 100,000 Inhabitants, 1997–2016," FBI Uniform Crime Reporting Program, https://ucr.fbi.gov/crime-in-the-u.s/2016/crime-in-the-u.s.-2016/tables/table-1 も参照のこと。
6. たとえば、"A Look Back to 2005: 'The Summer of the Gun,'" *Global News*, June 8, 2016, http://globalnews.ca/video/2750283/a-look-back-to-2005-the-summer-of-the-gun を参照のこと。
7. "'Toronto Has Lost Its Innocence,' Police Say of Boxing Day Shooting," CBC News, December 27, 2005, http://www.cbc.ca/news/canada/toronto-has-lost-its-innocence-police-say-of-boxing-day-shooting-1.569480 に引用されたサバス・キリアコウ部長刑事の言葉。
8. Christina Blizzard, "Turning Murder into Politics," *Toronto Sun*, May 25, 2007.
9. トロント市では、殺人事件は2004年には64件、2005年には80件発生しており、80 / 64 = 1.25 となる。市の人口は約250万なので、住民10万人当たりの殺人事件の発生件数は、2004年が約2.5566件、2005年が約3.1958件となる。たとえば、"Gangs and Guns," Coalition for Gun Control, https://www.webcitation.org/5tYeuI09Y?url=http://www.guncontrol.ca/English/Home/Works/gangsandguns.pdf の2ページ、および、"Homicide," Toronto Police Service Public Safety Data Portal, http://data.torontopolice.on.ca/datasets/homicide?orderBy=Occurrence_year を参照のこと。
10. トロント市では1991年に89件の殺人事件があり、人口は約228万人だったので、10万人当たり約3.9108件となる。たとえば既出の Coalition for Gun Control report, or Alek Gazdic, "Despite Rise, Police Say T.O. Murder Rate 'Low,'" CTV News, December 26, 2007, http://www.ctvnews.ca/despite-rise-

police-say-t-o-murder-rate-low-1.268936 および、Betsy Powell, "Toronto Police 'Struggling' to Solve Murders," *Toronto Star*, January 1, 2011, https://www.thestar.com/news/crime/2011/01/01/toronto_police_struggling_to_solve_murders.html を参照のこと。

11. たとえば、FBIの統計によると、2005年には人口811万5690人のニューヨーク市で、539件の謀殺と故殺があったという。これは10万人当たりに換算すると、539 / 8,115,690 × 100,000 = 6.64 となる。人口387万1077人のロサンジェルス市では489件あったので、489 / 3,871,077 × 100,000 = 12.63 となる。人口43万666人のアトランタ市は90件で、90 / 430,666 × 100,000 = 20.90 となる。人口90万932人のデトロイト市は354件で、354 / 900,932 × 100,000 = 39.29 となる。"Table 6: Crime in the United States by Metropolitan Statistical Area, 2005," FBI Uniform Crime Reporting Program, https://www2.fbi.gov/ucr/05cius/data/table_06.html

12. たとえば、カナダ統計局によれば、2005年には、ウィニペグ大都市圏の殺人事件の発生率は3.72、レジャイナ大都市圏の殺人事件の発生率は3.96、エドモントン大都市圏の殺人事件の発生率は4.19だったという。"Table 253-0004: Homicide Survey, Number and Rates (per 100,000 Population) of Homicide Victims, by Census Metropolitan Area (CMA)," Statistics Canada, http://www5.statcan.gc.ca/cansim/a26?lang=eng&retrLang=eng&id=2530004&&pattern=&stByVal=1&p1=1&p2=-1&tabMode=dataTable&csid= を参照のこと。

13. カナダ統計局のCANSIM Table 253-0004によれば、2005年にはカナダ全体では人口10万人当たり2.06件の殺人事件が発生したものの、トロント大都市圏では10万人当たり 1.98件だけだったという。

14. たとえば、"A Sequel to 'Summer of the Shark'?," CNN, May 22, 2002, http://www.cnn.com/2002/US/05/21/shark.attacks/ および、Cathy Keen, "'Summer of the Shark' in 2001 More Hype Than Fact, New Numbers Show," University of Florida, http://news.ufl.edu/archive/2002/02/summer-of-the-shark-in-2001-more-hype-than-fact-new-numbers-show.html を参照のこと。全世界では、2001年には、挑発していなかったのにサメに襲われる事件は76件発生し、5人が亡くなった。これは、85件の襲撃事件と12人の死者という前年の数値を下回る。とはいえアメリカではそのような死亡事件は、2000年には1件、2002年には0件だったのに対して、2001年には3件発生している。

15. 全米安全性評議会の https://www.nsc.org/road-safety/safety-topics/fatality-estimates での推定によると、2016年にアメリカでは自動車事故で4万327人が亡くなったという。これに対して、注5に挙げた災害センターの調査によると、1万7250件の殺人事件が発生したという。したがって、殺人の犠牲者の2.34倍の人が自動車事故で亡くなったわけだ。

16. トロント市警察の公安データポータルのデータによると、2005年から2016年までのトロント市の殺人事件の件数は、それぞれ80、70、86、70、62、63、51、56、57、58、57、74件だったという。したがって、2006年から2016年までは、どの年も2005年の80件より少なかった。大幅に少ない年もあった（たとえば、2011年は51件で、これは36%よりわずかに大きい減少だ。51/80 は 0.64を若干下回るからだ)。そして2006年は 70/80 = 0.875 となり、これは12.5%の減少に相当する。

17. たとえば、http://www.torontopolice.on.ca/publications/files/reports/2011statsreport.pdf で閲覧可能なトロント市警察の2011年の年次統計報告書の12ページによると、2011年にはトロント市内で合計3139台の自転車が盗まれたという。

18. たとえば、http://www.planecrashinfo.com/cause.htm のデータとグラフを参照のこと。

19. たとえば、アメリカの運輸統計局は、2016年のアメリカの航空旅客は9億2890万人だったという。“Annual Passengers on All U.S. Scheduled Airline Flights (Domestic & International) and Foreign Airline Flights to and from the United States, 2003-2016,” Bureau of Transportation Statistics, https://www.bts.gov/content/annual-passengers-all-us-scheduled-airline-flights-domestic-international-and-foreign.

20. たとえば、http://to70.com/safety-review-2016/ で閲覧可能の “TO70's Civil Aviation Safety Review 2016” を参照のこと。

21. ある情報源は、航空会社の1回の飛行で乗客が命を落とす可能性は2940万分の1としている。“Airplane Crash Statistics,” *Statistic Brain*, http://www.statisticbrain.com/airplane-crash-statistics/.

22. たとえば、“Major Airlines Arrival Performance,” *Tableau Public*, https://public.tableau.com/profile/flightstats#!/vizhome/AirlineMonthlyOTP2014/MajorAirlinesbyRegion を参照のこと。

23. 私の友人が気づいたように、アメリカで毎年クマに襲われて亡くなる人はおよそ2人で、それに対して、ヘビに襲われて亡くなる人は5人、ミツバチやスズメバチやジガバチに刺されて亡くなる人は48人で、溺死する人は3500人を超える。たとえば、Mike Rogers, “Bear Attacks—Killer Statistic That May Surprise You,” *Alaska Life*, July 2017, https://www.thealaskalife.com/outdoors/bear-attacks-statistic/ を参照のこと。

24. アメリカ科学者連盟のデータに基づく推定によれば、全世界の核兵器の数は1986年に6万4449でピークに達し、2014年（データが手に入る最新の年）には1万145まで減ったという。Max Roser and Mohamed Nagdy, “Nuclear Weapons,” Our World in Data, https://ourworldindata.org/nuclear-weapons.

25. 広島と長崎に投下された爆弾は、それぞれTNT換算で15キロトンと21キロトン（メガトンではない）だった。だから、4メガトンの爆弾は、広島の爆弾の約267倍強力で、長崎に投下された爆弾の190倍の威力があった。

26. https://upload.wikimedia.org/wikipedia/commons/b/b0/Goldsboro_Mk_39_Bomb_1-close-up.jpeg で写真が閲覧可能。

27. Gary Hanauer, "The Story behind the Pentagon's Broken Arrows," *Mother Jones*, April 1981, https://books.google.ca/books?id=tOYDAAAAMBAJ を参照のこと。連動装置の数についての考察は、28ページに見られる。"Brush with Catastrophe?," *Full Story*, December 10, 2000, http://www.ibiblio.org/bomb/brush.html も参照のこと。

28. "Information Supplied by Nuclear Weapons Historian Chuck Hansen," *Full Story*, http://www.ibiblio.org/bomb/hansen_doc.html.

29. 国防総省によると、その爆弾は「自然落下して、地面に落ちたときに分解した」という。"First Things First: It Did Happen," *Full Story*, http://www.ibiblio.org/bomb/initial.html.

30. Keith Sharon, "Orange Resident Recalls Holding Future in His Hands," Orange County Register, December 31, 2012, http://www.ocregister.com/2012/12/31/orange-resident-recalls-holding-future-in-his-hands/ を参照のこと。最初の6つのステップは、以下のように説明されていた。1. 安全線はすでに引かれていた。2. パルス発生器はすでに起動していた。3. 爆発の作動装置はすでに起動していた。4. タイマーはすでに始動していた。5. 気圧スイッチはすでに入っていた。6. 低電圧のバッテリーは起動していた。7番めが別個のアーム / セーフ・スイッチだった。奇妙にも、のちにこのスイッチが発見されたとき、「アーム」に設定されていたようだ。これが、けっきょく爆弾が爆発しなかった理由についての混乱につながった（どうやら、この問題はいまだに解決していないらしい）。

31. この2ページの覚書は、ラルフ・E・ラップの著書『核戦争になれば』に応えて（そして、それに反対して）、サンディア国立研究所の核兵器安全部門の管理者パーカー・F・ジョーンズが1969年10月22日に書いた。「ゴールズバラ再検討、あるいは、私がどのようにして水素爆弾への信頼を失ったか、あるいは、事実を明確にするために（Goldsboro Revisited, or, How I Learned to Mistrust the H-Bomb, or, To Set the Record Straight）」という題がついていた。この文書のデジタル版は、『ガーディアン』紙のウェブサイト https://www.theguardian.com/world/interactive/2013/sep/20/goldsboro-revisited-declassified-document で閲覧可能。

32. あるライターが、2013年に『ガーディアン』紙に次のように書いている。「この爆弾が爆発していたら、致死性の放射性落下物がワシントンやボルティ

モア、フィラデルフィア、さらには北はニューヨーク市にまで降り注いでいたかもしれない」。Ed Pilkington, “US Nearly Detonated Atomic Bomb over North Carolina—Secret Document,” *Guardian* (London), September 20, 2013, https://www.theguardian.com/world/2013/sep/20/usaf-atomic-bomb-north-carolina-1961.

33. Joseph Wilson, “Random Acts,” *NOW* (Toronto), November 17, 2005, https://nowtoronto.com/art-and-books/books/random-acts/.

34. FBIの犯罪統計は、殺人を含む凶悪犯罪の発生率の明確な減少傾向を示している。たとえば、“Crime in the United States—By Volume and Rate per 100,000 Inhabitants, 1997–2016,” FBI Uniform Crime Reporting Program（note 5）を参照のこと。

35. この講演は2008年4月2日にオンタリオ州ウォータールーで、ペリメーター理論物理学研究所の主催で行なわれた。“Jeffrey Rosenthal Probability Lecture at the Perimeter Institute,” YouTube, uploaded November 25, 2010, https://www.youtube.com/watch?v=hWp6SBr_ZYU を参照のこと。

第12章　統計学の運

1.「世の中がより定量的・データ集中的になるにつれ、数学が主役になり、2017年には統計学者が最も望ましい職種の最上位を占めた」。“The Best Jobs of 2017,” CareerCast, http://www.careercast.com/jobs-rated/best-jobs-2017を参照のこと。

2. “U.S. News & World Report Announces the 2017 Best Jobs,” *U.S. News & World Report*, https://www.usnews.com/info/blogs/press-room/articles/2017-01-11/us-news-announces-the-2017-best-jobs を参照のこと。また、同誌は統計学者を、（歯科医、上級看護師（ナースプラクティショナー）、医師助手（フィジシャンアシスタント）に次いで）望ましい職種の総合第4位にランク付けした。“The 100 Best Jobs,” *U.S. News & World Report*, https://money.usnews.com/careers/best-jobs/rankings/the-100-best-jobs を参照のこと。

3. たとえば、Julie Rehmeyer, “Florence Nightingale: The Passionate Statistician,” *Science News*, November 26, 2008, https://www.sciencenews.org/article/florence-nightingale-passionate-statistician および、Eileen Magnello, “Florence Nightingale: The Compassionate Statistician,” *Plus Magazine*, December 8, 2010, https://plus.maths.org/content/florence-nightingale-compassionate-statistician を参照のこと。陸軍将兵の死因をまとめたナイチンゲールの有名な鶏頭図の、解像度の高い画像は、https://upload.wikimedia.org/wikipedia/commons/1/17/Nightingale-mortality.jpg で閲覧可能。また、ナイチンゲールを王立統計学会の会員に推薦する書類の写真は、https://twitter.com/

HetanShah/status/940195192342237189 で閲覧可能。

4. 調査データは依然として私のウェブサイト（http://probability.ca/jeff/teaching/1617/sta130/studentdata.txt）で閲覧可能。学生の総数は80人で、41人が男性（そのうち14人、つまり34％が恋愛中で、27人がそうではなかった）、39人が女性（そのうち11人、つまり28％が恋愛中、28人がそうではなかった）。

5. 私はRで“prop.test(matrix(c(14, 11, 27, 28), nrow=2)) ”という命令を使って、割合を比較する標準的な正規近似による z 検定を使った。この検定から、0.7401という p 値と (-0.168, 0.287) という95％信頼区間が得られた。つまり、男性が恋愛中の可能性はおそらく、女性より28.7％高いか、16.8％低いかのあいだに収まっているということだ（監修者注　つまり、男性と女性で割合の差がゼロであってもおかしくないわけだ）。

6. 私はRで“t.test( )”という命令を使って、割合の比較のための標準的な正規近似 t 検定を使った。この検定から、8.479e − 11という p 値（1 / 11,793,677,973に等しい）と (9.18, 15.68) センチメートルという95％信頼区間（これはインチに換算して (3.6, 6.2)）が得られた。つまり、平均すると、男性はおそらく女性よりも3.6インチから6.2インチの範囲で背が高かったということだ。

7. この面を考察するよう私に奨励してくれたことと、与えてくれた支援のいっさいに対して、ルエラ・ロボに感謝する。

8. Michelle M. Stein et al., “Innate Immunity and Asthma Risk in Amish and Hutterite Farm Children,” *New England Journal of Medicine* 375, no. 5 (August 4, 2016): 411–21, http://www.nejm.org/doi/full/10.1056/NEJMoa1508749.

9. Eric L. Simpson et al., “Two Phase 3 Trials of Dupilumab versus Placebo in Atopic Dermatitis,” *New England Journal of Medicine* 375, no. 24 (December 15, 2016): 2335–48, http://www.nejm.org/doi/full/10.1056/NEJMoa1610020.

10. Writing Group for the Women’s Health Initiative Investigators, “Risks and Benefits of Estrogen plus Progestin in Healthy Postmenopausal Women,” *Journal of the American Medical Association* 288, no. 3 (July 17, 2002): 321–33, http://jama.jamanetwork.com/article.aspx?articleid=195120. この論文は、女性ごとに追跡年数が違うという事実についても調整しなければならなかった。

11. たとえば、冠動脈疾患を抱えた閉経後の女性2763人を対象とするある調査は、「［ホルモン補充療法とプラシーボの］グループのあいだには主要転帰［心臓発作］にも、心臓血管の二次転帰にも有意差はなかった」と結論している。Stephen Hulley et al., “Randomized Trial of Estrogen Plus Progestin for Secondary Prevention of Coronary Heart Disease in Postmenopausal Women,” *Journal of the American Medical Association* 280, no. 7 (August 19, 1998): 605–13, https://jamanetwork.com/journals/jama/fullarticle/187879.

12. たとえば、Ben Goldacre, "Battling Bad Science," filmed 2011, TED talk, 14:13, https://www.ted.com/talks/ben_goldacre_battling_bad_science の愉快な講演を参照のこと。
13. Spencer Jakab, "Is Your Stockpicker Lucky or Good?," *Wall Street Journal*, November 24, 2017, https://www.wsj.com/articles/is-your-stockpicker-lucky-or-good-1511519400 を参照のこと。この記事は、James White, Jeffrey Rosenbluth, and Victor Haghani, "What's Past Is Not Prologue," posted online on September 12, 2017, at https://papers.ssrn.com/sol3/papers.cfm?abstract_id=3034686（このリンクを教えてくれたポール・ロッシに感謝する）による論文について報告している。
14. これについては、次のように考えることができる。もし私たちがそれぞれのコインを n 回放り上げ、60%のコインで表が出た回数から50%のコインで表が出た回数を引いた数を X とすると、X が0より大きいときにはいつも、正しく推測できる。この場合、X の平均は $n \times 0.1$ で、分散は $n \times 0.49$ となる（監修者注　確率0.5で表が出るコインの分散は0.25であり、確率0.6で表が出るコインの分散は0.24であり、この２つのコインの差の分散は、２つの分散の和になる）。連続修正を伴う正規近似を使うと、$\mathrm{Prob}(X > 0)$ は、平均が $n \times 0.1$ で分散が $n \times 0.49$ である通常の確率変数が0.5を上回る確率にほぼ等しい。この確率は、$n = 143$ のときに0.9503843に等しくなるが、$n = 142$ のときには0.9497462にしかならない。White et al. の論文（注13を参照のこと）の Appendix A は、二項係数の二重和を使うという別の方法で、143という同じ結果を得ている。
15. *Climate Change 2014: Synthesis Report* (Geneva: Intergovernmental Panel on Climate Change, 2015), 2, http://www.ipcc.ch/report/ar5/syr/ を参照のこと。
16. "Climate 101," Climate Reality Project, https://www.climaterealityproject.org/climate-101 を参照のこと。
17. "Understand: Climate Change," US Global Change Research Program, https://www.globalchange.gov/climate-change を参照のこと。
18. Donald J. Trump (@realDonaldTrump), Twitter, November 6, 2012, 2:15 p.m., https://twitter.com/realdonaldtrump/status/265895292191248385.
19. James M. Inhofe, *The Greatest Hoax: How the Global Warming Conspiracy Threatens Your Future* (Washington, DC: WND Books, 2012). インホフによる関連の意見は、"James M. Inhofe," DeSmog: Clearing the PR Pollution That Clouds Climate Science, https://www.desmogblog.com/james-inhofe で閲覧可能。
20. イギリスのチャンネル4で2007年3月8日に放映された、マーティン・ダーキン監督・脚本の *The Great Global Warming Swindle*. Al Webb, "Global

Warming Labeled a 'Scam,'" *Washington Times*, March 6, 2007, https://web.archive.org/web/20070308093308/http://www.washtimes.com/world/20070306-122226-6282r.htm も参照のこと。

21. 説明は、"Global Climate Change: Vital Signs of the Planet," NASA, https://climate.nasa.gov/vital-signs/global-temperature/ を参照のこと。生データは https://climate.nasa.gov/system/internal_resources/details/original/647_Global_Temperature_Data_File.txt からダウンロード可能。

22. たとえば、これら2つの37年間における平均の違いの t 検定から得られる p 値は 2.2×10^{-16} 未満で、年間気温と年の線形回帰からは、1年当たり0.007152℃という回帰計数が得られ、p 値は 2.2×10^{-16} 未満となる。どちらも統計的に著しく有意性が高い。

23. たとえば、BackgammonMasters.com (http://www.backgammonmasters.com/the-growing-popularity-of-backgammon.shtml) の記述を参照のこと。バックギャモンのウェブサイトのリストは、Tom Keith, "Backgammon Play Sites," Backgammon Galore, http://www.bkgm.com/servers.html を参照のこと。

24. たとえば、Backgammon Galore (http://www.bkgm.com/rgb/rgb.cgi?menu+computerdice) のディスカッション・フォーラムにおける多くのスレッドを参照のこと。

25. たとえば、Backgammon NJ のメーカーは、サイト（http://www.njsoftware.com/note.html）の1ページを割いて、レビューや、彼らのゲームが「誠実」なものであるというほかの主張を取り上げている。

26. Jeff Rollason, "Backgammon Programs Cheat: Urban Myth??," *AI Factory Newsletter* (summer 2010), http://www.aifactory.co.uk/newsletter/2010_01_backgammon_myth.htm（このリンクを教えてくれた兄のアランに感謝する）を参照のこと。ロラソンは、20万人のユーザーが5日間にわたって1日2回プレイするところをシミュレーションした様子を説明している。彼は、ユーザー1人当たり平均でおよそ153回のゾロ目を確認したと書いている。実際には、その平均は15,286,212 / 200,000 = 76.43 なので、私は本書での自分の計算ではこの正しい数値を使った。

27. これは、R で "pbinom(76*.6, 76, 0.5, lower.tail=FALSE)" という命令を実行した結果である。これは、0.04232305という答えを出す。

28. そのような多数の例の1つについては、"Testimonials," Siskiyou Vital Medicine, https://www.siskiyouvitalmedicine.com/client-testimonials/ を参照のこと。

29. 彼女の話の詳細については、http://www.ariplex.com/ama/amamiche.htm を参照のこと（警告：生々しい画像を含む）。

30. David H. Gorski (posting as Orac), “A Different Kind of Alternative Medicine ‘Testimonial,’” *Respectful Insolence*, November 8, 2006, http://scienceblogs.com/insolence/2006/11/08/a-different-kind-of-testimonial/.

31. たとえば、アメリカ癌協会は、乳癌の5年生存率は0期とI期ではほぼ100%、II期では93%、III期では72%、IV期でさえ22%としている。“Breast Cancer Survival Rates,” American Cancer Society, https://www.cancer.org/cancer/breast-cancer/understanding-a-breast-cancer-diagnosis/breast-cancer-survival-rates.html を参照のこと。

第13章　繰り返される運

1. その友人とは、ハーヴァード大学の学生時代からの古い友人で、ルームメイトでもあった、マーク・ゴールドマンだ。

2. 5人のギャンブラーのそれぞれに対してRで、“pbinom(15, 30, 18/38, lower.tail=FALSE)”, “pbinom(54, 100, 18/38, lower.tail =FALSE)”, “pbinom(28, 50, 18/38, lower.tail=FALSE)”, “pbinom(12, 20, 18/38, lower.tail=FALSE)” および、“pbinom(1000, 2000, 18/38, lower.tail=FALSE)” と実行すると、それぞれの p 値は、0.3181193、0.07668926、0.0863184、0.08747805、および、0.009815736となる。

3. 2006年4月25日、ハワイのハイアット・リージェンシー・マウイ・リゾート・アンド・スパでの、エンパイア・ファイナンシャル・グループに対する講演。

4.「有意の」と題するこの漫画は、https://xkcd.com/882/ で閲覧可能。

5. A. J. Wakefield et al., “Ileal-Lymphoid-Nodular Hyperplasia, Non-specific Colitis, and Pervasive Developmental Disorder in Children,” *Lancet* 351, no. 9103 (February 28, 1998): 637–41, http://www.thelancet.com/journals/lancet/article/PIIS0140-6736(97)11096-0/abstract. この論文は、のちに撤回された。

6. “Confirmed Cases of Measles, Mumps, and Rubella, 1996–2013,” Public Health England, http://webarchive.nationalarchives.gov.uk/20140505192926/http://www.hpa.org.uk/web/HPAweb&HPAwebStandard/HPAweb_C/1195733833790 を参照のこと。

7. たとえば、Kreesten Meldgaard Madsen et al., “A Population-Based Study of Measles, Mumps, and Rubella Vaccination and Autism,” *New England Journal of Medicine* 347, no. 19 (November 7, 2002): 1477–82, http://www.nejm.org/doi/full/10.1056/NEJMoa021134 を参照のこと。

8. Editors of *The Lancet*, “Retraction—Ileal-Lymphoid-Nodular Hyperplasia, Non-specific Colitis, and Pervasive Developmental Disorder in Children,” *Lancet* 375, no. 9713 (February 6, 2010), http://www.thelancet.com/journals/lancet/article/PIIS0140-6736(10)60175-4/fulltext を参照のこと。

9. たとえば、Sarah Boseley, "Andrew Wakefield Found 'Irresponsible' by GMC over MMR Vaccine Scare," *Guardian* (London), January 28, 2010, https://www.theguardian.com/society/2010/jan/28/andrew-wakefield-mmr-vaccine および、James Meikle and Sarah Boseley, "MMR Row Doctor Andrew Wakefield Struck Off Register," *Guardian* (London), May 24, 2010, https://www.theguardian.com/society/2010/may/24/mmr-doctor-andrew-wakefield-struck-off を参照のこと。

10. Fiona Godlee, Jane Smith, and Harvey Marcovitch, "Wakefield's Article Linking MMR Vaccine and Autism Was Fraudulent," *British Medical Journal* 342 (January 6, 2011), http://www.bmj.com/content/342/bmj.c7452.full.

11. Lyn Redwood, "Why Aren't I Surprised that the Media Got It Wrong AGAIN?," SafeMinds, October 5, 2015, http://www.safeminds.org/blog/2015/10/05/why-arent-i-surprised-that-the-media-got-it-wrong-again/ を参照のこと。

12. Bharathi S. Gadad et al., "Administration of Thimerosal-Containing Vaccines to Infant Rhesus Macaques Does Not Result in Autism-like Behavior or Neuropathology," *Proceedings of the National Academy of Science* 112, no. 40 (October 6, 2015):12498–503, http://www.pnas.org/content/112/40/12498.full を参照のこと。

13. Jessica R. Biesiekierski et al., "Gluten Causes Gastrointestinal Symptoms in Subjects without Celiac Disease: A Double-Blind Randomized Placebo-Controlled Trial," *American Journal of Gastroenterology* 106, no. 3 (March 2011): 508–14. 要約は、https://www.ncbi.nlm.nih.gov/pubmed/21224837 で閲覧可能。

14. Jessica R. Biesiekierski et al., "No Effects of Gluten in Patients with Self-Reported Non-celiac Gluten Sensitivity after Dietary Reduction of Fermentable, Poorly Absorbed, Short-Chain Carbohydrates," *Gastroenterology* 145, no. 2 (August 2013): 320–28, http://www.gastrojournal.org/article/S0016-5085(13)00702-6/fulltext.

15. たとえば、Rebecca Davis, "The Doctor Who Championed Hand-Washing and Briefly Saved Lives," *Shots: Health News from NPR*, January 12, 2015, http://www.npr.org/sections/health-shots/2015/01/12/375663920/the-doctor-who-championed-hand-washing-and-saved-women-s-lives を参照のこと。

16. この殺菌法でパストゥールが取得した特許権は、https://www.google.com/patents/US135245 で閲覧可能。

17. たとえば、John Farley and Gerald L. Geison, "Science, Politics and Spontaneous Generation in Nineteenth-Century France: The Pasteur-Pouchet Debate,"

Bulletin of the History of Medicine 48, no. 2 (Summer 1974): 161–98 での長い議論を参照のこと。

18. フランス・フランについてのウィキペディアの記事（https://en.wikipedia.org/wiki/French_franc#Latin_Monetary_Union）によれば、1865年には1フランは金約0.29グラムの価値があったという。そして、あるインターネット上の情報源（http://www.goldpriceoz.com/gold-price-us/）によれば、これを執筆している時点で、金は1トロイオンス当たり US$1209.80で取引されている。さらに、1グラムは0.032151トロイオンスに等しい。したがって、パストゥールの賞金は、2500 × 0.29 × 0.032151 × 1209.8 = US$28,199.80 となる。

19. たとえば、“Louis Pasteur,” Biography.com, https://www.biography.com/people/louis-pasteur-9434402 および、Mihai Andrei, “5 Things Louis Pasteur Did to Change the World,” *ZME Science*, May 11, 2015, https://www.zmescience.com/other/feature-post/louis-pasteur-changed-world/ を参照のこと。

20. たとえば、広く引用されている記事、John P. A. Ioannidis, “Why Most Published Research Findings Are False,” *PLoS Medicine* 2, no. 8 (August 2005): e124, http://journals.plos.org/plosmedicine/article?id=10.1371/journal.pmed.0020124 を参照のこと。

21. Open Science Collaboration, “Estimating the Reproducibility of Psychological Science,” *Science* 349, no. 6251 (August 28, 2015), http://science.sciencemag.org/content/349/6251/aac4716 を参照のこと。Ian Sample, “Study Delivers Bleak Verdict on Validity of Psychology Experiment Results,” *Guardian* (London), August 27, 2015, https://www.theguardian.com/science/2015/aug/27/study-delivers-bleak-verdict-on-validity-of-psychology-experiment-results も参照のこと。

22. Ashley Marcin, “Yellow, Brown, Green, and More: What Does the Color of My Phlegm Mean?,” *Healthline*, http://www.healthline.com/health/green-phlegm.

23. Family Health Team, “What the Color of Your Snot Really Means,” *Cleveland Clinic*, June 28, 2017, https://health.clevelandclinic.org/2017/06/what-the-color-of-your-snot-really-means/.

24. Robert H. Shmerling, “Don’t Judge Your Mucus by Its Color,” *Harvard Health Blog*, February 8, 2016, http://www.health.harvard.edu/blog/dont-judge-your-mucus-by-its-color-201602089129.

25. John Turnidge, “Health Check: Does Green Mucus Mean You’re Infectious and Need Antibiotics?,” *Conversation*, http://theconversation.com/health-check-does-green-mucus-mean-youre-infectious-and-need-antibiotics-63193.

26. たとえば、Christie Aschwanden, "Café or Nay?," *Slate*, July 27, 2011, http://www.slate.com/articles/health_and_science/medical_examiner/2011/07/caf_or_nay.html による愉快な記事を参照のこと。

27. たとえば、Jeff Donn, "Medical Benefits of Dental Floss Unproven," Associated Press, August 2, 2016, https://apnews.com/f7e66079d9ba4b4985d7af350619a9e3/medical-benefits-dental-floss-unproven を参照のこと。以下のメタ分析の論文も参照のこと。C.E. Berchier et al., "The Efficacy of Dental Floss in Addition to a Toothbrush on Plaque and Parameters of Gingival Inflammation: A Systematic Review," *International Journal of Dental Hygiene* 6, no. 4 (November 2008): 265–79, https://www.ncbi.nlm.nih.gov/pubmed/19138178; Dario Sambunjak et al., "Flossing for the Management of Periodontal Diseases and Dental Caries in Adults," *Cochrane Database of Systematic Reviews* 2011, no. 12 (December 7, 2011), https://www.ncbi.nlm.nih.gov/pubmed/22161438 および、Sonja Sälzer et al., "Efficacy of Inter-dental Mechanical Plaque Control in Managing Gingivitis—A Meta-Review," *Journal of Clinical Periodontology* 42, no. S16 (April 2015): S92–S105, https://www.ncbi.nlm.nih.gov/pubmed/25581718.

28. 結果は、Raphael Silberzahn et al., "Many Analysts, One Dataset: Making Transparent How Variations in Analytical Choices Affect Results," preprint, submitted September 21, 2017, https://psyarxiv.com/qkwst/ に記されている。

29. もとの論文 Paolo Zamboni et al., "Chronic Cerebrospinal Venous Insufficiency in Patients with Multiple Sclerosis," *Journal of Neurology, Neurosurgery & Psychiatry* 80, no. 4 (April 2009), http://jnnp.bmj.com/content/80/4/392 を参照のこと。

30. たとえば、Kelly Crowe, "'Scientific Quackery': UBC Study Says It's Debunked Controversial MS Procedure," CBC News, March 8, 2017, http://www.cbc.ca/news/health/multiple-sclerosis-liberation-therapy-clinical-trial-1.4014494 を参照のこと。

31. たとえば、Ed Yong, "Psychology's Replication Crisis Can't Be Wished Away," *Atlantic*, March 4, 2016, https://www.theatlantic.com/science/archive/2016/03/psychologys-replication-crisis-cant-be-wished-away/472272/ を参照のこと。

32. 電話は2010年10月29日に CBC の *The Current* という番組のプロデューサーからかかってきた。彼は、無効な医療研究についての記事（David H. Freeman, "Lies, Damned Lies, and Medical Science," *Atlantic*, November 2010, https://www.theatlantic.com/magazine/archive/2010/11/lies-damned-lies-and-medical-science/308269/）を読んだ後、ヨアニディス医師にインタビュー

する準備をしており、どう進めていいかわからなかったので、「あなたとお話したい。これに関する自分の考えを整理する必要があるので」という電子メールを私に送ってきた。

33. Brian A. Nosek, Jeffrey R. Spies, and Matt Motyl, “Scientific Utopia: II. Restructuring Incentives and Practices to Promote Truth over Publishability,” *Perspectives on Psychological Science* 7, no. 6 (November 2012): 615–31, http://journals.sagepub.com/doi/full/10.1177/1745691612459058.

34. Christie Aschwanden, “Science Isn't Broken,” *FiveThirtyEight*, August 19, 2015, https://fivethirtyeight.com/features/science-isnt-broken/ を参照のこと。

35. たとえば、73人が執筆した論文 Daniel J. Benjamin et al., “Redefine Statistical Significance,” preprint, submitted July 22, 2017, https://osf.io/preprints/psyarxiv/mky9j/ を参照のこと。それに続く Dalmeet Singh Chawla, “Big Names in Statistics Want to Shake Up Much-Maligned P Value,” *Nature* 548, no. 7665 (August 3, 2017), http://www.nature.com/news/big-names-in-statistics-want-to-shake-up-much-maligned-p-value-1.22375 の考察も参照のこと。

36. たとえば、Jonathan W. Schooler, “Metascience Could Rescue the ‘Replication Crisis,’” *Nature* 515, no. 7525 (November 6, 2014), http://www.nature.com/news/metascience-could-rescue-the-replication-crisis-1.16275 を参照のこと。

37. *Basic and Applied Social Psychology* (BASP) の1ページに書かれた論説は、「BASP は NHSTP を禁じる」と明確に記している。NHSTP とは「帰無仮説有意性検査手順」のことで、*p* 値の使用を指す。David Traflmow and Michael Marks, “Editorial,” *Basic and Applied Social Psychology* 37 (2015), http://www.tandfonline.com/doi/abs/10.1080/01973533.2015.1012991?journalCode=hbas20.

38. たとえば、Chris Woolston, “Psychology Journal Bans *P* Values,” *Nature* 519, no. 7541 (March 5, 2015), http://www.nature.com/news/psychology-journal-bans-p-values-1.17001 を参照のこと。Ronald L. Wasserstein, “ASA Comment on a Journal's Ban on Null Hypothesis Statistical Testing,” ASA Community, February 26, 2015, http://community.amstat.org/blogs/ronald-wasserstein/2015/02/26/asa-comment-on-a-journals-ban-on-null-hypothesis-statistical-testing および、Daniel Lakens, “So You Banned P-values, How's That Working Out for You?,” *20% Statistician*, February 10, 2016, http://daniellakens.blogspot.ca/2016/02/so-you-banned-p-values-hows-that.html も参照のこと。

39. Jane Qiu, “Venous Abnormalities and Multiple Sclerosis: Another Breakthrough Claim?,” *Lancet: Neurology* 9, no. 5 (May 2010): 464–65, http://www.thelancet.com/journals/laneur/article/PIIS1474-4422(10)70098-3/

fulltext.

40. たとえば、"Editorial: Reality Check on Reproducibility," *Nature* 533, no. 7604 (May 26, 2016), https://www.nature.com/news/reality-check-on-reproducibility-1.19961を参照のこと。

第14章　くじ運

1. たとえば、Grant Rodgers, "Guilty Verdict in Hot Lotto Scam, but Game Safe, Official Says," *Des Moines Register*, July 20, 2015, http://www.desmoinesregister.com/story/news/crime-and-courts/2015/07/20/hot-lotto-verdict/30411901/ を参照のこと。
2. たとえば、Grant Rodgers, "Tipton Brothers Plead Guilty in Iowa Lottery Rigging Scandal," *Des Moines Register*, June 29, 2017, http://www.desmoinesregister.com/story/news/crime-and-courts/2017/06/29/tipton-pleads-guilty-iowa-lottery-rigging-scandal/438039001/ および、Jason Clayworth, "'I Certainly Regret' Rigging Iowa Lottery, Says Cheat Who Gets 25 Years," *Des Moines Register*, August 22, 2017, http://www.desmoinesregister.com/story/news/investigations/2017/08/22/iowa-lottery-cheat-sentenced-25-years/566642001/ を参照のこと。
3. たとえば、Harriet Alexander, "World's Largest Lottery Winners Come Forward to Claim Share of $1.58bn Jackpot," *Telegraph* (London), February 17, 2016, http://www.telegraph.co.uk/news/worldnews/northamerica/usa/12162274/Worlds-largest-lottery-winners-come-forward-to-claim-share-of-1.58bn-jackpot.html を参照のこと。
4. たとえばバッファロー市は、2016年から2017年にかけての会計年度に14億3900万ドルの総収入があった。City of Buffalo, *Fiscal Year 2016–2017: Adopted Budget Detail*, https://www.ci.buffalo.ny.us/Mayor/Home/Leadership/FiscalReporting/Archived_Budgets/20162017AdoptedBudget を参照のこと。
5. アメリカ国立気象局のデータ（http://www.lightningsafety.noaa.gov/fatalities.shtml）によれば、人口約3億2000万人のアメリカでは毎年雷に打たれて約31人が亡くなるという。これを換算すると、1000万人強のアメリカ人に1人という割合になり、これは2億9200万分の1という割合よりも約28倍可能性が高い。
6. アメリカには建国以来の241年間に45人の大統領がいる。つまり、5.4年に約1人の大統領ということだ。就任時の平均年齢は55.0歳（http://www.presidenstory.com/stat_age.php を参照のこと）。したがって、約55.0/5.4、つまり10人強の未来の大統領が、現在存命中ということになる。だから、ランダムに選んだ人は、未来の大統領になる可能性が3億2000万分の10、つまり3200万分の1あるわけだ。これは、2億9200万分の1という割合よりも9倍強

可能性が高い。

7. 前作『運は数学にまかせなさい』の141ページで述べたように、町の反対側まで車を走らせるたびに、死ぬ確率はおよそ700万分の1ある。これは、2億9200万分の1という割合よりも42倍弱可能性が高い。

8. アメリカ疾病予防管理センターの国立健康統計センターの統計（https://www.cdc.gov/nchs/fastats/births.htm）によれば、15〜44歳のアメリカ人女性1000人当たり、毎年62.9回の出産がある。だから、ランダムに選んだこの年齢層の女性が次の1秒間に出産する確率は62.9 / 1000 / 365 / 24 / 60 / 60で、約5億100万分の1となる。したがって、1.7秒間には、その確率は501,000,000 / 1.7に1回の割合で、2億9200万分の1とおおむね等しくなる。

9. 平均すると、2億9200万週に1回当たり、これは292,000,000 / 52 = 560万年に1回の割合になる。

10. 5400万ドルという巨額のロト6/49のジャックポットが当たるかもしれない日（2005年10月26日水曜日）の、オンタリオ州のグローバル・ニュースの企画。

11. Lotto 6/49 Stats (http://lotto649stats.com/) のウェブサイトを参照のこと。

12. 彼はリチャード・ラスティグで、『宝くじで当たる可能性を高める方法を学ぶ（*Learn to Increase Your Chances of Winning the Lottery*）』という本の著者だ。たとえば、Josh K. Elliott, “How to Boost Your Horrible Odds of Winning the Powerball,” CTV News, January 13, 2016, http://www.ctvnews.ca/canada/how-to-boost-your-horrible-odds-of-winning-the-powerball-1.2735726 を参照のこと。

13. たとえば、“Lotto 6/49 Ticket Worth $1.6M Sold in Windsor,” CTV News Windsor, April 7, 2016, http://windsor.ctvnews.ca/lotto-6-49-ticket-worth-1-6m-sold-in-windsor-1.2849566 を参照のこと。

14. 宝くじの販売者にまつわるスキャンダルについてさらに詳しくは、http://probability.ca/lotteryscandal/ で閲覧可能の、Jeffrey S. Rosenthal, “Statistics and the Ontario Lottery Retailer Scandal,” *Chance* 27, no. 1 (February 2014) を参照のこと。

15. この宝くじを運営しているオンタリオ・ロッテリー・ゲーミング・コーポレーションは、まもなく独自の調査を行ない、1.95という数値を得た。のちに、コーポレート・リサーチ・アソシエイツ社はカナダ大西洋州でより詳細な調査を行ない、1.52という数値を得た。これは「フィフス・エステート」の1.5という数値と事実上等しい。

16. これは、Rで“ppois(199, 57, lower.tail=FALSE)”という命令で計算できる。すると、4.653685e-49という答えが得られる。

17. 番組全体は、http://www.cbc.ca/fifth/episodes/from-the-archives/luck-of-the-draw で視聴可能。

18. たとえば、Rob Ferguson and Curtis Rush, “Province to Probe the Windfalls of Lottery Retailers,” *Toronto Star*, October 26, 2006, archived online at http://probability.ca/jeff/writing/starlott.html を参照のこと。
19. たとえば、要約 archived at http://probability.ca/sbl/OLG-FAQ.html#10を参照のこと。
20. たとえば、Ontario, *Legislative Assembly of Ontario—Oral Questions*, October 25, 2006, http://www.ontla.on.ca/house-proceedings/transcripts/files_html/2006-10-25_L113A.htm#P232_25936 を参照のこと。
21. “A Game of Trust,” Ombudsman Ontario, March 26, 2007, https://www.ombudsman.on.ca/resources/reports-and-case-summaries/reports-on-investigations/2007/a-game-of-trust.
22. さらに詳しくは、やはり既出の私の記事 “Statistics and the Ontario Lottery Retailer Scandal” と、そこに挙げられた多くの参考文献を参照のこと。
23. さらに詳しくは、Chris Hansen, “How Lucky Can You Get?,” *Hansen Files on Dateline*, NBC News, http://www.nbcnews.com/id/38778571/ns/dateline_nbc-the_hansen_files_with_chris_hansen/#.V-k5IiXPHS0 を参照のこと。
24. これらの出来事は、マンチェスターのすぐ外にあるオールダムで起こった。宝くじが当たったのは、ひ孫がいる、モーリーン・ホルトという77歳の女性だった。店員はファラク・ニザールで、刑に服した後、パキスタンに強制送還されることになった。さらに詳しくは、“Lottery Gran on Conman: ‘Everyone Calls Him Lucky but He Wasn’t Very Lucky This Time,’” *Manchester Evening News*, August 1, 2012, http://www.manchestereveningnews.co.uk/news/greater-manchester-news/lottery-gran-on-conman-everyone-calls-692165 および、“New Lottery ‘Win’ Alert after Shopkeeper Tried to Con Great-Gran from Oldham out of £1m,” *Manchester Evening News*, August 27, 2012, http://www.manchestereveningnews.co.uk/news/greater-manchester-news/new-lottery-win-alert-after-693924 を参照のこと。

第15章　ラッキーな私

1. 2007年12月10～14日の、トロント市警察詐欺捜査官カンファレンス。
2. J. Kelly Nestruck, “The Deal Breaker: If You’re a Guest on Howie Mandel’s Show, You Should Bring Jeffrey Rosenthal—Not Your Dad,” *National Post*, May 30, 2006, archived at http://www.probability.ca/lotteryscandal/ref/2006-05-30-post.txt.
3. これについてさらに詳しくは、たとえば、Jeffrey Rosenthal, “Improv and Music: An Unusual Duo,” Theatresports Toronto newsletter, November 2001, http://probability.ca/jeff/writing/improvmusic.html を参照のこと。

4. 2015年6月、スカーバロー・ヴィレッジ・シアターでの、マイク・ラニエリ演出、ウォレン・グレイヴズ作の戯曲『マンバリーの遺産（*The Mumberley Inheritance*）』の上演のため。http://probability.ca/jeff/MI/poster.jpg でポスターを参照のこと。詳細は、この上演のフェイスブックのページ（https://www.facebook.com/mumberley/）を参照のこと。レビューは、Danny Gaisin, "'The Mumberley Inheritance'; v- 2.0, … Giggle, Giggle, Giggle!," *Ontario Arts Review*, June 5, 2015, https://ontarioartsreview.ca/2015/06/05/the-mumberley-inheritance-v-2-0-giggle-giggle-giggle/ および、Maria Tzavaras, "Cast's Comedic Ability Highlighted in The Mumberley Inheritance," *Scarborough Mirror*, June 12, 2015, https://www.insidetoronto.com/news-story/5675231-cast-s-comedic-ability-highlighted-in-the-mumberley-inheritance/ を参照のこと。
5. リッチモンド・ヒル芸能センターにて。この上演の詳細は、http://sa1.seatadvisor.com/sabo/servlets/EventInfo?eventId=1159161 および、https://www.facebook.com/events/859257057564334/ で閲覧可能。私は有名な即興一座ノット・トゥー・ビー・リピーテッド（彼らのテレビ番組 *This Sitcom Is . . . Not to Be Repeated* で、インターネット・ムービー・データベースの1項目として、http://www.imdb.com/title/tt0305127/ に登場する）の伴奏をした。
6. このときの写真を親切に送ってくれた人がいた。この写真は、私のウェブサイトで http://probability.ca/jeff/images/juggling_shapiro.jpg に載せてある。
7. たとえば、Jennifer Yang, "Numbers Don't Always Tell the Whole Story," *Toronto Star*, January 30, 2010, https://www.thestar.com/news/gta/2010/01/30/numbers_dont_always_tell_the_whole_story.html あるいは、"Not So Rare for Rarities to Occur in Waves: Professor," *Metro* (Toronto), January 29, 2010, http://www.metronews.ca/news/toronto/2010/01/29/not-so-rare-for-rarities-to-occur-in-waves-professor.html の記事を参照のこと。

第16章　ラッキーなスポーツ

1. Kelly Phillips Erb, "Warren Buffett Offers $1 Billion for Perfect March Madness Bracket," *Forbes*, January 21, 2014, https://www.forbes.com/sites/kellyphillipserb/2014/01/21/warren-buffett-offers-1-billion-for-perfect-march-madness-bracket/#72862857100b を参照のこと。
2. Jeffrey Rosenthal, "Rosenthal: A Statistical Ranking of NCAA Basketball Teams," TSN, March 18, 2013, http://www2.tsn.ca/ncaa/story/?id=418503 を参照のこと。
3. オクラホマ州立大学対オレゴン大学の試合のボックススコアは、http://www.sports-reference.com/cbb/boxscores/2013-03-21-oklahoma-state.html で閲覧

可能。

4. ハーヴァード大学対ニューメキシコ大学の試合のボックススコアは、http://www.ncaa.com/game/basketball-men/d1/2013/03/21/harvard-new-mexico で閲覧可能。
5. "NCAA Basketball Tournament History: Harvard Crimson," ESPN, http://www.espn.com/mens-college-basketball/tournament/history/_/team1/6128 を参照のこと。
6. Peter Kim, "Toronto Blue Jays Have 88.52% Chance of Making the Playoffs: Stats Professor," *Global News*, September 22, 2015, http://globalnews.ca/news/2235467/toronto-blue-jays-have-88-52-chance-of-making-the-playoffs-stats-professor/ を参照のこと。
7. ブルージェイズ対ヤンキースの試合のボックススコアは、http://www.baseball-reference.com/boxes/TOR/TOR201509220.shtml で閲覧可能。
8. 2015年のシーズンの最終順位表は、http://www.baseball-reference.com/leagues/MLB/2015-standings.shtml#all_standings_E で閲覧可能。
9. 2006年4月11日のナショナルホッケーリーグの順位表は、http://www.hockey-reference.com/boxscores/index.cgi?month=4&day=11&year=2006 で閲覧可能。
10. Mike Strobel, "According to the School of Biased Observation, It's Fated that the Leafs Are Going to the Cup This Year," *Toronto Sun*, April 13, 2006, archived at http://probability.ca/lotteryscandal/ref/2006-04-13-sun.txt. 私がストロベルに送った電子メール archived at http://probability.ca/lotteryscandal/ref/NHLmesg.txt も参照のこと。
11. ナショナルホッケーリーグの2005〜2006年のシーズンの順位表は、同リーグのウェブサイト https://www.nhl.com/standings/2005 で閲覧可能。
12. "Career Leaders & Records for Batting Average," Baseball Reference, https://www.baseball-reference.com/leaders/batting_avg_career.shtml を参照のこと。
13. "30+ Game Hitting Streaks," *Baseball Almanac*, http://www.baseball-almanac.com/feats/feats-streak.shtml を参照のこと。
14. たとえば、ディマジオの公式野球統計を、http://m.mlb.com/player/113376/joe-dimaggio で参照のこと。
15. 私はこれを R の "pbinom(0, 4, 0.3246, lower.tail = FALSE)[56]" という命令で計算し、約47万2118分の1の可能性という結果を得た。この単純化した計算では、毎試合ぴったり4打席で、個々の試合は独立していると仮定している。これらの仮定を補正することは可能だろうが、容易ではない。いずれにしても、ディマジオの成績はかなり安定しており、打率は2割9分と3割5分7厘のあいだに

収まり、例外は彼の最後のシーズン（1951年で、2割6分3厘）と最高のシーズン（1939年で、3割8分1厘）だけで、これらの仮定は法外なものではないと言える。

16. この計算には、単純なモンテカルロ・シミュレーションを使った。各試合に少なくとも1本ヒットが出る確率を0.7919133として、連続した1736試合をランダムにシミュレーションした。それから、この1736試合中の、最長の連続試合ヒットを計算した。このシミュレーションを10万回繰り返すと、最長は75試合になったが、平均は27.21943試合で、しかも、56試合以上になる割合は0.00067、つまり約1500分の1 だった。私の単純な R コンピュータープログラムは、http://probability.ca/kow/Rdimag.txt で詳しく確認することができる。「包除原理」の公式を使ってこの確率を解析的に計算できるかもしれないが、その計算は煩雑に見える。やる気のある読者がいたら、その計算をして結果を知らせてほしい。

17. たとえば、Eric Fisher, “MLBAM’s Beat the Streak Chases History,” *Sports Business Journal*, May 16, 2016, https://www.sportsbusinessdaily.com/Journal/Issues/2016/05/16/Leagues-and-Governing-Bodies/MLBAM-beat-the-streak.aspx を参照のこと。「Beat the Streak（連続試合ヒット記録を破れ）」の競技会に参加するには、http://mlb.mlb.com/mlb/fantasy/bts/ を訪問すること。

18. これはディマジオが「チームメイトに打ち明けた」こととされている。たとえば、“1941: Joe DiMaggio Ends 56-Game Hitting Streak,” *This Day in History*, History.com, July 17, http://www.history.com/this-day-in-history/joe-dimaggio-ends-56-game-hitting-streak および、Dave Whitehorn, “20 Fun Facts about Joe DiMaggio’s 56-Game Hit Streak,” *Newsday*, May 11, 2016, https://www.newsday.com/sports/baseball/yankees/joe-dimaggio-s-56-game-hit-streak-20-fun-facts-1.3028286 を参照のこと。

19. たとえば、Christopher Dabe, “New Orleans Saints LB Stephone Anthony Named to PFWA All-Rookie Team,” *Times-Picayune* (New Orleans), January 19, 2016, http://www.nola.com/saints/index.ssf/2016/01/new_orleans_saints_stephone_an_1.html; Sam Robinson, “Stephone Anthony’s Disappointing Second Season to End on IR,” *Fanrag Sports Network*, December 20, 2016, https://www.fanragsports.com/news/stephone-anthonys-disappointing-second-season-end-ir/ および、Marc Sessler, “Dolphins Acquire LB Stephone Anthony from Saints,” *Around the NFL*, NFL.com, September 19, 2017, http://www.nfl.com/news/story/0ap3000000848297/article/dolphins-acquire-lb-stephone-anthony-from-saints を参照のこと。

20. さまざまなスポーツにおけるこの組み合わせのわかりやすい説明は、たとえ

ば、Michael J. Mauboussin, *The Success Equation* (Boston: Harvard Business Review Press, 2012) [邦訳『偶然と必然の方程式――仕事に役立つデータサイエンス入門』(田淵健太訳、日経BP社、2013年)] に基づいた、Vox, “Why Underdogs Do Better in Hockey than Basketball,” YouTube, uploaded June 5, 2017, https://www.youtube.com/watch?v=HNlgISa9Giw を参照のこと。

第17章　ラッキーな世論調査

1. たとえば、Adam Shergold, “The Man You Can Count On: The Poker-Playing Numbers Expert Who Predicted Presidential Election Outcomes with Incredible Accuracy,” *Daily Mail* (London), November 8, 2012, http://www.dailymail.co.uk/news/article-2229790/US-Election-2012-Statistician-Nate-Silver-correctly-predicts-50-states.html.
2. たとえば、Charlie Cooper, “EU Referendum: Final Polls Show Remain with Edge over Brexit,” *Independent* (London), June 23, 2016, http://www.independent.co.uk/news/uk/politics/eu-referendum-poll-brexit-remain-vote-leave-live-latest-who-will-win-results-populus-a7097261.html; “Brexit Poll Tracker,” *Financial Times* (London), https://ig.ft.com/sites/brexit-polling/ および、“EU Referendum Poll of Polls,” *What UK Thinks*, https://whatukthinks.org/eu/opinion-polls/poll-of-polls/ で報じられた、国民投票前の世論調査の要約を参照のこと。
3. Patrick Sturgis et al., *Report of the Inquiry into the 2015 British General Election Opinion Polls* (London: Market Research Society and British Polling Council, 2016), http://eprints.ncrm.ac.uk/3789/.
4. David Cowling, “Election 2015: How the Opinion Polls Got It Wrong,” BBC News, May 17, 2015, http://www.bbc.com/news/uk-politics-32751993 を参照のこと。
5. Tom Clark, “New Research Suggests Why General Election Polls Were So Inaccurate,” *Guardian* (London), November 13, 2015, https://www.theguardian.com/politics/2015/nov/13/new-research-general-election-polls-inaccurate を参照のこと。
6. Anthony Wells, “Election 2015 Polling: A Brief Post Mortem,” YouGov, May 8, 2015, https://yougov.co.uk/news/2015/05/08/general-election-opinion-polls-brief-post-mortem/ および、Ben Lauderdale, “What We Got Wrong in Our 2015 U.K. General Election Model,” *FiveThirtyEight*, May 8, 2015, https://fivethirtyeight.com/features/what-we-got-wrong-in-our-2015-uk-general-election-model/ を参照のこと。
7. たとえば、Tim Harford, “Big Data: A Big Mistake?,” *Significance* 11, no. 5

(December 2014): 14–19, http://onlinelibrary.wiley.com/doi/10.1111/j.1740-9713.2014.00778.x/full および、Dennis DeTurck, "Case Study I: The 1936 *Literary Digest* Poll," https://www.math.upenn.edu/~deturck/m170/wk4/lecture/case1.html での考察を参照のこと。3000人というサンプルの大きさは、じつは、ギャラップ社の小規模なほうの世論調査のもので、この調査は『リテラリー・ダイジェスト』誌の世論調査の結果を予想するための試みだった点に留意すること。後述のP. Squireの記事（注10）を参照のこと。

8.『リテラリー・ダイジェスト』誌は1938年5月23日に『タイム』誌に買収され、単独の刊行物ではなくなった。http://content.time.com/time/magazine/article/0,9171,882981,00.html でその発表を参照のこと。選挙が1936年11月3日に行なわれてから、1年6か月と20日後のことだった。

9. "Gallup Presidential Election Trial-Heat Trends, 1936–2008," Gallup, http://www.gallup.com/poll/110548/gallup-presidential-election-trial-heat-trends.aspx のいちばん下のグラフを参照のこと。

10. たとえば、Peverill Squire, "Why the 1936 *Literary Digest* Poll Failed," *Public Opinion Quarterly* 52, no. 1 (spring 1988): 125–33 を参照のこと。

11. たとえば、David Lauter, "One Last Look at the Polls: Hillary Clinton's Lead Is Holding Steady," *Los Angeles Times*, November 8, 2016, http://www.latimes.com/nation/politics/trailguide/la-na-election-day-2016-a-last-look-at-the-polls-clinton-lead-1478618744-htmlstory.html を参照のこと。

12. 約48.2%対46.1%。たとえば、Gregory Krieg, "It's Official: Clinton Swamps Trump in Popular Vote," CNN, December 22, 2016, http://www.cnn.com/2016/12/21/politics/donald-trump-hillary-clinton-popular-vote-final-count/ を参照のこと。

13. たとえば、https://www.dailywire.com/sites/default/files/uploads/2016/11/rcp_general_election_4_11.7.2016_0.jpg の要約の図を参照のこと。選挙前の世論調査をマスメディアがどう解釈していたかをさらに詳しく知りたければ、たとえば、Nate Silver, "The Real Story of 2016," *FiveThirtyEight*, January 19, 2017, http://fivethirtyeight.com/features/the-real-story-of-2016/ を参照のこと。

14. "Canada Not Immune to 'Hate Wave': CNN Commentator Van Jones," *Globe and Mail* Video, November 23, 2016, https://www.theglobeandmail.com/news/news-video/video-canada-not-immune-to-hate-wave-cnn-commentator-van-jones/article33004444/ を参照のこと。

15. 最終的な開票結果は、クリントンの得票率が48.2%、トランプの得票率が46.1%で、残る5.7%はほかの候補者が獲得した。ある世論調査会社が、有権者を完璧に代表する1万人に電話をかけたとしよう。言い換えれば、クリントン支持者 4820人、トランプ支持者4610人、その他の候補の支持者570人とい

うことだ。もし回答率がクリントンと「ほかの」候補の支持者で10%、トランプ支持者で9.6%だったら、世論調査会社は、クリントン支持者 4820 × 10% = 482人、トランプ支持者 4610 × 9.6% ≒ 443人、ほかの候補の支持者 570 × 10% = 57人から回答を得る。したがって、回答総数は 482 + 443 + 57 = 982 で、そのうちクリントンが482 / 982 ≒ 49.1%、トランプが 443 / 982 ≒ 45.1% の支持を受け、クリントンが4ポイント優位に立つ。

16. たとえば、David Leip, "2016 Presidential General Election Results [Alabama]," *Dave Leip's Atlas of U.S. Presidential Elections,* https://uselectionatlas.org/RESULTS/state.php?year=2016&fips=1 を参照のこと。

17. たとえば、Maegan Vazquez, "Trump Calls Roy Moore to Offer His Endorsement," CNN, December 4, 2017, http://www.cnn.com/2017/12/04/politics/trump-moore-endorsement-twitter/ を参照のこと。

18. それぞれ、エマーソン大学の世論調査が https://www.realclearpolitics.com/docs/Emerson_College_Alabama_Dec_11.pdf; FOX ニュースの世論調査が http://www.foxnews.com/politics/2017/12/11/fox-news-poll-enthused-democrats-give-jones-lead-over-moore-in-alabama.html; マンモス大学の世論調査が https://www.monmouth.edu/polling-institute/reports/MonmouthPoll_AL_121117/ で閲覧可能。ハリー・エンテンによる世論調査の要約 "Everything You Need to Know about Alabama's Senate Election," *FiveThirtyEight*, December 12, 2017, https://fivethirtyeight.com/features/everything-you-need-to-know-about-alabamas-senate-election/ も参照のこと。

19. Nate Silver, "What the Hell Is Happening with These Alabama Polls?," *FiveThirtyEight*, December 11, 2017, https://fivethirtyeight.com/features/what-the-hell-is-happening-with-these-alabama-polls/ を参照のこと。こんなことを書いても何の価値があるかはわからないけれど、シルヴァーは、自動化された「インタラクティブ・ボイス・レスポンス」（略して IVR、「ロボ・コール」としても知られる）での世論調査では、人間が電話をする従来の世論調査でよりも、ムーアを支持する人が多かったと主張し、自動化された世論調査は携帯電話を持っている若い世代には及ばないといった要因のせいかもしれないと推測した。

20. Brett LoGiurato (@BrettLoGiurato), Twitter, December 11, 2017, 10:21 a.m., https://twitter.com/BrettLoGiurato/status/940240018005745664 を参照のこと。

21. 2006年1月のカナダの連邦議会選挙を控えた2005年12月22日午前6時40分からの、CBC ラジオの「メトロ・モーニング」での、有名なアンディ・バリーによるインタビュー。

第18章　ここらでちょっとひと休み——ラッキーなことわざ

1. "Aphorism," Dictionary.com, http://www.dictionary.com/browse/aphorism を参照のこと。
2. たとえば、2011年のFBIの報告書によると、アメリカでは毎年20万人以上の子供が誘拐されるけれど、そのほとんどは家庭内の親権争いに関連するもので、毎年報告される事件のうち、赤の他人が身代金目的や、殺したり手元に置いたりする目的で子供を誘拐する事例は約115件しかないという。アメリカには合計7420万人の子供がいるから、これは約57万5000人に1人の割合になる。Ashli-Jade Douglas, "Child Abductions: Known Relationships Are the Greater Danger," *FBI Law Enforcement Bulletin*, August 1, 2011, https://leb.fbi.gov/2011/august/crimes-against-children-spotlight-child-abductions-known-relationships-are-the-greater-danger.
3. "Audentes Fortuna Juvat," Merriam-Webster, https://www.merriam-webster.com/dictionary/audentesfortunajuvat を参照のこと。
4. 1986年の映画『スタートレックIV 故郷への長い道』での言葉。たとえば、"*Star Trek IV: The Voyage Home*—Quotes," IMDB, http://www.imdb.com/title/tt0092007/quotes を参照のこと。
5. ボブ・ディラン、1975年の「運命のひとひねり」で。Bob Dylan, "Simple Twist of Fate Lyrics," MetroLyrics, http://www.metrolyrics.com/simple-twist-of-fate-lyrics-bob-dylan.html を参照のこと。ノーベル賞の発表は、https://www.nobelprize.org/nobel_prizes/literature/laureates/2016/ で視聴可能。
6. たとえば、"Luck of the Irish," *Urban Dictionary*, http://www.urbandictionary.com/define.php?term=luck of the irish を参照のこと。
7. たとえば、"Where Does the Term 'The Luck of the Irish' Come From?," *Irish Central*, August 8, 2017, https://www.irishcentral.com/roots/history/where-does-the-term-the-luck-of-the-irish-come-from を参照のこと。この記事はホーリークロス大学のE・T・オドネル教授の言葉を引用している。
8. Richard Wiseman, "The Luck Factor," *Skeptical Inquirer* 27, no. 3 (May/June 2003), http://www.richardwiseman.com/resources/The_Luck_Factor.pdf を参照のこと。
9. John Clarke's *Parœmiologia Anglo-Latina* より。John Simpson and Jennifer Speake, eds., *The Oxford Dictionary of Proverbs* (Oxford: Oxford University Press, 2009), http://www.oxfordreference.com/view/10.1093/acref/9780199539536.001.0001/acref-9780199539536-e-151 を参照のこと。
10. "Lefty Gomez Quotes," *Baseball Almanac*, http://www.baseball-almanac.com/quotes/quolgom.shtml を参照のこと。
11. たとえば、Marc Tracy, "Better to Be Lucky than Good? Sometimes It's True,"

New York Times, December 18, 2015, https://www.nytimes.com/2015/12/19/sports/ncaabasketball/better-to-be-lucky-than-good-sometimes-its-true.html を参照のこと。

12. Thomas McKelvey Cleaver, "It's Better to Be Lucky than Good," *Defenders of the Philippines*, http://philippine-defenders.lib.wv.us/pdf/bios/gillett_bio.pdf を参照のこと。

13. 私のウェブサイト http://probability.ca/jeff/nonwork/profile.html で閲覧可能。

14. たとえば、Claudio, "10 Rags to Riches Millionaire Musicians," *Richest*, January 28, 2014, http://www.therichest.com/rich-list/poorest-list/10-rags-to-riches-millionaire-musicians/ を参照のこと。

15. Emily Esfahani Smith, "You'll Never Be Famous—And That's O.K.," *New York Times*, September 4, 2017, https://www.nytimes.com/2017/09/04/opinion/middlemarch-college-fame.html.

16. Daniel A. Vallero, *Paradigms Lost: Learning from Environmental Mistakes, Mishaps, and Misdeeds* (Boston: Butterworth-Heinemann, 2006), 367 での引用。"Marshall McLuhan Quotes," BrainyQuote.com, https://www.brainy-quote.com/quotes/quotes/m/marshallmc100969.html および、Josephine Gross, "We Are All Stewards on Spaceship Earth," EvanCarmichael.com, http://www.evancarmichael.com/library/josephine-gross/We-Are-All-Stewards-on-Spaceship-Earth.html も参照のこと。

第19章　正義の運

1. たとえば、Jessica Anderson, "Armed Men Accused of Holding Up a Baltimore County Bar—Where Cops Were Celebrating an Officer's Retirement," *Baltimore Sun*, August 30, 2017, http://www.baltimoresun.com/news/maryland/crime/bs-md-co-retirement-party-robbery-20170830-story.html を参照のこと。Kai Reed, "Armed Suspects Rob Pub Full of Police Officers Attending Party," WBAL-TV, September 1, 2017, http://www.wbaltv.com/article/armed-suspects-rob-pub-full-of-police-officers-attending-party/12149896 および、Tribune Media Wire, "Men Accused of Trying to Hold Up Bar during Police Retirement Party," WREG-TV, September 1, 2017, http://wreg.com/2017/09/01/men-accused-of-trying-to-hold-up-bar-during-police-retirement-party/ も参照のこと。

2. たとえば、Ashifa Kassam, "Prison Escapees Caught at Canadian Escape Room Interactive Game," *Guardian* (London), https://www.theguardian.com/world/2017/oct/05/canada-prison-escapees-caught-escape-room; "Violent

Offenders Caught after Escape from Edmonton Institution for Women," CBC News, October 3, 2017, http://www.cbc.ca/news/canada/edmonton/edmonton-institution-women-prisoners-caught-1.4318566; Dustin Coffman and Phil Heidenreich, "2 Women Who Escaped Edmonton Institution for Women Back in Custody: Police," *Global News*, October 3, 2017, https://globalnews.ca/news/3782025/edmonton-police-searching-for-2-escaped-prisoners/ および、Canadian Press, "Police Issue Warning after Two Women Escape from Prison," CTV News, October 3, 2017, http://www.ctvnews.ca/canada/police-issue-warning-after-two-women-escape-from-prison-1.3617229 を参照のこと。

3. People v. Collins, 68 Cal.2d 319 (1968). 判決の全文は、https://scholar.google.com/scholar_case?case=2393563144534950884 で閲覧可能。

4. この事例のさらなる考察は、Jeffrey Rosenthal, "Probability, Justice, and the Risk of Wrongful Conviction," *Mathematics Enthusiast* 12 (June 2015): 11–18 を参照のこと。私のウェブサイト http://probability.ca/jeff/ftpdir/probjustice.pdf で閲覧可能。

5. たとえば、Ray Hill, "Multiple Sudden Infant Deaths—Coincidence or Beyond Coincidence?," *Paediatric and Perinatal Epidemiology* 18, no. 5 (September 2004): 320–26 を参照のこと。

6. Royal Statistical Society, "Royal Statistical Society Concerned by Issues Raised in Sally Clark Case," news release, October 23, 2001, http://www.rss.org.uk/Images/PDF/influencing-change/2017/SallyClarkRSSstatement2001.pdf を参照のこと。

7. Alfred Steinschneider, "Prolonged Apnea and the Sudden Infant Death Syndrome: Clinical and Laboratory Observations," *Pediatrics* 50, no. 4 (October 1972): 646–54.

8. たとえば、George Judson, "Mother Guilty in the Killings of Five Babies," *New York Times*, April 22, 1995 を参照のこと。

9. たとえば、Jackie Hong and Jayme Poisson, "Elizabeth Wettlaufer Pleads Guilty to Murdering 8 Seniors," *Toronto Star*, June 1, 2017, https://www.thestar.com/news/canada/2017/06/01/elizabeth-wettlaufer-woodstock-nurse-guilty-murder.html および、John Lancaster, "Seeing Red," CBC News, October 6, 2017, http://www.cbc.ca/news2/interactives/sh/TBk79oWhpi/elizabeth-wettlaufer-nurse-senior-deaths/ を参照のこと。

10. たとえば、Ronald Meester, Marieke Collins, Richard Gill, and Michiel van Lambalgen, "On the (Ab)Use of Statistics in the Legal Case against the Nurse Lucia De B.," *Law, Probability and Risk* 5, no. 3–4 (September 2006) の要約を参照のこと。arxiv.org/pdf/math/0607340.pdf で閲覧可能。

11. 亡くなった女の赤ん坊は、ジゴキシン濃度が過剰に高かったことが判明した。男の赤ん坊が昏睡状態に陥ったのは、抱水クロラールの過剰摂取が原因だったかもしれない。たとえば、http://www.luciadeb.nl/english/summary.html での考察を参照のこと。

12. たとえば、Marlise Simons, "Court to Rule on Dutch Nurse Accused in 13 Deaths," *New York Times*, October 8, 2002, http://www.nytimes.com/2002/10/08/world/court-to-rule-on-dutch-nurse-accused-in-13-deaths.html を参照のこと。

13. たとえば、Ben Goldacre, "Conviction for Patients' Deaths Does Not Add Up," *Guardian* (London), April 10, 2010, https://www.theguardian.com/commentisfree/2010/apr/10/bad-science-dutch-nurse-case を参照のこと。

14. たとえば、Meester et al.（既出）は、「データは……二度使われている。一度めは容疑者を特定するため、そしてその後、エルファーズの確率を計算するときにもう一度」と書いている。執筆者たちは何度も「調整」を行ない、ついに p 値を「3億4200万分の1」から0.022 (45分の1) に増やした。この p 値はあまりに大きいため、有罪を証明することができない。

15. たとえば、Associated Press, "Apology for Nurse Jailed for Murdering Seven Patients," *Independent* (London), April 14, 2010, http://www.independent.co.uk/news/world/europe/apology-for-nurse-jailed-for-murdering-seven-patients-1944577.html を参照のこと。

第20章　占星術の運

1. ここで取り上げたのは、イギリスのウェルカム・トラスト・モニター調査。Nick Allum, "Some People Think Astrology Is a Science—Here's Why," *Conversation*, July 1, 2014, http://theconversation.com/some-people-think-astrology-is-a-science-heres-why-28642.

2. たとえば、次の説明を参照のこと。"The Chinese Zodiac," China Highlights, https://www.chinahighlights.com/travelguide/chinese-zodiac/.

3. ShaoLan Hsueh, "The Chinese Zodiac, Explained," TED talk, filmed 2016, 6:05, https://www.ted.com/talks/shaolan_the_chinese_zodiac_explained.

4. Amy Qin, "When Young Chinese Ask, 'What's Your Sign?' They Don't Mean Dragon or Rat," *New York Times*, July 22, 2017, https://www.nytimes.com/2017/07/22/world/asia/china-western-astrology.html を参照のこと。

5. Nick Allum, "What Makes Some People Think Astrology Is Scientific?," *Science Communication* 33, no. 3 (September 2011): 341–66, http://scx.sagepub.com/content/33/3/341.abstract を参照のこと。アラムは、実験参加者が占星術を信じている度合いと、子供の「従順さ」を高く評価する度合いとのあいだに、

+0.22の相関関係を見出した。

6. たとえば、火星が地球に最接近したときの距離は約5500万キロメートルで、火星の重さは約6.4×10^{23}キログラムある。だから、母親から0.5メートル離れたところに立っている体重50キログラムの医師が及ぼす重力は、$(6.4 \times 10^{23} / 50) / (55 \times 10^{9} / 0.5)^{2} \doteqdot 0.99$倍大きい。つまり、ほとんど同じになる。

7. たとえば、Robert Currey, "Empirical Astrology: Why It Is No Longer Acceptable to Say Astrology Is Rubbish on a Scientific Basis," http://www.astrology.co.uk/tests/basisofastrology.htm を参照のこと。

8. たとえば、Mary Regina Boland et al., "Birth Month Affects Lifetime Disease Risk: A Phenome-Wide Method," *Journal of the American Medical Informatics Association* 22, no. 1 (September 2015): 1042–53, http://jamia.oxfordjournals.org/content/early/2015/06/01/jamia.ocv046 を参照のこと。

9. たとえば、Joshua K. Hartshorne, Nancy Salem-Hartshorne, and Timothy S. Hartshorne, "Birth Order Effects in the Formation of Long-Term Relationships," *Journal of Individual Psychology* 65, no. 2 (Summer 2009), および、関連した記事 Joshua K. Hartshorne, "How Birth Order Affects Your Personality," *Scientific American Mind*, January 1, 2010, http://www.scientificamerican.com/article/ruled-by-birth-order/ を参照のこと。

10. Jacqueline Bigar, "Horoscope for Wednesday, July 27, 2016 [Libra]," *Toronto Star*, July 27, 2016, https://www.thestar.com/diversions/horoscope/2016/07/27/horoscope-for-wednesday-july-27-2016.html.

11. James Randi, *Flim-Flam!: Psychics, ESP, Unicorns, and Other Delusions* (Buffalo, NY: Prometheus, 1982), 61–62. そのホロスコープは1945年頃、モントリオールの『ミッドナイト』という新聞のために「ゾラン」(Zodiacs by Randi(ランディによる十二宮図)の略)という筆名で書かれた。

12. Shawn Carlson, "A Double-Blind Test of Astrology," *Nature* 318, no. 6045 (December 5, 1985): 419–25. ここでは彼の実験の「第2部」に注目している。"What Do You Mean, 'Test' Astrology?," *Skeptico*, February 16, 2005, http://skeptico.blogs.com/skeptico/2005/02/what_do_you_mea.html も参照のこと。

13. 具体的には、3つのプロフィールはすべて、参加者にどれほど一致しているかによってランク付けされ、正しいプロフィールは0.34 ± 0.044の割合で第1位に、0.40 ± 0.044の割合で第2位に、0.25 ± 0.044の割合で第3位にランクされた。

14. J.D. McGervey, "A Statistical Test of Sun-Sign Astrology," *Zetetic* 1 (1977). McGervey, *Probabilities in Everyday Life* (Chicago: Nelson-Hall, 1986), 45–46 で説明されている。

15. 実際、この分布は0.0901のp値で「カイ二乗検定」に合格し、星座が完全に

ランダムであることと一致する。

16. たとえば、Natalie Josef (in "The Best Career for Your Zodiac Sign," More, http://www.more.com/money/career-advice/best-career-your-zodiac-sign) および、Excite Education (in "Best Careers according to Your Zodiac Sign," http://www.excite.com/education/blog/best-careers-according-to-your-zodiac-sign) がともに、「科学」をやぎ座とみずがめ座とさそり座だけに挙げている。別の記事 (Carol Stanley, "Astrology Signs: Best Careers for Each Zodiac Sign," Exemplore, https://exemplore.com/astrology/Astrology-Best-Professions-for-Each-Zodiac-Sign) は、「科学者」にはまったく触れていない。

17. Emad Salib, "Astrological Birth Signs in Suicide: Hypothesis or Speculation?," *Medicine, Science, and the Law* 43, no. 2 (April 2003): 111–14, https://www.ncbi.nlm.nih.gov/pubmed/12741653.

18. この分布は0.3063の p 値で「カイ二乗検定」に合格する。

19. Bernie I. Silverman and Marvin Whitmer, "Astrological Indicators of Personality," *Journal of Psychology* 87, no. 1 (1974): 89–95.

20. Alyssa Jayne Wyman and Stuart Vyse, "Science versus the Stars: A Double-Blind Test of the Validity of the NEO Five-Factor Inventory and Computer-Generated Astrological Natal Charts," *Journal of General Psychology* 135, no. 3 (July 2008): 287–300.

21. G. A. Tyson, "Occupation and Astrology or Season of Birth: A Myth?," *Journal of Social Psychology* 110, no. 1 (1980): 73–78.

22. これらの学生に関して、この研究が求めたカイ二乗の値は21.93、自由度は11で、0.0249という p 値に相当する。

23. Dave Clarke, Toos Gabriels, and Joan Barnes, "Astrological Signs as Determinants of Extroversion and Emotionality: An Empirical Study," *Journal of Psychology* 130, no. 2 (1996): 131–40. 太陽星座と月星座の「陽」「陰」とのあいだに見られた唯一の有意の相関関係については、彼らは2.21という t 検定の値と、70という自由度を得た。これは0.015という p 値に相当する。

24. Peter Hartmann, Martin Reuter, and Helmuth Nyborg, "The Relationship between Date of Birth and Individual Differences in Personality and General Intelligence: A Large-Scale Study," *Personality and Individual Differences* 40, no. 7 (May 2006):1349–62.

25. Currey, "Empirical Astrology." (注7で既出)

26. たとえば、Currey, "Empirical Astrology" および、Robert Currey, "U-Turn in Carlson's Astrology Test," *Correlation* 27, no. 2 (July 2011): 7–33, http://www.astrology-research.com/researchlibrary/ も参照のこと。

27. Chip Denman and Rick Adams, "JREF Status," James Randi Educational

Foundation, September 1, 2015, http://web.randi.org/home/jref-status を参照のこと。

28. たとえば、James Randi, "Fakers and Innocents: The One Million Dollar Challenge and Those Who Try for It," *Skeptical Inquirer* 29, no. 4 (July/August 2005), http://www.csicop.org/si/show/fakers_and_innocents_the_one_million_dollar_challenge_and_those_who_try_for を参照のこと。

29. たとえば、Adam Higginbotham, "The Unbelievable Skepticism of the Amazing Randi," *New York Times Magazine*, November 7, 2014, https://www.nytimes.com/2014/11/09/magazine/the-unbelievable-skepticism-of-the-amazing-randi.html を参照のこと。

30. Robert Currey, "Astrology and James Randi," http://www.astrology.co.uk/tests/randitest.htm を参照のこと。

31. A. J. Vicens, "Can the Zodiac Explain Why Washington, DC, Is So Messed Up?" *Mother Jones*, July/August 2014, http://www.motherjones.com/politics/2014/08/zodiac-astrology-politicians-birthdays-elections.

32. ざっとウェブ検索をしてみると、政治家にとって最適の星座について以下のような主張（それ以外はなかった）が見つかった。「おひつじ座に適したキャリア――政治家」(Excite Education, "Best Careers")、「おひつじ座の人は……行政と政治の分野でうまくいきます」(Josef, "The Best Career")、「政治――おひつじ座、ふたご座、しし座、いて座」(Stanley, "Astrology Signs")、および、「おひつじ座……行政と政治」("What Career Should You Have According to Your Zodiac Sign?," Sun Gazing, http://www.sun-gazing.com/career-according-zodiac-sign/).

33. ざっとウェブ検索をしてみると、看護師にとって最適の星座について以下のような主張（それ以外はなかった）が見つかった。「かに座……看護――劇的な状況に対処し、痛みを感じている人を慰めます」(Kim Evans, "The 4 Best Careers For Your Zodiac Sign," Jobs.net, http://www.jobs.net/Article/CB-120-Talent-Network-Hospitality-The-4-Best-Careers-For-Your-Zodiac-Sign)、「うお座……最適の仕事：……看護師」(Josef, "The Best Career")、「おうし座に適したキャリア……看護師」(Excite Education,"Best Careers")「うお座の人に生まれつき備わっているとされる直感的な資質のおかげで、この星座の人は、看護……のように、思いやりを必要とするキャリアに向いています」(Lucia Peters, "What Job Should You Have Based on Your Zodiac Sign? This Infographic Might Tell You," Bustle, June 20, 2015, http://www.bustle.com/articles/90647-what-job-should-you-have-based-on-your-zodiac-sign-this-infographic-might-tell-you)、「[おひつじ座] 医療の多くの分野がたいへん良い選択でしょう……看護師や外科医…… [おうし座] 看護師として勤務すれば

幸せになれるでしょう……［ふたご座］……医師あるいは看護師として、多忙なシフトを楽しめるでしょう。……［うお座］……ヘルスケアの仕事に打ってつけの候補者です。登録正看護師やフィジオセラピスト、在宅介護者になれるでしょう。患者と接触できる仕事は何でも向いているでしょう。……［かに座］……患者と直接接する仕事に心地良さを感じるでしょう……あるいは准看護師」(“What Your Zodiac Sign Says About Your Healthcare Career Choice,” American Institute of Medical Sciences and Education, January 21, 2016, https://www.aimseducation.edu/blog/zodiac-sign-healthcare-career-choice/)、「看護に最適のこれらの太陽星座をチェックしましょう――おうし座、かに座、しし座、おとめ座、てんびん座、さそり座、やぎ座、みずがめ座、うお座」、および、Sun Gazing, “What Career”（既出）:「うお座……看護師」(Find Your Fate, http://www.findyourfate.com/career/nursing.html).

34. このデータを提供してくれたポーリン・ズヴェイニェクスとマイケル・ハミルトン＝ジョーンズに感謝する。

35. 2012年の各日の、オンタリオ州における生児出産数がわかる、カナダ統計局のデータ（いちばん近い5の倍数に切り上げ／切り下げてある）。

36. この集計の２つのベクトルから2 × 12の表 を作り、R の “chisq.test( )” を使って独立性のカイ二乗検定を行なうと、5.3×10^{-14} という p 値が得られ、これはきわめて小さいので、非常に有意性が高い。

37. ShaoLan Hsueh’s TED talk（注3に既出）を参照のこと。

38. たとえば、Mark Mayberry, “Astrology Fails the Test of Science,” *Truth Magazine* 34, no. 18 (September 20, 1990): 560–63, http://www.truthmagazine.com/archives/volume34/GOT034263.html を参照のこと。

39. たとえば、H. J. Eysenck and D. K. B. Nias, *Astrology: Science or Superstition?* (London: Temple Smith, 1982) [邦訳『占星術――科学か迷信か ?』(岩脇三良・浅川潔司訳、誠信書房、1992年)] の第10章を参照のこと。

40. たとえば、Claude Benski et al., The “*Mars Effect*”*: A French Test of Over 1,000 Sports Champions* (Amherst, NY: Prometheus, 1996) あるいは、https://www.amazon.com/Mars-Effect-Claude-Benski/dp/0879759887 で閲覧可能の要約を参照のこと。

41. Paul Kurtz, Marvin Zelem, and George Abell, “Results of the U. S. Test of the ‘Mars Effect’ Are Negative,” *Skeptical Inquirer* 4, no. 2 (Winter 1979–1980): 19–26.

42. Dennis Rawlins, “sTARBABY,” *Fate*, October 1981, 67–98, http://cura.free.fr/xv/14starbb.html を参照のこと。これらの主張に対する以下の応答も参照のこと。J. J. Lippard, “Mars Effect (Re: ‘Crybaby’),” sci.skeptic newsgroup, January 20, 1992, https://www.discord.org/~lippard/jjl-on-crybaby.txt で閲覧

可能、および、J. J. Lippard, "Skeptics and the 'Mars Effect': A Chronology of Events and Publications," June 25, 2016, https://www.discord.org/~lippard/mars-effect-chron.rtf で閲覧可能。Kenneth Irving, "A Brief Chronology of the 'Mars Effect' Controversy," Planetos.info, http://www.planetos.info/marchron.html も参照のこと。

43. たとえば、Quotes.net: http://www.quotes.net/mquote/818023 での引用を参照のこと。このシリーズの場面を視聴するには、"Numb3rs Scene: Everything Is Numbers, Math Is Everywhere," YouTube, uploaded November 15, 2007, https://www.youtube.com/watch?v=vFRTgr7MfWw を参照のこと。

44. 私自身の誕生日である1967年10月13日のために『ソウ・フェミニン』誌が用意した数秘術の記述は、http://www.sofeminine.co.uk/astro/numerologie/07metiers/07metiers1.asp?j=13&m=10&a=1967&Submit=Enter で閲覧可能。

45. Corrine Lane, "Zodiac Sign Found Most among U.S. Presidents," *Astrology Blog*, Astrology Library, March 18, 2016, https://astrolibrary.org/zodiac-sign-us-presidents/ を参照のこと。

第21章　精神は物質に優る？

1. 考察と動画は、たとえば、Kirk Zamieroski, "How Do Optical Illusions Work?," Inside Science, July 29, 2015, https://www.insidescience.org/video/how-do-optical-illusions-work を参照のこと。

2. "James Randi Debunks Peter Popoff Faith Healer," YouTube, uploaded May 19, 2006, https://www.youtube.com/watch?v=q7BQKu0YP8Y を参照のこと。

3. Robert Todd Carroll, "Project Alpha," *Skeptic's Dictionary*, http://www.skepdic.com/projectalpha.html を参照のこと。

4. たとえば、Norman D. Sundberg, "The Acceptability of 'Fake' versus 'Bona Fide' Personality Test Interpretations," *Journal of Abnormal and Social Psychology* 50, no. 1 (February 1955): 145–57; C.R. Snyder and R.J. Shenkel, "The P.T. Barnum Effect," *Psychology Today* 8, no. 10 (1975): 52–54 および、Ray Hyman, "Cold Reading: How to Convince Strangers that You Know All about Them," in *Paranormal Borderlands of Science*, ed. Kendrick Frazier (Buffalo, NY: Prometheus, 1981), 79–96 を参照のこと。

5. Bertram R. Forer, "The Fallacy of Personal Validation: A Classroom Demonstration of Gullibility," *Journal of Abnormal and Social Psychology* 44, no. 1 (January 1949): 118–23, http://apsychoserver.psych.arizona.edu/JJBAReprints/PSYC621/Forer_The fallacy of personal validation_1949.pdf.

6. http://starecat.com/you-will-continue-to-interpret-vague-statements-as-uniquely-meaningful-chinese-fortune-cookie-quote/ で閲覧可能。

7. Daryl J. Bem, "Feeling the Future: Experimental Evidence for Anomalous Retroactive Influences on Cognition and Affect," *Journal of Personality and Social Psychology* 100, no. 3 (March 2011): 407–25. 1バージョンがオンラインで、http://dbem.org/FeelingFuture.pdf で閲覧可能。
8. 彼の論文の「実験１」。
9. Charles M. Judd and Bertram Gawronski, "Editorial Comment," *Journal of Personality and Social Psychology* 100, no. 3 (March 2011): 406, http://psycnet.apa.org/journals/psp/100/3/406/.
10. たとえば、"Newton's Laws of Motion," Glenn Research Center, NASA, https://www.grc.nasa.gov/www/k-12/airplane/newton.html あるいは、何であれほかの物理学の入門用教科書を参照のこと。
11.「決定論とは、あらゆる出来事や行動は先行する出来事や行動の必然的結果であるという哲学的信念だ。したがって、少なくとも原理上は、あらゆる出来事や行動はあらかじめ、あるいは後から振り返れば、完全に予測することができる」。Matthew A. Trump, "Lesson One: The Philosophy of Determinism," http://order.ph.utexas.edu/chaos/determinism.html.
12. たとえば、Elizabeth Howell, "Time Travel: Theories, Paradoxes & Possibilities," Space.com, June 21, 2013, https://www.space.com/21675-time-travel.html を参照のこと。
13. たとえば、"The Wave Function as a Probability," at http://physicspages.com/pdf/Griffiths%20QM/Wave%20function%20as%20probability.pdf あるいは、何であれほかの量子力学の入門用教科書を参照のこと。
14. たとえば、P. C. W. Davies, "Quantum Tunneling Time," *American Journal of Physics* 73, no. 1 (January 2005): 23–27 あるいは、何であれほかの量子力学の入門用教科書を参照のこと。
15. たとえば、"Sorry, Einstein—Physicists Just Reinforced the Reality of Quantum Weirdness in the Universe," *Science Alert*, February 8, 2017, https://www.sciencealert.com/sorry-einstein-physicists-just-reinforced-the-reality-of-quantum-weirdness-in-the-universe あるいは、Amir D. Aczel, *Entanglement* (New York: Four Walls Eight Windows, 2002)）[邦訳『量子のからみあう宇宙——天才物理学者を悩ませた素粒子の奔放な振る舞い』(水谷淳訳、早川書房、2004年)] を参照のこと。
16. たとえば、Lisa Zyga, "Physicists Provide Support for Retrocausal Quantum Theory, in Which the Future Influences the Past," Phys.org, July 5, 2017, https://phys.org/news/2017-07-physicists-retrocausal-quantum-theory-future.html; Matthew S. Leifer and Matthew F. Pusey, "Is a Time Symmetric Interpretation of Quantum Theory Possible without Retrocausality?,"

Proceedings of the Royal Society A 473, no. 2202 (June 2017), http://rspa.royalsocietypublishing.org/content/473/2202/20160607; Mike McRae, “This Quantum Theory Predicts that the Future Might Be Influencing the Past,” *Science Alert,* July 6, 2017, https://www.sciencealert.com/this-quantum-theory-predicts-the-future-might-influence-the-past および、David Ellerman, “A Very Common Fallacy in Quantum Mechanics: Superposition, Delayed Choice, Quantum Erasers, Retrocausality, and All That,” preprint submitted December 16, 2011, https://arxiv.org/abs/1112.4522 での広範な考察を参照のこと。

17. たとえば、Jennifer Ouellette, “Can Quantum Physics Explain Consciousness?,” *Atlantic*, November 7, 2016, https://www.theatlantic.com/science/archive/2016/11/quantum-brain/506768/ を参照のこと。

18. その研究者はゲルゴ・ハドラクスキーだ。カロリンスカ研究所のウェブサイトの彼のページ http://ki.se/en/people/gerhad を参照のこと。この実験は、2003年の彼の論文 “Precognitive Habituation: An Attempt to Replicate Previous Results” で報告されており、https://www.researchgate.net/publication/223467682_Precognitive_habituation_An_attempt_to_replicate_previous_results で閲覧可能。

19. Jeff Galak, Robyn A. LeBoeuf, Leif D. Nelson, and Joseph P. Simmons, “Correcting the Past: Failures to Replicate Psi,” *Journal of Personality and Social Psychology* 103, no. 6 (December 2012): 933–48, https://papers.ssrn.com/sol3/papers.cfm?abstract_id=2001721.

20. Stuart J. Ritchie, Richard Wiseman, and Christopher C. French, “Failing the Future: Three Unsuccessful Attempts to Replicate Bem’s ‘Retroactive Facilitation of Recall’ Effect,” *PLoS One* 7, no. 3 (March 2012): e33423, http://journals.plos.org/plosone/article?id=10.1371/journal.pone.0033423.

21. Peter Aldhous, “Journal Rejects Studies Contradicting Precognition,” *New Scientist Daily News*, May 5, 2011, https://www.newscientist.com/article/dn20447-journal-rejects-studies-contradicting-precognition を参照のこと。Stuart J. Ritchie, Richard Wiseman, and Christopher C. French, “Replication, Replication, Replication,” *Psychologist* 25, no. 5 (May 2012): 346–57, https://thepsychologist.bps.org.uk/volume-25/edition-5/replication-replication-replication も参照のこと。

22. たとえば、Lea Winerman, “Interesting Results: Can They Be Replicated?,” *Monitor on Psychology* 44, no. 2 (February 2013): 38, http://www.apa.org/monitor/2013/02/results.aspx を参照のこと。

23. Daryl J. Bem, Patrizio Tressoldi, Thomas Rabeyron, and Michael Duggan, “Feeling the Future: A Meta-analysis of 90 Experiments on the Anomalous

Anticipation of Random Future Events" (unpublished paper, 2014), http://dbem.org/FF%20Meta-analysis%206.2.pdf.
24. たとえば、E.J. Wagenmakers's review "Bem Is Back: A Skeptic's Review of a Metaanalysis on Psi," Open Science Collaboration, June 25, 2014, http://osc.centerforopenscience.org/2014/06/25/a-skeptics-review/ を参照のこと。
25. フロリダ大学の情動・注意研究センターを参照のこと（http://csea.phhp.ufl.edu/）。
26. Margaret M. Bradley and Peter J. Lang, "IAPS Message," Center for the Study of Emotion and Attention, University of Florida, http://csea.phhp.ufl.edu/media/iapsmessage.html に明記されている。
27. Associated Press, "Twins Give Birth Minutes Apart in Same Hospital," *Today*, NBC News, December 22, 2011, https://www.today.com/news/twins-give-birth-minutes-apart-same-hospital-wbna45769823 を参照のこと。
28. Michael Betcherman, *Face-off* (Toronto: Razorbill, 2014). 版元のウェブサイト https://penguinrandomhouse.ca/books/392207/ で説明を閲覧可能。
29. このジョークは、ウディ・アレンの *Without Feathers* (New York: Ballantine, 1986) [邦訳『羽根むしられて』(伊藤典夫・堤雅久訳、河出文庫、1992年、ほか)] に出てくる（ただし、双子ではなく兄弟について）。
30. たとえば、Karen Kirkpatrick, "Can Twins Sense Each Other?," *How Stuff Works*, July 17, 2015, https://science.howstuffworks.com/life/genetic/can-twins-sense-each-other.htm および、それに関連した投稿、"Is 'Twin Communication' a Real Thing?," *The Body Odd*, NBC News, December 28, 2011, http://bodyodd.nbcnews.com/_news/2011/12/28/9750598-is-twin-communication-a-real-thing を参照のこと。
31. Susan J. Blackmore and Frances Chamberlain, "ESP and Thought Concordance in Twins: A Method of Comparison," *Journal of the Society for Psychical Research* 59, no. 831 (1993): 89–96.
32. "30 Priceless Quotes Said by Robin Williams. Truly a Legend," *Tickld*, January 19, 2018, http://www.tickld.com/x/fbk/30-priceless-quotes-said-by-robin-williams-truly-a-legend/p-26. を参照のこと。
33. たとえば、"Steven Wright Quotes," BrainyQuote.com, https://www.brainyquote.com/quotes/quotes/s/stevenwrig578926.html を参照のこと。
34. たとえば、"Fact or Fiction?," NewEarthArmy.com, http://newearthar my.com/Fact_or_Fiction.html を参照のこと。
35. スターゲイトに先立つ、遠隔透視についての、合衆国陸軍が資金提供した関連プログラムは、どうやら、SCANATE、SRI、ACSI、SED、Gondola Wish、Grill Flame、INSCOM、ICLP、Sun Streak、SAIC といった暗号名を含んでい

たようだ。たとえば、"Star Gate (Controlled Remote Viewing)," *Intelligence Resource Program*, Federation of American Scientists, https://fas.org/irp/program/collect/stargate.htm を参照のこと。

36. その報告書（1995年9月29日にアメリカ研究学会がまとめた Michael D. Mumford, Andrew M. Rose, and David A. Goslin, *An Evaluation of Remote Viewing: Research and Applications*）は、http://www.lfr.org/wp-content/uploads/2017/02/AirReport.pdf あるいは、https://www.cia.gov/library/readingroom/document/cia-rdp96-00791r000200180006-4 で閲覧可能。

37. Committee of Presidents of Statistical Societies, news release, August 1, 2007, archived at http://probability.ca/jeff/copssaward を参照のこと。ウッツが私に賞を授与している写真は、http://probability.ca/jeff/images/copssaward.jpg で閲覧可能。

38. Allan Rossman, "Interview with Jessica Utts," *Journal of Statistics Education* 22, no. 2 (2014), http://ww2.amstat.org/publications/jse/v22n2/rossmanint.pdf を参照のこと。20ページの冒頭で、彼女は土曜日に生まれたと述べている。

39. Jessica Utts, "Appreciating Statistics," *Journal of the American Statistical Association* 111, no. 516 (2016): 1373–80 を参照のこと。引用した意見は、1379ページに出てくる。

40. たとえば、Richard Wiseman and Julie Milton, "Experiment One of the SAIC Remote Viewing Program: A Critical Re-evaluation," *Journal of Parapsychology* 62, no. 4 (December 1998): 297–308 を参照のこと。http://www.richardwiseman.com/resources/SAICcrit.pdf で閲覧可能。

41. プログラムのウェブサイト archived at https://web.archive.org/web/20180329071828/www.princeton.edu/~pear を参照のこと。

42. "Experimental Research: I. Human-Machine Anomalies," Princeton Engineering Anomalies Research," archived at https://web.archive.org/web/20171206203522/http://www.princeton.edu/~pear/experiments.html を参照のこと。

43. Robert Todd Carroll, "The Princeton Engineering Anomalies Research (PEAR)," *Skeptic's Dictionary*, http://skepdic.com/pear.html に引用された、ジョン・マクローンの言葉。マクローンの論文 "Psychic Powers: What Are the Odds?" は1994年11月に『ニューサイエンティスト』誌に掲載された。

44. Stanley Jeffers, "The PEAR Proposition: Fact or Fallacy?," *Skeptical Inquirer* 30, no. 3 (May/June 2006), http://www.csicop.org/si/show/pear_proposition_fact_or_fallacy を参照のこと。

45. PEARについてのスケプティクス・ディクショナリーの記事に引用された、C. E. M. Hansel, *The Search for Psychic Power: ESP and Parapsychology*

Revisited (Buffalo, NY: Prometheus, 1989) を参照のこと。

46. R. Jahn et al., “Mind/Machine Interaction Consortium: PortREG Replication Experiments,” *Journal of Scientific Exploration* 14, no. 4 (2000): 499–555, archived at https://web.archive.org/web/20171130193844/https://www.princeton.edu/~pear/pdfs/2000-mmi-consortium-portreg-replication.pdf を参照のこと。

47. たとえば、George P. Hansen, Jessica Utts, and Betty Markwick, “Critique of the PEAR Remote-Viewing Experiments,” *Journal of Parapsychology* 56, no. 2 (June 1992): 97–113, http://www.tricksterbook.com/ArticlesOnline/PEARCritique.htm を参照のこと。

48. Associated Press, “Report: Princeton to Close ESP Lab,” *USA Today*, February 11, 2007, http://usatoday30.usatoday.com/news/education/2007-02-11-princeton-esp_x.htm を参照のこと。

49. “Remote Viewing,” Ministry of Defence, available through the UK National Archives at http://webarchive.nationalarchives.gov.uk/20121026065214/http://www.mod.uk/DefenceInternet/FreedomOfInformation/DisclosureLog/SearchDisclosureLog/RemoteViewing.htm. マスメディアの報道は、たとえば、“MoD Defends Psychic Powers Study,” BBC News, February 23, 2007, http://news.bbc.co.uk/2/hi/uk_news/6388575.stm および、“Defence Chiefs Spent £18,000 on a Mystic Experiment to Find bin Laden’s Lair,” *Evening Standard* (London), February 24, 2007, http://www.standard.co.uk/news/defence-chiefs-spent-18000-on-a-mystic-experiment-to-find-bin-ladens-lair-7085768.html を参照のこと。

第22章　運の支配者

1. たとえば、“The Global Religious Landscape,” Pew Research Center, December 18, 2012, http://www.pewforum.org/2012/12/18/global-religious-landscape-exec を参照のこと。この記事は、2010年には世界人口の84%が何らかの宗教を信仰していると推定した。

2. たとえば、https://s-media-cache-ak0.pinimg.com/736x/f8/30/75/f83075f25f6845ba9a4de1eb3687b1c8--snoopy-charlie-snoopy-peanuts.jpg　の画像を参照のこと。

3. たとえば、Bodie Hodge, “Chapter 4: How Old Is the Earth?,” *New Answers Book 2,* Answers in Genesis, https://answersingenesis.org/age-of-the-earth/how-old-is-the-earth/ を参照のこと。

4. Rotten Tomatoes のウェブサイトについてコメントしている観客による引用。“Thirteen Conversations about One Thing Reviews,” Rotten Tomatoes, January

9, 2011, https://www.rottentomatoes.com/m/thirteen_conversations_about_one_thing/reviews/?page=2&type=user を参照のこと。

5. ウディ・アレン脚本・監督の映画の一場面での、ジャック・ウォーデンが演じる登場人物ロイドの言葉。"September (1987) Woody Allen: '. . . Haphazard, Morally Neutral and Unimaginably Violent . . . ,'" YouTube, uploaded April 4, 2010, https://www.youtube.com/watch?v=kW-drCJhqSE を参照のこと。

6. "Banana: The Athiests [sic] Nightmare," YouTube, uploaded June 4, 2006, https://www.youtube.com/watch?v=nfv-Qn1M58I を参照のこと。

7. たとえば、Vanessa Richins Myers, "Do Bananas Have Seeds?," *Spruce*, https://www.thespruce.com/do-bananas-have-seeds-3269378 を参照のこと。

8. RTÉ—Ireland's National Public Service Media, "Stephen Fry on God—The Meaning of Life," YouTube, uploaded January 28, 2015, https://www.youtube.com/watch?v=-suvkwNYSQo を参照のこと。

9. たとえば、Leonard Greene, "Steve Harvey Announces Wrong Miss Universe Winner," *New York Daily News*, December 21, 2015, http://www.nydailynews.com/entertainment/steve-harvey-announces-wrong-universe-winner-article-1.2472285 を参照のこと。この一件の動画は、たとえば、"Steve Harvey Announces the Wrong Winner of Miss Universe 2015," YouTube, uploaded December 20, 2015, https://www.youtube.com/watch?v=3DKDaSd-4nY を参照のこと。

10. "Steve Harvey on Atheism!," YouTube, uploaded January 22, 2015, https://www.youtube.com/watch?v=VWJ9ylZkS2s を参照のこと。

11.「最近刊行された『無神論のオックスフォード・ハンドブック（*Oxford Handbook of Atheism*）』……によれば、神を信じない人は世界中におよそ4億5000万～5億人いるという」。Phil Zuckerman, "How Many Atheists Are There?," *Psychology Today*, October 20, 2015, https://www.psychologytoday.com/blog/the-secular-life/201510/how-many-atheists-are-there. Ariela Keysar and Juhem Navarro-Rivera, "A World of Atheism: Global Demographics," in *The Oxford Handbook of Atheism*, ed. Stephen Bullivant and Michael Ruse (Oxford: Oxford University Press, 2013), 553–86 も参照のこと。

12. Edward J. Larson and Larry Witham, "Leading Scientists Still Reject God," letter to the editor, *Nature* 394 (July 23, 1998): 313, http://www.nature.com/nature/journal/v394/n6691/full/394313a0.html を参照のこと。

13. Michael Stirrat and R. Elisabeth Cornwell, "Eminent Scientists Reject the Supernatural: A Survey of the Fellows of the Royal Society," *Evolution: Education and Outreach* 6, no. 1 (December 2013): 33, https://link.springer.com/article/10.1186/1936-6434-6-33 を参照のこと。

14. たとえば、“27 Celebrities You Probably Didn’t Know Are Atheists,” Think Atheist, July 2, 2009, http://www.thinkatheist.com/profiles/blogs/27-celebrities-you-probably を参照のこと。

15. たとえば、David Willey, “Vatican ‘Must Immediately Remove’ Child Abusers—UN,” BBC News, February 5, 2014, http://www.bbc.com/news/world-europe-26044852 を参照のこと。

16. たとえば、Stephanie Kirchgaessner and Melissa Davey, “George Pell Takes Leave from Vatican to Fight Sexual Abuse Charges in Australia,” *Guardian* (London), June 29, 2017, https://www.theguardian.com/australia-news/2017/jun/29/george-pell-takes-leave-from-vatican-to-fight-sex-abuse-charges-in-australia を参照のこと。

17. たとえば、“Secondary Wars and Atrocities of the Twentieth Century: India (1947),” Necrometrics.com, http://necrometrics.com/20c300k.htm#India を参照のこと。

18. たとえば、Malcolm Sutton, “An Index of Deaths from the Conflict in Ireland,” CAIN (Conflict Archive on the Internet), Ulster University, http://cain.ulst.ac.uk/sutton/tables/Status.html を参照のこと。

19. Julia Marsh, “Some Victims’ Funerals Will Be Held at Gunman’s Church,” *New York Post*, December 17, 2012, http://nypost.com/2012/12/17/some-victims-funerals-will-be-held-at-gunmans-church/ を参照のこと。

20. 心理学専攻の大学生1208人から成るサンプルのうち7%が、「もし神に人を殺すように言われたら、神の名のもとにそうするだろう」という言葉に、イエスと答えた。M.A. Persinger, “‘I Would Kill in God’s Name’: Role of Sex, Weekly Church Attendance, Report of a Religious Experience, and Limbic Lability,” *Perceptual and Motor Skills* 85, no. 1 (1997): 128–30 および、Michael A. Persinger, “Variables that Predict Affirmative Responses to the Item If God Told Me to Kill I Would Do It in His Name: Implications for Radical Religious Behaviours,” *Journal of Socialomics* 5, no. 3 (2016): e166, https://www.omicsgroup.org/journals/variables-that-predict-affirmative-responses-to-the-item-if-god-told-meto-kill-i-would-do-it-in-his-name-implications-for-radical-2471-8726-1000166.php?aid=73879 を参照のこと。

21. たとえば、“10 People Who Give Christianity a Bad Name,” Listverse, February 23, 2010, http://listverse.com/2010/02/23/10-people-who-give-christianity-a-bad-name/ も参照のこと。

22. あるインタビューで、「あなたは神を信じていますか？」と訊かれたピットは、「ノー、ノー、ノー！」と答えた。Norbert Körzdörfer, “‘With Six Kids Each Morning It Is about Surviving!,” *Bild* (Berlin), July 29, 2009, http://www.

bild.de/news/bild-english/inglourious-basterd-star-on-angelina-jolie-and-six-kids-9110388.bild.html. Gina Salamone, "Brad Pitt: 'I'm Probably 20 Percent Atheist and 80 Percent Agnostic,'" *New York Daily News*, July 23, 2009, http://www.nydailynews.com/entertainment/gossip/brad-pitt-20-percent-atheist-80-percent-agnostic-article-1.394661; "Brad Pitt," *Celebrity Atheist List*, http://www.celebatheists.com/wiki/Brad_Pitt および、"Angelina Jolie," *Celebrity Atheist List*, http://www.celebatheists.com/wiki/Angelina_Jolie も参照のこと。

23. たとえば、"Bono, Brad Pitt Launch Campaign for Third World Relief," MTV News, April 6, 2005, http://www.mtv.com/news/1499708/bono-brad-pitt-launch-campaign-for-third-world-relief/; "Brad & Angelina Start Charitable Group," *People*, September 20, 2006, http://people.com/celebrity/brad-angelina-start-charitable-group/ および、Roger Friedman, "Angelina Jolie and Brad Pitt's Charity: Bravo," Fox News, March 21, 2006, http://www.foxnews.com/story/2008/03/21/angelina-jolie-and-brad-pitt-charity-bravo.html?sPage=fnc/entertainment/celebrity/pitt を参照のこと。

24. たとえば、興味深い動画の抜粋 BerkshireInsurance, "Warren Buffett on Spiritualism God and Rebirth," YouTube, uploaded June 27, 2012, https://www.youtube.com/watch?v=ZNWX0CZm3lk を参照のこと。

25. たとえば、"Warren Buffett," *Wall Street Donors Guide*, Inside Philanthropy, https://www.insidephilanthropy.com/wall-street-donors/warren-buffett.html および、Chase Peterson-Withorn, "Warren Buffett Just Donated Nearly $2.9 Billion to Charity," *Forbes*, July 14, 2016, https://www.forbes.com/sites/chasewithorn/2016/07/14/warren-buffett-just-donated-nearly-2-9-billion-to-charity/ を参照のこと。

26. 分析、考察、関連リンクは、Hemant Mehta, "Are Religious People Really More Generous than Atheists? A New Study Puts That Myth to Rest," *Friendly Atheist*, November 28, 2013, http://www.patheos.com/blogs/friendlyatheist/2013/11/28/are-religious-people-really-more-generous-than-atheists-a-new-study-puts-that-myth-to-rest/ および、Jay Michaelson, "New Study: Three-quarters of American Giving Goes to Religion," *Religion Dispatches*, December 12, 2013, http://religiondispatches.org/new-study-three-quarters-of-american-giving-goes-to-religion/ を参照のこと。

27. Jean Decety, "The Negative Association between Religiousness and Children's Altruism across the World," *Current Biology* 25, no. 22 (November 16, 2015): 2951–55, http://www.cell.com/current-biology/abstract/S0960-9822(15)01167-7. ディセティの論文のマスメディアによる報道は、たとえば、Helena Horton, "Muslims and Christians Less Generous than Atheists, Study

Finds," *Telegraph* (London), November 6, 2015, http://www.telegraph.co.uk/news/religion/11979235/Muslims-and-Christians-less-generous-than-atheists-study-finds.html および、Warren Cornwall, "Nonreligious Children Are More Generous," *Science*, November 5, 2015, http://www.sciencemag.org/news/2015/11/nonreligious-children-are-more-generous を参照のこと。

28. 家族調査評議会のウェブサイト http://www.frc.org/about-frc を参照のこと。

29. "Homosexuality," Family Research Council, http://www.frc.org/homosexuality より。

30. 保守的なラビのジョナサン・カーンのインタビューは、Brian Tashman, "Jonathan Cahn: Hurricane Joaquin May Hit DC as Punishment for Gay Marriage," Right Wing Watch, October 5, 2015, http://www.rightwingwatch.org/post/jonathan-cahn-hurricane-joaquin-may-hit-dc-as-punishment-for-gay-marriage/ で視聴可能。Soundcloud: https://soundcloud.com/rightwingwatch/cahn-hurricane-joaquin-may-hit-dc-as-punishment-for-gay-marriage でもアクセス可能。たとえば、AllenMcw, "FRC Tony Perkins & Jonathan Cahn Claimed Joaquin Will Hit DC as Punishment for Marriage Equality," *Daily Kos*, October 5, 2015, https://www.dailykos.com/stories/2015/10/5/1428159/-FRC-Tony-Perkins-Jonathan-Cahn-claimed-Joaquin-will-hit-DC-as-Punishment-for-Marriage-Equality および、John Paul Brammer, "Tony Perkins Blamed Gay People for God's Wrath. His House Was Swept Away," *Guardian* (London), August 18, 2016, https://www.theguardian.com/commentisfree/2016/aug/18/tony-perkins-floods-louisiana-gay-christian-conservative も参照のこと。

31. たとえば、Kate Nelson, "Louisiana Floods Destroy Home of Christian Leader Who Says God Sends Natural Disasters to Punish Gay People," *Independent* (London), August 18, 2016, http://www.independent.co.uk/news/world/americas/christian-home-destroyed-flood-tony-perkins-natural-disasters-gods-punishment-homosexuality-a7196786.html; Michael Baggs, "US Pastor, Who Believes Floods Are God's Punishment, Flees Flooded Home," *Newsbeat*, BBC News, August 18, 2016, http://www.bbc.co.uk/newsbeat/article/37116661/us-pastor-who-believes-floods-are-gods-punishment-flees-flooded-home; Sky Palma, "Guy Who Says God Sends Natural Disasters to Punish Gays Has His Home Destroyed in a Natural Disaster," *DeadState*, August 17, 2016, http://deadstate.org/guy-who-says-god-sends-natural-disasters-to-punish-gays-has-his-home-destroyed-in-a-natural-disaster/; "'God Is Trying to Send Us a Message': Pastor Who Believes God Wants to Punish Gays Driven from Home by Floods," *National Post* (Toronto), August 19, 2016, http://nationalpost.com/news/world/god-is-trying-to-send-us-a-message-pastor-who-believes-god-wants-to-

punish-gays-driven-from-home-by-floods; Jack Holmes, "A Man Who Says God Punishes Gays with Natural Disasters Had His Home Destroyed in the Flood," *Esquire*, August 18, 2016, http://www.esquire.com/news-politics/news/a47783/tony-perkins-anti-gay-flood/ および、パーキンズ自身の2016年8月16日のポッドキャストのエピソード、*Washington Watch* (https://soundcloud.com/family-research-council/20160816-tony-perkins) を参照のこと。

32. Albert Einstein, "Religion and Science," *New York Times Magazine*, November 9, 1930, 1–4. http://www.sacred-texts.com/aor/einstein/einsci.htm で閲覧可能。

33. 手始めに、たとえば、"Lines of Evidence: The Science of Evolution," *Understanding Evolution*, http://evolution.berkeley.edu/evolibrary/article/lines_01 および、Stated Clearly, "What Is the Evidence for Evolution?," YouTube, uploaded October 10, 2014, https://www.youtube.com/watch?v=lIEoO5KdPvg を参照のこと。

34. たとえば、"Carl Sagan '100 Billion Galaxies Each with 100 Billion Stars,'" YouTube, uploaded February 26, 2008, https://www.youtube.com/watch?v=5Ex__M-OwSA を参照のこと。事実、セーガンはこれについて頻繁に話したので、ジョニー・カーソンは「何十億に何十億もの (billions and billions)」という言葉を使ってセーガンを揶揄した。ただし、セーガンはその言葉を実際には一度も使っていないようだ。"Carl Sagan Takes Questions: More from His 'Wonder and Skepticism' CSICOP 1994 Keynote," *Skeptical Inquirer* 29, no. 4 (July/August 2005), http://www.csicop.org/si/show/carl_sagan_takes_questions を参照のこと。

35. たとえば、Fraser Cain, "How Many Stars Are There in the Universe?," *Universe Today*, June 3, 2013, https://www.universetoday.com/102630/how-many-stars-are-there-in-the-universe/ を参照のこと。

36. たとえば、現在まとめられている太陽系外惑星の目録を、http://exoplanet.eu/catalog/ で参照のこと。

第23章　ラッキーな考察

1. たとえば、"Heaven Can Wait (7/8) Movie Clip—How Heaven Works (1978) HD," YouTube, uploaded October 11, 2011, https://www.youtube.com/watch?v=SzVAyGry2Ic を参照のこと。

2. IMDB でのこの映画の項を、http://www.imdb.com/title/tt3758708/ で参照のこと。

3. Stephen Fry, *The Hippopotamus: A Novel* (New York: Soho Press, 2014). http://www.penguinrandomhouse.com/books/56854/hippopotamus-by-stephen-fry/ を参照のこと。

4. たとえば、“Pancreatic Cancer Survival Rates, by Stage,” American Cancer Society, https://www.cancer.org/cancer/pancreatic-cancer/detection-diagnosis-staging/survival-rates.html を参照のこと。
5. “Helen Stephanie Rosenthal,” Legacy.com, http://www.legacy.com/obituaries/thestar/obituary.aspx?n=helen-stephanie-rosenthal&pid=186480364 で死亡記事を参照のこと。

それはあくまで偶然(ぐうぜん)です
運と迷信の統計学
2021年1月20日　初版印刷
2021年1月25日　初版発行
*
著　者　ジェフリー・S・ローゼンタール
訳　者　柴田裕之(しばたやすし)
監修者　石田基広(いしだもとひろ)
発行者　早川　浩
*
印刷所　株式会社亨有堂印刷所
製本所　大口製本印刷株式会社
*
発行所　株式会社　早川書房
東京都千代田区神田多町2-2
電話　03-3252-3111
振替　00160-3-47799
https://www.hayakawa-online.co.jp
定価はカバーに表示してあります
ISBN978-4-15-209995-2　C0041
Printed and bound in Japan
乱丁・落丁本は小社制作部宛お送り下さい。
送料小社負担にてお取りかえいたします。